職場生存規劃 必修課

人情、面子、關係：華人職場權力遊戲的思想和文化基礎

一次搞懂職場組織政治、人際關係、職場規則關係

石磊 著

崧燁文化

職場生存規劃必修課

目錄

目錄

總序

前言

第一章 職業生涯規劃的概念、理論及國際比較

1.1 職業生涯管理的基本概念 27
1.1.1 職業生涯的基本概念 27
1.1.2 傳統職業生涯與現代職業生涯的異同 28
1.2 理論和文獻 31
1.2.1 約翰‧霍蘭德的人業互擇理論 31
1.2.2 埃德加‧施恩的職業錨 33
1.3 員工職業生涯規劃的國際比較 34
1.3.1 美國的職業生涯現狀 35
1.3.2 歐洲的職業生涯開發 39
1.3.3 中國企業員工職業生涯規劃的現狀 41
1.4 職業生涯路徑選擇 46
1.4.1 職業生涯發展路徑 46
1.4.2 雙重職業發展途徑的特點及目的 51

第二章 影響職業生涯變化的主要因素

2.1 環境、策略和組織結構的變化 67
2.2 心理契約和員工忠誠度的變化 67
2.2.1 心理契約對員工忠誠度的影響 67
2.2.2 員工忠誠的定義 69
2.2.3 員工忠誠度與信任度、滿意度的關係 70
2.2.4 以職業忠誠替代企業忠誠 72

2.3 企業文化和價值觀 76
2.4 公司政治和人際關係 78
2.5 性格特徵及愛好 79
2.6 職業動機 83
2.7 企業家精神 84

第三章 職業生涯發展模式

3.1 職業階段的劃分 90
3.2 個人職業生涯規劃與組織生命週期的適應性 98
  3.2.1 企業創業階段人才需求特徵 98
  3.2.2 企業成長階段人才需求特徵 100
  3.2.3 企業成熟階段人才需求特徵 103
  3.2.4 企業衰退期的特徵及人才需求特徵 104
3.3 職業生涯管理與開發規劃系統的設計和實施步驟 105
  3.3.1 確定志向和選擇職業 105
  3.3.2 自我評價 108
  3.3.4 職業生涯路徑選擇及目標設定 114
  3.3.5 制定行動規劃及時間表 115
  3.3.6 評估與回饋 115
3.4 員工職業生涯管理 116
  3.4.1 適應組織策略的需要 116
  3.4.2 找一個切入點 122
  3.4.3 建立完善的培訓、開發和激勵體系 125
3.5 管理者繼承計劃 129
  3.5.1 管理者繼承計劃的定義及特點 129
  3.5.2 管理者繼承計劃的階段和程序 129
  3.5.3 影響管理者繼承計劃的主要因素 132
  3.5.4 中國企業管理者接班人培養現狀 135

3.6 中國企業接班人的培養及模式探討 ································· 136
　　3.6.1 內部晉升 ·· 137
　　3.6.2 外部招聘 ·· 138
　　3.6.3 家族成員繼承 ··· 140
3.7 管理實踐—經理和人力資源部門的作用和技能 ··············· 141

第四章 公司政治與職業發展

4.1 公司政治的定義 ·· 156
　　4.1.1 權力與政治 ·· 157
　　4.1.2 公司政治的定義 ··· 165
4.2 公司政治存在的原因 ··· 166
4.3 為什麼要關注公司政治 ·· 172
4.4 關於公司政治方面存在的誤區 ·· 175

第五章 人情、面子、關係：中國人權力遊戲的思想和文化基礎

5.1 人情、面子、關係的定義及其分類 ·································· 189
　　5.1.1 定義及內涵 ·· 189
　　5.1.2 人情、面子、關係的文化基礎 ·································· 195
　　5.1.3 人情、面子、關係的作用 ·· 197
　　5.1.4 中國社會人際關係的分類 ·· 198
5.2 西方國家人際關係研究的歷史沿革 ·································· 202
5.3 影響人際關係的要素及理論分析 ····································· 205
　　5.3.1 價值觀 ·· 205
　　5.3.2 動機 ··· 206
　　5.3.3 知覺 ··· 209
5.4 搞好人際關係的九大法則 ·· 210
　　5.4.1 建立人際關係網路的重要性 ···································· 210
　　5.4.2 搞好人際關係的九大法則 ·· 212

第六章 職場規則建議

- 6.1 職場規則的定義、特徵、指導思想和原則 ————— 237
- 6.2 職場規則建議 ————— 246
  - 6.2.1 努力建立自己的資源和權利優勢 ————— 247
  - 6.2.2 瞭解組織結構，與組織中的關鍵人物建立良好的關係規 ————— 252
  - 6.2.3 如何處理與新主管的關係 ————— 262
  - 6.2.4 與相關利益群體建立關係 ————— 266
  - 6.2.5 瞭解並參與組織的策略目標，發展自己的優勢 ————— 270
  - 6.2.6 為自己建立誠實、可信和樂意助人的形象 ————— 272
  - 6.2.7 善於溝通和交流 ————— 275
  - 6.2.8 正確對待並妥善地處理衝突 ————— 280
  - 6.2.9 適應變革 ————— 283
  - 6.2.10 善於決策 ————— 286
  - 6.2.11 與玩弄權術者保持距離 ————— 288
  - 6.2.12 保持清醒的頭腦、廣闊的胸襟和幽默感 ————— 291
  - 6.2.13 自我時間管理 ————— 293
  - 6.2.14 提高個人的關注度和自身的影響力 ————— 294
  - 6.2.15 持「中庸之道」，行萬里「江湖」 ————— 296

後記

總序

「宏道系列叢書」《策略性人力資源管理與組織競爭優勢———理論與實踐》是一套全面系統闡述策略性人力資源管理的內涵、框架、結構、體系建設與組織競爭優勢之間關係的系列叢書，包括《策略性人力資源管理：系統思考及觀念創新》、《技術性人力資源管理：系統設計及實務操作》、《中國人職業生涯規劃必修課：組織政治、職場規則、人際關係》三部。特別要指出的是，這不是一套單純的理論專著，而是以理論為指導，全面闡述策略性人力資源管理的系統安排和操作實踐，特別強調人力資源管理對組織策略的支持。因為這既是管理的本質所在，同時也與人力資源管理這一專業所體現出的很強的實踐性有關。因此，本書的主要讀者是具有工作經驗的人群，包括人力資源管理專業人士、MBA 學生、各類 MBA 課程班和研修班學員，以及在企業、公司和其他類型的組織中對這門學科感興趣的人們。

隨著現代商業社會競爭的加劇，人們越來越重視人力資源管理的策略性要求在組織實踐中的地位和作用。這種趨勢源於社會環境的變化和對組織競爭優勢的重新定義。要回答這個問題，首先要回顧管理職能的歷史演進。人們在總結管理的職能時常常會有一個問題在腦海中縈繞：為什麼歷史演進了這麼多年，而我們似乎還在原地踏步。自 100 多年前法國工業家亨利·法約爾提出了管理者在履行計劃、組織、指揮、協調、控制五項職能以來，管理的職能逐漸為人們所認同。20 世紀 50 年代後，美國加州大學洛杉磯分校的哈羅德孔茨分別與西里爾·奧唐奈和海因茨·韋里克合著的《管理學》則採用計劃、組織、人事、領導、控制五項職能。80 年代後，斯蒂芬·羅賓斯的《管理學》採用的是計劃、組織、領導、控制四項職能，其中，將人事的職能納入組織和主管的職能之中。從其歷史演進看，管理的職能都沒有發生實質性的變化。其中的人事管理的職能也大致相同。究其原因，並不是我們的認知能力出了問題，而是我們遇到的管理問題與我們的前輩並沒有實質性的區別。美國管理史學者丹尼爾·雷恩為我們提供了認識這一問題的思路。他在《管理思想的演變》一書中指出：「同我們現在一樣，他們曾試圖解決如何管理大批人力和物力資源所涉及的各種問題；曾致力於研究有關人的行為和動機的哲學思

想和理論；他們是推動變革的力量；他們努力要解決的是如何利用有限的資源滿足社會各組織機構以及人們的目標和期望這樣一個古老的問題。我們今天碰到的基本上也是這樣的一些問題，只不過由於我們知道的東西比以前多，用以研究分析情況的工具更先進，以及精神文明準則的變化，因而我們提出的解決辦法也有所不同罷了。」對於前輩留下的遺產，我們不應當忽視，更不應反對。昨天解決問題的辦法對解決明天的問題仍然具有價值。前輩們的智慧為我們解決今天遇到的實際問題提供了重要的原則和方法。

「人力資源管理」這個術語是在20世紀50年代後半期開始流行起來的。半個多世紀以來，組織所面臨的環境發生了很大的變化，但人力資源管理開發的主要任務並沒有發生實質性的改變，組織設計與工作分析、培訓與開發、激勵與約束、規範與人際關係仍然是其重要的組成部分。但時代和環境的變遷也給人力資源管理注入了許多新的內容，當我們由「短缺經濟」過渡到「過剩經濟」，從計劃經濟過渡到市場經濟，從面對一個較穩定的經營環境過渡到一個競爭激烈的「十倍速」時代，人力資源管理也就被賦予了更多新的時代特徵，如單一的職業通道向雙重或多種職業通道發展，單純的組織忠誠被職業化精神忠誠取代，關注高績效員工，注重知識管理、員工凝聚力與組織文化，這些與原有的人力資源管理職能共同構成了現代人力資源管理開發的主要內容。正如丹尼爾·雷恩指出的：「現代所流行的『人力資源管理』的術語表明了對人事管理更具策略性的觀點。將來的員工隊伍將更具多樣性、更富裕、閒暇時間更多、受教育程度更高。隨著經濟政治環境的變化，未來人力資源管理的大部分問題將在社會價值和政治需要方面。現代存在許多有關員工健康和安全、同工同酬、公平雇傭機會、贊成的行動計劃、員工退休收入保障和其他一些人事問題，將會有更多的社會壓力和法律條令影響到人力資源管理。」其中特別強調了由於環境變化帶來的人力資源管理將面臨的挑戰。

從另外一個角度講，組織競爭優勢的基礎和源泉也在發生變化。如果說在20世紀企業可以憑藉對技術的佔有和壟斷為自身帶來持久的競爭優勢，那麼在21世紀的今天，隨著技術的日新月異，技術優勢的差距在不斷縮短，企業之間的差別和競爭優勢越來越體現在員工的技能、敬業精神和知識的創

造與貢獻等方面。任何組織和個人都難以依靠對某種技術的掌握為自身帶來持久的競爭優勢，組織的核心競爭優勢正在逐漸地由技術等「硬件」因素向非技術性的「軟體」因素轉變。這一趨勢直接導致了組織的工作重心由「技術要素」向「人的能力」的轉變。就像托馬斯·G·格特里奇等指出的那樣：人的能力開發正前所未有地與企業或公司的策略性商業需求緊密結合在一起。無論是組織和個人，要想獲得成功，只有透過建立人力資源方面的優勢來獲得。因為當一切都自動化以後，就不再有人擁有成功地利用自動化帶來的優勢的技巧和經驗。工作場所的勝任度越來越取決於有效率的溝通技巧、團隊協作、判斷思維、對變化的反應能力等與技術無關的技巧，而這一切都只能來自得到充分開發的勞動力。越來越多的理論和實踐都證明了人是組織競爭優勢的源泉。因此，人是競爭中最重要的武器，人是組織最重要的寶貴資源，這一理念已成為組織構建競爭優勢的重要思想基礎和源泉。而策略性人力資源管理所強調的人力資源策略對組織策略的支持、對員工利益的長遠關注，正是建立和保持這種競爭優勢的關鍵所在。

　　人的作用與組織的策略性商業需求緊密結合在一起，表明了策略性人力資源管理已經成為組織獲取競爭優勢的重要法寶。對於組織來講，需要從以下三個方面正確認識和理解策略性人力資源管理的地位和作用。首先，策略性人力資源管理是對組織成員價值創造能力的管理。如同組織總是在最能夠發揮自己優勢的產業或行業中去尋求和把握發展的機會一樣，在人力資源管理開發中，組織同樣要考慮其重點和策略。而這種重點和策略是建立在組織掌握的資源和未來組織勞動力的組成形式趨勢基礎之上的。這兩個方面的因素不僅決定了組織人力資源管理的主要對象，同時也為組織中的員工指明了工作的目標和奮鬥的方向。其次，策略性人力資源管理是對價值鏈的管理，即人力資源管理各職能之間在有機整合的基礎上所形成的效率和效能。它強調人力資源各職能之間的相互協調和配合，形成了完善的人力資源管理各職能的價值鏈體系，能夠最大限度地發揮組織人力資源政策、制度的功能和作用。最後，策略性人力資源管理強調對組織策略的貢獻，即透過對組織策略的系統思考，重點考慮策略層面的需求。首先明確組織策略所包含的人力資源勝任能力及其他影響組織效益的能力要求，然後在此基礎上透過分解，將

組織策略所要求的勝任能力與人力資源管理的基礎職能有機地結合，形成策略性人力資源管理系統以支持組織策略目標的實現。

本書的主要特點

與其他人力資源管理專業書籍相比，本書具有以下七個方面的顯著特點：

系統地論述並透過具體的案例探討了策略性人力資源管理與組織競爭優勢之間的關係，這是本書有別於其他人力資源管理書籍的一個顯著特點。要理解策略性人力資源管理與組織競爭優勢之間的關係，首先必須明確策略性人力資源管理的內涵。所謂策略性人力資源管理，是指按照組織經營策略的要求，將策略所包含和要求的人力資源要素進行分析、整合、配置，在此基礎上建立起與競爭對手相比較的人力資源競爭優勢的一整套管理思想、方法、制度的集合。這一內涵包含了兩個基本命題：

第一，人力資源管理各職能之間應該有機地融合在一起，形成一個系統的人力資源管理策略；

第二，這個系統的人力資源策略要能夠支持組織的經營策略和經營目標。第一個命題強調的是人力資源管理各職能系統的能力要求，沒有這個系統性的要求，任何單個職能作用的發揮都會受到影響，從而降低其效果。

現實生活中，一些公司和企業在進行勞動人事制度改革時，往往只對其某一方面的職能進行設計，而忽略與其他人力資源管理職能之間的關係，如績效和薪酬系統設計不結合工作分析的結果等，這樣必然會使其效果大打折扣。第二個命題強調的是人力資源管理職能對組織策略的服從。在策略管理的層次當中，大致可以分為公司層策略、子公司層策略（從事多元化經營的公司）和職能層策略三個層次。其中，公司層策略是最高層次的策略，子公司策略是公司策略的分解，而計劃、財務、人事、銷售、研發等部門的策略則屬於職能層策略，職能層策略應當而且必須支持公司的策略。在傳統的人事管理中，兩者之間的關係是「由下而上」，勞動人事部門在制定相關的政策時很少考慮甚至不考慮組織策略的要求，表現為組織勞動人事政策與組織目標的脫節。而在策略性人力資源管理當中，兩者之間的關係是「由上而

下」，即根據組織目標逐項落實相關的人力資源政策。在本書中，每章均設計有若干專欄和案例，對策略性人力資源管理如何推動公司策略的落實作了詳盡的論述和說明。

　　本書的第二個特點體現在人力資源管理觀念的創新。這也是本書與其他人力資源管理專業書籍不同的地方。作者認為，不同的觀念、相同的方法，得到的結果可能大相徑庭。西方的管理理論並不見得都適合中華文化的國情；在強調科學性的同時，還必須注意適應性。科學性還要與適應性相結合。因此，觀念帶有指導性和全局性的特點。人力資源管理這門專業學科的實踐性很強，這種實踐性具體表現為人力資源政策與組織的使命、文化、策略之間緊密的關係。從這個意義上講，不存在一個適合所有組織的人力資源管理的方法或標準，也沒有哪個組織的人力資源管理開發系統能夠「放諸四海而皆準」。組織的任務是根據自己的使命、文化和策略要求，制定最適合自身的人力資源管理政策。按照環境學派的觀點，組織都必須適應環境的要求，而不同的組織面對的環境既有同一性，又有差異性。托馬斯·B. 威爾遜在其《薪酬框架》一書中評價39家美國一流企業的薪酬策略體系時曾經指出：組織都得適應變化的市場環境。其中有一些企業具有非常連貫的經營策略，而另外一些企業採取的措施更加具有綜合性。有一些公司使用了一套明確的績效考核方法，其他的公司卻把他們的策略和公司的價值觀轉化成各種行動計劃。一些公司的主管們在積極地支持和推動變革，而其他公司卻沒有這樣的主管。但是，這些企業共同的地方是，他們設計和實施了一套能夠把對生意和員工的管理整合到一起的整體性的薪酬計劃。同樣，組織的人力資源管理政策也會表現出完全不同的特點，每個成功組織的人力資源管理都有其獨特性。獨特性需要創新，創新意味著不要墨守成規，不要一味追求時髦。書中在論述薪酬策略支持組織經營目標時曾指出，要使薪酬政策能夠支持組織經營目標，既可以透過採取薪酬決策向關鍵職位和關鍵員工傾斜的方式來達到，也可以透過平等的工資結構來完成。在一些著眼於創造和諧、分享共同願景和員工合作的組織中，雖然其支付的薪酬低於其他的組織，但仍然能夠支持組織目標的實現。在這個事例中，觀念的創新就體現在：不是盲目的相信「平均主義」

一定不好，差別的工資結構就一定好，而是從自身的實際出發，建立適合自身特點的制度和準則。

　　觀念創新和獨特性可以體現在很多方面。比如，「公開、公平、公正」好不好？「民主管理」好不好？答案是：好。但任何事物都是相對的。「公開、公平、公正」與「民主管理」也同樣如此。有的企業採用這種方式獲得了成功，而一些採用「權威管理」的企業同樣也獲得了成功，關鍵還是企業的基礎和文化在起作用。我們認為，任何方法的使用都要適可而止，不可盲從。對於企業來說，在「民主管理」與「權威管理」的問題上，需要注意三個問題：一是兩者之間的關係，二是社會原則與組織原則的差別，三是「公平」的標準。在企業的經營管理中，「權威管理」是非常必要的。它是「民主管理」的基礎，沒有「權威管理」，就沒有「民主管理」。只有透過規範化的管理，使組織成員認識和瞭解組織期望的正確的行為準則和績效標準，才能夠上升到「民主管理」。尤其是中國的民營企業正處於由「遊擊隊」向「正規軍」轉變的過程中，更需要權威和規範化的管理。其次，社會原則並不總適用於組織，不能夠把社會公平原則原封不動地套用到組織中，因為「那些公正、公平和公開的原則，那些支持大眾信念的原則並不總是適用於組織行為」。最後，現實的工作和生活經驗告訴我們，每一個人都是根據自己所看到、聽到或掌握的訊息來判斷自己是否受到了公平的待遇。因此，管理者需要認識到，員工主要是根據知覺而不是客觀現實作出反應。由於個人在組織中地位、權利、工作性質和範圍等方面的不同，決定了每個人所看到、聽到或掌握的訊息，可能只是某一事件的一個部分。因此，這種判斷的標準在很大程度上受到個人主觀因素的影響。每一個人都有自己的關於公平的理解和要求，而企業的性質決定了企業的穩妥運行是建立在統一有序而非個人要求基礎上的。企業要面對的是一個「相關利益群體」的利益，而不是某一個群體的利益；在企業內部，企業是對企業中的所有員工負責，而不是對某一個員工負責。這就決定了企業的決策和相關的制度規範要求必須考慮「權威性」。

　　本書的第三個特點是要認識和掌握企業管理和人力資源管理的規律。管理學作為一門科學，本身就有自身的規律，人力資源管理也同樣如此。因此，

無論是組織的人力資源管理專業人員，還是組織的各級管理人員，都要善於發現和總結這種規律，以有效地服務組織。比如，制度管理與人本管理的關係，公平和民主在社會組織與企業組織中的差異，企業的用人標準，人力資源管理的階段劃分，人力資源管理實踐如何支持組織的經營目標，不同的組織結構的人力資源管理模式、公司政治和人際關係對組織人事決策的影響，等等。在這些問題上，都能夠發現其中具有規律性的答案。在一次課堂上，一位來自民營企業的管理者提出了這樣一個問題：中小民營企業應當如何做企業管理和人力資源管理？這個問題提得非常好，也非常重要。我對這個問題的回答就是基於對規律性的認識，從企業的發展階段的特徵以及「無為」和「有為」的角度，透過觀察企業的生命週期來把握它們之間的關係及其規律性。比如，在創業階段，管理和規範的主要特點是「無為」或「無序」，甚至可以說是「創業階段無管理」。

因為這時創業者們首先考慮和關心的是企業的生存而不是規範。他們主要的精力、時間、資源都用於融資、開拓市場、銷售產品、回收資金、歸還貸款等方面。在這一階段，企業的創業者們沒有時間和精力去抓組織結構的設計、人員的分工與激勵等人力資源管理開發一系列的規範問題。這時企業經營管理的特點就是「無為」，表現形式就是沒有完善的管理體系和規章制度。當企業進入成長階段後，企業管理開始從「無為」向「有為」轉變。組織結構、工作分析、招聘、選擇、培訓、開發、績效、薪酬等一系列的制度規範成為企業管理的重要工作，制度的硬性約束成為企業成長階段的重要工作。在成熟階段，由於有了較為規範的管理基礎，企業從剛開始創業時主要依靠個別人的個人智慧開始向依靠團隊智慧轉變，文化的軟性約束幫助企業達到「無為」的管理境界。而當進入衰退階段後，一方面意味著企業破產消亡，同時也可能是某種產品或服務的市場份額逐漸減少，需要從新開始，這時企業便又開始了新一輪的輪迴。將這種「無為」與「有為」的關係運用於分析企業管理和人力資源管理，可以反應人力資源管理的指導思想和基本原則在不同階段的要求和特點，從而達到透過掌握規律以高效達成工作目標。

本書的第四個特點是詳細論述了有組織的員工職業規劃設計對於提升組織競爭優勢的意義和作用，同時強調，認識和瞭解企業不同發展階段的規律

性有利於員工職業生涯的成功。比如，如果選擇到一個創業期的企業工作，或自己與他人共同創業，最重要的一點就是需要具備艱苦奮鬥、同甘共苦以及奉獻的精神。而如果在一家正處於成長階段的公司，那麼個人的目標也要由主要關注企業外部向內部轉移，規制、組織、協調、溝通以及領導能力是這一階段中企業最需要和最重要的素質和能力，包括適應變化，展示自身的管理才能，解決組織或部門遇到的一兩個重要問題。如果在一個處於成熟期的企業工作，要使自己的職業有一個好的發展，那麼就應當具備創新的觀念、變革的思維和可持續發展的能力，隨時與僵化守舊的觀念進行鬥爭，因為這是處於成熟期的企業對人的素質和能力最重要的要求。

本書的第五個特點是關於組織的政治行為和人際關係對組織及其成員職業發展和績效水準的影響。目前在有關的人力資源管理書籍和教科書中，這方面的論述可以說非常少見。影響一個人職業生涯成功的主要因素是什麼？只要具備專業技術能力是否就可以成功？對於這類問題，並非每個職場人士都有清楚的認識。約翰科特認為，職業生涯的成功單憑技術的優勢是不夠的，還必須具備一種「老練的社會技能」。他在研究了若干成功人士的經驗後指出：「沒有個人出色的表現就沒有企業卓越的業績，而個人要想在專業和管理工作中有出色的表現，不光需要具備技術能力，還需要一種老練的社會技能：一種能夠調動人們克服重重困難實現重要目標的領導技能；一種力排種種分裂勢力，將人們緊緊團結在一起，為了實現遠大的目標而共同奮鬥的能力；一種保持我們的重要的公司和社會公共機構的純潔性，使之避免染上官僚主義的鉤心鬥角、本位主義和惡性的權力鬥爭等習氣的能力。」這種「老練的社會技能」，是當前很多的職業人士還沒有意識到、或雖然意識到但卻不知道應該如何應對的難題。

雖然關於公司政治或辦公室政治這一類的文章在不同的書籍和雜誌中出現的頻率越來越高，但關於公司政治的系統的理論研究仍然遠遠落後於實踐的需要，大多數的職業人士在自己職業生涯的初期尚未真正意識到它的影響。美國一項針對MBA學生的追蹤調查表明，這些參加工作多年的學生們抱怨最多的是，當他們在組織的中層管理工作中需要運用權謀和遇到難題時，深感當年沒有為此做好準備。許多人講，學校當時應該強迫他們學習更多的組

織行為學課程，儘管如此，在實際管理工作中所需的權謀與商學院的理論相去甚遠，這種權謀需要將社會知識、個人風格和公司文化巧妙地結合起來。這一方面說明了問題的真實性，另一方面也道出了公司政治對職業成功的影響。

其次是人際關係的問題。所謂人際關係，是指組織中的人們建立在非正式關係基礎之上的彼此互相依賴、幫助和交往，並以此獲得安全感、所需資源或權利的一種社會關係。在一個人的一生中，這種社會關係是一種非常重要的資源和事業成功的保障，建立並保持一個廣泛而良好的人際關係網路對職業生涯的成功具有非常重要的意義，同時也是一種最有價值的投資。在一個人的一生中，可能會多次變換所從事的工作，但對於那些精明的人來講，不論在什麼地方，都會精心維護伴隨著自己成長的社會關係和人際關係網路。工作的變化意味著又接觸和認識了更多的人，這又加強和擴展了人際關係網路的力量和範圍。因此，如果你能夠對你建立起來的這一網路進行精心的呵護，將會讓你終身受益。特別是在重視人情和人際關係的中國社會，一個人所擁有的社會關係往往是決定一個人社會地位的重要因素。人們不僅根據個人本身的屬性和他能支配的資源來判斷其權力的大小，而且還會進一步考慮他所擁有的關係網路。一個人的社會關係越廣，就意味著他的影響越大，他成功的概率也就越大。

本書的第六個特點是強調透過策略性人力資源管理，提升組織員工的知識創造和知識管理的水準，其中重點突出瞭解決知識傳播障礙的系統設計和制度安排等問題。隨著競爭的加劇和企業傳統盈利能力的減弱，知識管理正在開始成為一種新的生存方式和盈利模式。透過知識管理提高競爭力，也日益得到各類組織的重視。決定企業是否具有競爭力的並不是有形資產或可控制資源的數量，而是建立在此基礎上對其合理配置和利用的能力以及組織的整體學習能力和智能水準。企業所依賴的策略性資源已從組織外部的、具體的物質資源逐漸轉變為組織內部的、內化於每個員工頭腦中的智能資源。企業的成功越來越依靠企業所具有的整體智能水準和系統思考能力，而這正是人力資源開發的主要任務。因此，知識管理和知識創新不再只是傳統意義上屬於技術研發、行銷、工程設計、生產製造等專業職能部門的專利，它是組

織策略性人力資源管理的主要工作。當今人力資源管理所面臨的這些挑戰，充分說明了知識管理與人力資源管理開發之間存在非常密切的關係。正確理解和處理這種關係，對於企業透過知識管理提高企業競爭能力具有極其重要的意義。根據美國《財富雜誌》的調查，全球500強中至少將有一半的企業正透過系統實施知識管理，以提高決策與經營的質量。在未來1～2年內，這個數字將提升到80%。這表明透過有效的知識管理提高組織的競爭力已成為企業努力的目標。正如野中鬱次郎（nonaka，1991）指出的，在一個「不確定」是唯一可確定之因素的經濟環境中，知識無疑是企業獲得持續競爭優勢的源泉。當原有的市場開始衰落、新技術突飛猛進、競爭對手成倍增加、產品淘汰速度很快的時候，只有那些持續創造新知識，將新知識迅速傳遍整個組織，並迅速開發出新技術和新產品的企業才能成功。這種企業就是知識創新型企業，這種企業的核心任務就是持續創新。

　　本書第七個特點是研究組織結構設計對於組織競爭優勢的影響。在一些人力資源管理書籍中，關於組織結構設計與人力資源管理實踐之間的關係的論述較少，沒有反應組織結構設計對組織管理模式和資源配置方式的影響。其實，在組織策略、組織結構與組織的人力資源管理之間，存在一種十分密切的關係。一般來講，組織的策略決定其結構，而組織結構決定管理的模式和資源配置的方式。工作分析是人力資源管理的一項基礎職能，這一點現在都得到了大家的認同。但工作分析又是建立在組織結構設計基礎上的，也就是說，工作分析的實踐是在特定的組織結構下發揮作用的。在不同的組織結構下，人們的角色和完成工作的方式是存在差異的。在實踐中，勞動人事制度改革往往也從組織結構開始。此外，還有一個重要的問題與組織結構有關，即執行力。有了好的策略，好的執行力，還遠遠不夠，還必須要有與之匹配的組織設計。企業的員工經常有一種感覺：公司的策略很好，大家努力工作的意願很高，執行力很強，但就是感覺有力無處使。部門和部門之間，職位和職位之間，彼此之間缺乏溝通協作，相互扯皮，或是推脫。久而久之，大家的熱情就逐漸消退了。其原因就在於組織設計有問題。因此，組織結構設計在企業管理和人力資源管理中具有重要的地位和作用。組織的領導者和管

理者以及從事人力資源管理的專業人士，應當瞭解和掌握組織結構設計的思想和原則，以便為人力資源管理決策提供依據。

為了便於讀者的學習，本書在每一章都安排了專欄和案例，以配合有關內容的講解，增強可讀性。需要解釋的一個問題是，本書的一些基本概念採用了模糊的表達方式，如「人情」與「人際關係」，「公司政治」和「組織政治」等，兩者之間既有相同之處，也存在一些差異，但由於本質並無大的區別，本書做了模糊處理，彼此可以替代使用。其次，書中大多時用的「組織」一詞，但也頻繁採用了「公司」、「企業」等表達方式，其意義都大致相同，特此說明。

石磊

前言

前言

　　本書集管理學、社會學、國學等知識於一體，用了相當的篇幅介紹中國社會系統、中國人的社會行為中具有典型意義和典型特徵的思維方式和行為模式。這些思維方式和行為模式不僅長期存在於中國的歷史進程中，影響了數代中國人，而且在當代以及可以預見的未來，仍將對我們的工作方式和生活方式，特別是年輕人的職業發展產生深刻的影響。同時，本書也介紹了大量的組織政治行為、人際關係、職業發展的理論和實踐。在此基礎上，提出了當代社會中影響個人職業成功的對策和建議。

　　在人力資源管理中引入公司政治和人際關係，是因為當代人力資源管理的領域和範圍已大大擴展，凡是可能影響員工工作動機、工作態度的活動，都已成為人力資源管理的內容。隨著經濟政治環境的變化，未來人力資源管理的大部分問題將在社會價值和政治需要方面，而且將會有更多的社會壓力和法律條令影響到人力資源管理。本書關於組織政治、人際關係和職場規則等方面的內容，也是其中的組成部分。而且隨著時代的發展，環境的變化將會給人力資源管理帶來越來越大的挑戰，很多的觀念都需要轉變。比如，以前有很多國人常常信奉「學好數理化，走遍天下都不怕」這句話，認為只要有技術，就可以獲得成功。而在當今的現實社會中，掌握一門專業技術，具有專業能力和良好的工作業績，只是構成成功的一個基本要素。要獲得職業的成功，還必須有清醒的頭腦，瞭解組織的運作程序，敏銳的判斷力，良好的人際關係，掌握職場的政治規則。鑑於此，本書的目的就是希望能夠引起職場人士對這些問題的關注，使人們能夠明白，即使學好了數理化，還是不能走遍天下。在建立自己的技術和專業優勢的同時，對組織中的政治行為和人際關係的作用與影響給予高度的關注。其次，在對公司（辦公室）政治和人際關係有了正確的認識和理解後，還要知道什麼是正確的職業行為，以及如何在工作環境中表現出這些正確的行為。

　　本書共分為六章，各章基本內容簡要介紹如下：

前言

　　第一章是職業生涯規劃的概念、理論及國際比較。本章介紹和論述了有關職業生涯規劃的定義、理論，影響職業規劃的主要因素，美國、歐洲等國家和地區員工職業生涯規劃的國際比較，企業員工職業規劃的現狀、現代職業生涯路徑等內容。從實踐的角度講，職業發展路徑的形式和選擇是本章的重點，瞭解和掌握這些內容，可以為組織展開職業發展規劃提供理論和實踐的指導。

　　第二章是影響職業發展規則的要素分析，主要從環境、策略和組織結構的變化，心理契約和員工忠誠度的變化，企業文化和價值觀，公司政治和人際關係，性格特徵及愛好，職業動機，企業家精神七個方面論述了影響個人職業成功的原因，公司政治和人際關係的具體內容將在第四章和第五章作詳細介紹。

　　第三章是職業生涯發展模式，主要內容包括職業生涯階段的劃分、個人職業生涯規劃與組織生命週期的適應性、職業生涯管理與開發規劃系統的設計和實施步驟、管理者繼承計劃和企業接班人的培養模式等內容。本章的重點在於從實戰的角度，詳盡地介紹和論述職業發展不同階段的年齡特徵、就業趨勢特徵、目標任務，以及個人職業規劃與組織發展不同階段的適應性。

　　第四章是公司政治與職業發展，主要內容包括公司政治的定義、公司政治存在的原因、為什麼要關注公司政治、關於公司政治方面存在的誤區等內容。本章從個人、組織、社會三方面分析了公司政治存在的原因，提出了關注公司政治的五個要點，並對公司政治的誤區逐個進行了分析和說明。

　　第五章是本書的重點章節，主要內容是詳細地分析並論述了人情、面子、關係在中國傳統人際交往以及作為中國人權力遊戲中的重要作用及影響，並透過對西方國家人際關係研究的歷史沿革和行為研究以及影響人際關係的要素的分析，創造性地將中華傳統文化與現代人際關係理論結合起來，提出了在中國條件下做好人際關係的九大法則。

　　第六章是職場規則建議，也是本書的重點章節，既然職場政治如此重要，有沒有什麼可以遵循的規律和建議呢？本章首先提出了職場規則的定義、特徵、指導思想和原則，在此基礎之上，提出了15條職場規則建議，這些建

議與第五章的人際交往法則，共同構成職場成功的基本法則，對於職場的成功具有非常重要的意義。

第一章 職業生涯規劃的概念、理論及國際比較

員工職業生涯規劃是人力資源開發中非常重要的一項工作,有組織的員工職業規劃的意義主要表現在兩方面:

一方面它能夠幫助員工在組織中找到正確的位置,充分發揮自身的優勢,幫助組織實現自己的目標;

另一方面,有效的員工職業規劃是組織激勵員工的重要方式,它不僅能夠增強員工的使命感和責任感,還能夠提高員工對組織的承諾。

因此,有組織的員工職業規劃是一個系統的工程。但遺憾的是,在不少企業和其他組織中,這項工作並未得到足夠的重視。

其原因主要有四個方面:

第一,不少企業還沒有建立起完善的人力資源管理體系,更談不上有組織的職業規劃。

第二,人們對職業生涯規劃的認識和理解還存在誤區,如把職業生涯規劃界定在組織晉升這一非常狹窄的領域。在傳統職業生涯的概念中,特別強調在組織中管理層級的升遷,並將其作為判斷個人成功的唯一標準。

第三,在不少組織中缺少具有相關專業知識和工作經驗的專業人員,因而難以對這項工作的推動提供支持。

第四,專業教育落後,在各類人力資源管理的教科書中,對這一問題的系統論述或介紹的也並不多。這些都導致了員工職業生涯規劃工作未能得到很好的展開。在本章中,我們將系統地討論和研究有關員工職業規劃方面的問題。

本章將研究討論以下幾個方面的問題:

1. 傳統的職業生涯規劃與現代意義上的職業生涯規劃的異同。

2. 什麼是職業錨理論？

3. 影響職業規劃的主要因素。

4. 先進國家職業發展的歷史和現狀。

5. 什麼是雙重職業發展路徑？

專欄 1－1 美國波音公司的職業生涯發展計劃

20 世紀 90 年代初，波音公司提出了「要成為全世界首屈一指的航空公司」的使命。為了實現這一目標，公司特別強調「合作」的精神，並將其作為落實公司策略計劃的一個意義重大的概念。公司主管認為，新的設計與生產過程不僅要求廣泛的技能，而且還需要一個全新的、參與性更強的、鼓勵全體員工對自己的個人職業生涯前途負責的企業文化。針對這一目標，公司為員工、管理人員和公司規定了相應的責任：員工是「管理工作的合作者」，管理人員是「創造條件的合作者」，而公司本身則是「資源性合作者」。

波音公司的員工職業生涯開發工作是建立在以團隊精神為主的參與方法基礎之上的。然而，參與性企業文化的道路上也充滿著困難，如新老員工的態度和預期形成了巨大的差異，從而影響到工作團隊的動力。除此之外，如何填補監理職位空職問題也越來越突出。資歷比較淺的員工要求培訓，以便自己能夠不斷進步，然而提供培訓本身就要求管理人員接受過良好的培訓。

在 20 世紀 80 年代的後半期，波音公司高級管理層決定著手解決這些問題。他們舉行了一系列專門會議，討論和提煉他們對波音公司未來的看法。公司的主管認為，這些會議的結果透過傳單、海報和簡報向全公司傳達，有助於公司的營運部門將自己的具體業務計劃與明確提出的公司目標結合起來，而後者的許多重點更偏重於人力資源而不是物質資源。

為了支持公司的使命和目標，公司在 1988 年推出了一套名為「職業生涯」的多方位員工職業生涯開發專案，並由公司的總體策略目標所推動。該計劃包括以下內容：向展開「職業生涯」計劃的部門的全體員工通報情況；透過小冊子、幻燈片和影片宣傳本專案；在公司開辦教學中心，包括一個命

名為「職業生涯焦點」的一套自我評估與規劃系統，該系統引導使用者完成自選進度的電腦專案；公司訊息、職位描述、職位就職人數數據、培訓選修內容、個人職業生涯資源目錄以及本地教育資源目錄等。「職業生涯」系統還包括多樣化的工具和技術，以滿足各種員工的需要及學習風格。各教學中心提供與職位、薪金、業績系統和培訓有關的訊息。

為了保證「職業生涯」計劃實施的質量，公司制定了相應的措施，如提供諮詢顧問的支持，加強該計劃與其他人力資源職能之間以及與公司業務之間的聯繫，將績效管理系統、部門性的操作計劃和員工職業生涯開發運作程序綜合在一起，支持具體行動計劃的創意和實施等。

「職業生涯」計劃還幫助員工在現有職位上發現並追求使工作更加豐富和有意義的機會，或幫助他們發現在波音公司進行內部調動的可能性，以幫助人們建立和實施個人的職業生涯目標規劃。此外，「職業生涯」計劃是一個自願性專案。公司管理層堅定地認為，個人應該確定自己事業成功的目標，而且應該對實現這些目標負責。公司透過「職業生涯」計劃所提供的各種教學手段，鼓勵員工將自己的技能發展成自己的競爭優勢。

波音公司的「職業」計劃主要由這些受過培訓的一線管理人員負責貫徹執行，他們提出創意，安排和劃分公開研討班與培訓班，同時解決各種實施方面的問題。公司特別強調在員工開發工作過程中管理人員的責任，所有管理人員，其中包括總裁和各位總監，都必須具備培養自己手下人員的能力。公司的許多管理人員已經接受過員工職業生涯開發、員工輔導與諮詢方面的培訓，使他們有能力幫助人們去處理與個人職業生涯有關的問題，同時也提高了他們的信心。這一計劃的終極目標是使波音公司的每一個人都可以接觸到豐富的現有職業生涯開發資源，從而顯示了人力資源管理工作與公司業務單元相結合的發展趨勢。

參加「職業生涯」計劃使一線管理人員的工作風格發生了明顯變化。許多管理人員反應說，他們現在掌握有自己所需的訊息，更清楚公司在人才開發方面對自己的期待。許多中層管理人員自願作為員工的顧問，講解公司的全球性目標，並發揮諮詢網路的作用。透過這種方式，他們有機會使用這些

技巧。由於這些管理人員常常與波音公司的外界有良好的聯繫，因此可以為諮詢性的面談、職位輪換等創造條件。

波音公司利用在員工中間展開士氣和民意調查，成立專題小組，進行課程評估，同時還在活動展開之前和之後進行調查，從而對這一系統的效果有充分的瞭解。

首先，「職業生涯」計劃的軟體使用率很高。在展開「職業生涯」計劃的各個部門中，有近一半的員工使用本系統的時間在兩年以上，約60%的人使用了自我評估與開發的軟體——「職業生涯諮詢點」，約40%的人使用了類似於《事業計劃》手冊的教材。

其次，從總體上來看，評估的結果表明，在員工和管理人員之間已經開闢出許多新的溝通管道。

最後，本計劃對於波音公司的員工來說也非常重要。公司的進修報銷制度被認為是非常成功的，許多「職業生涯」計劃問卷調查的接受者都表示希望參加在職培訓。特別具有意義的是，問卷調查接受者們表示，他們尋求的是職位的輪換，熱衷於體驗不同的工作和任務，在工作職位上學習更多的適用於自己技能與興趣的、又是波音公司需求的東西。這表明了大多數人並沒有將職業規劃理解為單純的組織晉升，表明現代職業生涯的理念逐漸深入人心。

在航空工業的總體環境中，有關「職業生涯」的計劃與其業務活動相去甚遠。波音公司仍舊面臨著大量的挑戰。公司的管理層認識到，真正的考驗在於業務方面的變革。他們希望透過展開各種開發專案，使更多的人可以掌握多種技能，可以在公司內部流動。這樣做既可以避免裁員又可以使業務水準得到提高。

1990年，波音公司榮膺美國培訓與開發學會頒發的「有組織的職業生涯開發培訓與發展大獎」。但公司並沒有滿足，公司正在制訂一些計劃，以保證持續不斷地改進，在以往員工發展工作成功的基礎上，波音公司將繼續努力，以確保自己永不落伍。

1.1 職業生涯管理的基本概念

1.1.1 職業生涯的基本概念

（1）職業生涯

所謂職業生涯（career）是指一個人在一生中所經歷的與工作、生活、學習有關的過程、經歷和經驗。這一定義包含了與職業生涯關係密切的三個要素。首先是與工作有關的因素，包括不同的工作職位、不同的管理職位的過程、經歷和經驗。比如在組織中職位的變換、職務的升遷或工作內容的變化。這些經驗或經歷的累積，是職業生涯成功的重要保證。其次是生活方面的因素，這主要是指隨著社會經濟的發展、物質生活水準的提高、個人閱歷的豐富所帶來的個人需求層次的變化對個人職業發展規劃的影響。這些個人生活方面的因素往往會影響和改變個人的職業選擇。最後是學習方面的因素。個人職業的發展總是與個人的學習努力緊密聯繫在一起的，個人學習的動機和願望在很大程度上會影響甚至左右個人職業生涯的選擇。在這三個要素中，與工作有關的因素是最重要的，這是因為職業生涯主要是與工作聯繫在一起的。因此，對職業生涯的研究也與組織的需求聯繫起來，這是研究有組織的員工職業生涯的基礎。

（2）職業生涯規劃

職業生涯規劃（career planning）包括兩個層面的內容：

一是對個體而言，即指個人根據自己的興趣、愛好、專業等方面的情況，對自己未來的工作和職業所作的選擇或者安排。

二是對組織而言，特指有組織的員工職業生涯規劃，專家們將其定義為將員工個人的職業發展目標與組織的人力資源需求聯繫起來的一套方法、步驟和實踐活動。

從職業規劃的發展歷史看，早期的職業發展主要針對的是員工個人。隨著企業間競爭的加劇，競爭的源泉逐漸由財力和物力資源的競爭向人力資源的競爭轉變，有組織的職業開發活動和發展規劃成為主流，並成為策略性人

力資源管理的重要內容。加里·德斯勒認為,招聘、培訓、績效評價等人力資源管理活動在企業中扮演著兩種角色,從傳統的意義上講,這些職能的作用在於為企業物色合適的工作人員,另外一個角色則是為確保員工的長期興趣受到企業的保護,強調鼓勵員工不斷成長,使他們能夠發揮出全部潛力。將傳統的人事或人事管理稱為人力資源管理的目的就是為了反應這種角色。企業之所以進行人力資源管理,一個基本的假設就是,企業有義務最大限度地利用員工的能力,並為其提供一個不斷成長以及挖掘個人最大潛力和建立成功職業的機會。企業所有的人力資源管理和開發活動的出發點都是基於在滿足企業需要的同時滿足員工個人的需要。一方面,企業從具有創新和獻身精神的員工所帶來的績效貢獻中獲利,員工則從更為合理工作內容、更具有挑戰性的職業中獲得利益。正是基於這個原因,員工職業生涯問題已引起企業的極大關注,並成為企業建立人力資源競爭優勢的重要手段。

(3) 職業生涯管理

職業生涯管理(career management)是建立在有組織的員工職業生涯規劃和發展基礎之上的。透過對職業生涯的管理,一方面能夠正確識別員工的能力和技能,引導員工的職業發展,加強和提高企業進行人力資源管理和開發活動的準確性,增強員工在商場、職場和官場的適應能力和競爭能力。另一方面,有效的員工職業生涯開發活動又能透過員工的努力提高企業的獲利能力和水準。最終的結果是達到組織和員工的雙贏。

1.1.2 傳統職業生涯與現代職業生涯的異同

早期的或傳統的職業生涯主要關注的是員工個人方面的問題,重視的是個人的發展以及實現自己的理想和目標,同時為組織的長遠發展培養接班人,因此它重點強調的是某種職業中的一系列職位或組織內工作的歷程,如政府部門中副科長、科長、副處長、處長、副局長、局長;企業中副經理、經理、副總經理、總經理等。現代意義上的職業生涯是經常改變的職業生涯,即由於人的興趣、知識、能力、價值觀以及工作環境的變化而導致人的職業生涯也經常發生改變。在傳統職業生涯的概念中,特別強調在組織中管理層級的升遷,並將其作為判斷個人成功的唯一標準。而現代意義上的職業生涯概念

在繼續關注這一點的同時，一方面將重點開始向培養那些具有潛力的基層主管轉移，包括專案管理人員、負責具體技術事務方面的專家或人士，因為組織的成功既需要卓越的領導者，同時也需要在各個專業領域內出類拔萃的員工。另一方面，現代意義上的職業生涯將個人的心理成就、自我價值的實現以及工作與生活的和諧作為判斷個人職業成功的重要標準。之所以會出現這些變化，一是因為員工都瞭解管理職位的稀缺性，即任何組織的管理等級都是金字塔型，越往上，職位就越稀缺。對於大多組織成員來講，這條路是非常困難的。二是隨著社會經濟的發展和需求層次的提高，新的職業不斷出現，人們的選擇越來越多。中國人常講：「三百六十行，行行出狀元。」現在的職業何止三百六十行。現有職種有很多的職業是以前根本沒有的。比如在近幾年中，就有物流師、珠心算教練師、包裝設計師、社工、美容師、花卉園藝師、網路編輯、信用管理師、房地產策劃師、職業訊息分析師、家用紡織品設計師、黃金投資分析師、企業文化師、樓房管理師等多個新的職業，而且其他新的職業也將陸續產生。新職業的產生，為勞工的選擇提供了更多的機會，勞工可以根據自己的興趣、愛好選擇一個最適合自己的職業和工作，並在此基礎上實現和滿足自我的價值（表1－1給出了兩者之間的區別）。三是當代的年輕人對自己的未來有不同於他們父輩的定義和判斷。《哈佛商業評論》2001年11月號曾發表了一篇《改變做表面功夫企業文化》的文章，作者是時任萬豪集團副總裁的比爾·芒克。在這篇文章中，作者談到了在擔任萬豪國際酒店集團中最大的酒店之一的主管時與一位20多歲經理的交談，下面是這篇文章的摘錄：

「兩年前的某一刻，我突然開竅了，好像大腦中的一盞燈忽然點亮了。那時我主管波士頓的科普利（copley）萬豪酒店，這是一個擁有1.150個房間的會議酒店，是萬豪國際酒店集團中最大的酒店之一。我曾經與酒店中負責電話總機業務的一個年輕經理聊天，這個年輕經理只有20多歲，是我們雇用的年輕初級經理中最出色的一個。我問他未來5年的工作設想，他回答說，他真的不知道5年之後還會不會繼續在萬豪酒店工作。他說道：『我現在一週至少要工作50個小時，有時甚至達到55～60個小時。我每天上下班各需一小時，這樣，每天我為工作付出的時間不是10小時，而是12小時。

我不知道這種狀況我還能撐多久，我希望有工作之外的生活。』我感到很震驚，並不是因為他講的這些感受，畢竟我在他這個年紀時也需要長時間工作，也有他這樣的想法。令我吃驚的是，他說出這些感受時表現得這樣從容。想當年，如果我與我的老闆進行同樣的談話，我是絕對不會對老闆說，我不想在公司做了。我自己想，時代變了，這一代人更有魄力，敢於說出自己真實的想法。這個小伙子說：『我覺得你們不能提供我所需要的東西，我不在乎工作辛苦，但我希望你們認識到，在工作之外，我也有自己的生活。』其他萬豪國際的員工也用不同的方式表達了同樣的意思。在與辭職員工離職前的談話以及其他場合的溝通中，我瞭解了許多優秀員工離職的原因是他們希望工作有較大的靈活性。那些已經做了父母的員工不希望把他們的孩子在早晨8點半就放在日間托兒所，到晚上6點半才接走。招募員工變得越來越困難，我們發現願意來酒店工作的人日益減少。」

　　作者在文章結尾這樣總結：「現在，工作單位同事之間的競爭也加劇了，每一個職員總想自己工作時間再長一些，工作再努力一些，犧牲自己的假期，盡量遲一些回家，多做一些工作，他就可以比其他同事多一些競爭優勢。這樣做也不無道理，加班可以使人更容易累積經驗，更容易獲得晉升。但這樣一來，就使公司內部的氣氛更加緊張，每個人要承受額外壓力，包括那些既想獲得晉升，又想在工作和生活之間建立平衡的人。冷酷的現實是，這種影響確實存在，很難消除。當然，最好的經理不一定總是那些工作最勤奮的人。萬豪國際有一些經理能力不高，工作時間卻十分長；但同時也有一些優秀經理效率很高，他們4點鐘就完成工作回家了；還有一些特別優秀的經理，他們是工作狂，進取心非常強，願意犧牲個人的生活而謀取工作的進步。這是他們的生活方式，只要他們高興，也無可指責。但是在萬豪國際，我們對企業文化的修正是，我們不希望也不鼓勵經理們這樣工作，畢竟那些能夠兼顧工作和生活的經理們才是真正的成功者，比那些只懂工作的經理更有價值。」

　　社會的發展和新生代價值觀的改變，賦予了現代職業生涯規劃新的內涵。這篇文章告訴我們，「兼顧工作和生活」，已成為當代年輕人的生活方式和職業追求。他們認為職業的成功並不只是工作的成功，個人及家庭生活的和諧也是重要的組成部分。在這種情況下，組織的人力資源管理也必須適應時

代的發展，全面綜合地考慮組織成員的需求。正如作者所認為的那樣：只有那些能夠兼顧工作和生活的經理們才是真正的成功者，比那些只懂工作的經理更有價值。

表1-1　　　　　　　傳統職業生涯與現代職業生涯的異同

項目	傳統的職業生涯	現代的職業生涯
目標	晉升、加薪	心理成就感、自我價值實現
影響目標的實現及判定因素	組織提供的機會和個人的努力	自我心態的調整、個人和家庭的需求
心理契約	工作安全感	技能的多樣化、靈活的應聘能力
運動方向	垂直運動	水準運動
管理責任	組織承擔	個人承擔
方式	直線型、專家型	短暫性、螺旋型（跨專業、職能）
專業知識	知道怎麼做	學習怎麼做、為什麼做、為誰做
發展途徑	組織提供的正式培訓	依靠人際互助和在職體驗

資料來源：雷蒙德·諾依. 雇員培訓與開發. 徐芳, 譯. 北京：中國人民大學出版社，2001：235.

1.2 理論和文獻

1.2.1 約翰·霍蘭德的人業互擇理論

約翰·霍蘭德是美國霍普金斯大學心理學教授和著名的職業指導專家。他於1959年提出了具有廣泛社會影響的「人業互擇」理論。他根據自己對職業性向測試的研究，即根據勞工的心理素質和對職業的選擇傾向，發現了六種基本的人格類型或性向，在此基礎上將相應的職業也劃分為6種類型：現實型、研究型、社會型、傳統型（常規型）、事業型、藝術型。

現實型：這一類型的人的基本特徵是願意從事那些包含體力活動並需要一定技巧、力量和協調性的職業，願意使用工具從事操作性強的工作，動手能力強，做事手腳靈活，動作協調，不善言辭，不善交際。這一類的職業主要包括各類技術工人及農場主等。

研究型：這種類型的人的基本特徵是抽象思維能力和求知欲強，喜歡獨立和富有創造性的工作，知識淵博，有學識才能，不善於領導他人。因此主

要會從事那些包含較多的思考、組織、理解等認知活動的職業，而不是那些以感覺、反應或人際溝通以及情感等主要以感知活動為中心的職業。這一類的職業主要有自然和社會科學家、研究人員、大學教授、工程師等。

　　社會型：具有社會性向的人的主要特點是喜歡為他人服務，喜歡參與解決人們共同關心的社會問題，重視社會義務和社會責任，因此容易被吸引從事那些包含著大量人際交往內容的職業，而不會是那些需要大量智力活動和體力要求的職業。這一類的職業包括教師、醫務人員、外交人員、社會工作者等。

　　常規型：具有這種特徵的人一般喜歡結構性且規則較為固定的職業，喜歡按部就班地工作，喜歡接受他人的領導，個人的需要往往要服從組織的需要。這類職業主要包括銀行及其他公司職員，以及檔案、圖書、統計、會計、出納、統計、審計等方面的工作。

　　事業型：這種類型的人的基本特徵是自信、善交際、具有領導才能；喜歡競爭和敢冒風險，容易被吸引去從事那些組織與影響他人共同完成組織目標的工作。這一類型的職業包括領導者、企業家、管理人員、律師等。

　　藝術型：具有藝術型特徵的人通常會被那些包含大量自我表現、藝術創作、情感表達以及個性化活動的職業所吸引，如藝術家、演員、音樂家、詩人等。

　　約翰·霍蘭德的人格性向的意義在於提供了一個勞工與職業的相互選擇和適應的方法，勞工如果能與職業互相結合，便能達到理想的工作和適應狀態，這樣就使勞工能夠充分發揮自己的主觀能動性，提高工作的滿意度，使其才能與積極性得到充分的發揮。

　　以上對人格性向的劃分並不是絕對的，在現實中，大多數人都具有多種性向。約翰·霍蘭德指出，這些性向越相似，一個人在選擇職業時所面臨的內在衝突和猶豫就會越少。為了進一步說明這種情況，他建議將這六種性向分別放在一個正六角形的每一個角上，每一個角代表一個職業性向。圖中的某兩種性向越接近，則它們的相容性就越高。如果某人的兩種性向是相近的話，

那麼他或她將會很容易選定一種職業。如果此人的性向是相互對立的話（如圖 1－1 中的研究性向和事業性向），那麼他或她在選擇職業時就會面臨兩難的境地。

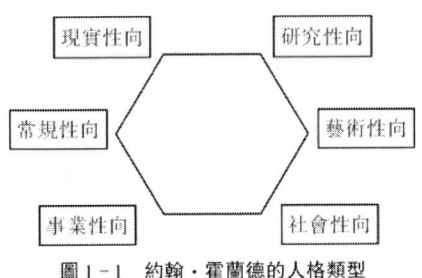

圖 1-1 約翰·霍蘭德的人格類型

1.2.2 埃德加·施恩的職業錨

職業錨（career aNChor）的概念是由美國學者埃德加·施恩提出來的。所謂職業錨，是指當一個人在進行職業選擇時，無論如何都不會放棄的至關重要的東西或價值觀。埃德加·施恩認為，一個人的職業選擇和規劃實際上就是一個持續不斷的探索過程。在這一過程中，每個人都在根據自己的天資、能力、動機、需要、態度和價值觀等逐漸地形成較為清晰的與職業有關的概念和思路。隨著一個人的閱歷和工作經驗的豐富，對自己的瞭解越多，在此基礎上就會逐漸形成一個明確的或佔主導地位的職業選擇傾向。因此職業錨的確立是一個較長的過程，要想預測它是非常困難的。施恩根據自己對麻省理工學院畢業生的研究，提出了以下五種職業錨：

（1）管理型職業錨

具有這種職業傾向的人往往表現出很強的管理他人的動機和信心，擔任較高的管理職位是他們的最終目標。施恩的研究發現，這些人之所以具有這種動機和信心，是因為他們認為自己具備了三種重要的能力：

一是分析能力，即在訊息不充分以及不確定的情況下發現、分析和解決問題的能力；

二是人際溝通能力，即在各個層次上影響、監督、領導、操縱以及控制他人的能力；

三是情感能力，即在情感和人際危機面前只會受到激勵而不會受其困擾的能力以及在較高的責任壓力下不會變得無所作為的能力。

（2）技術性職業錨

具有這種職業傾向的人一般總是傾向於從事那些能夠保證自己在既定的技術領域不斷發展的職業，一般不太願意從事管理他人的工作。

（3）創造型職業錨

施恩的研究發現，麻省理工學院的畢業生之所以後來能夠成為成功的企業家，一個重要的原因就在於他們具有一種創新的慾望，即自己能夠創造一種完全屬於自己的東西———如一件簽署他們名字的產品或工藝、一家他們自己的公司或一批反應他們成就的個人財富等。

（4）自主與獨立型職業錨

具有這種職業傾向的人在選擇職業時一般具有一種自己決定自己命運的需要，他們不願意在一種依賴其他人管理或控制的環境中工作，這些人中很多具有技術型的職業傾向，但他們的目標並不是到一個大企業去實現自己的抱負，而往往是選擇獨立工作的形式，如大學教授、諮詢專家或作為一個小型企業的合夥人。

（5）安全型職業錨

具有這種職業傾向的人比較看重長期的職業穩定和工作保障。比如做政府公務員等。

1.3 員工職業生涯規劃的國際比較

先進國家的企業所展開的員工職業生涯規劃已有多年的歷史。根據相關的研究，在 20 世紀 60 年代末，職業生涯開發還被看做是幫助就業者實現個人理想的適當途徑，其主要內容還是如何幫助員工實現自己的理想和目標。

到了 20 世紀 80 年代，重心開始發生變化，有組織的員工職業生涯開發在整體改善公司外部條件的商業要求中已成為一種手段。到了 90 年代，有組織的員工職業生涯開發的內容在很多方面都發生了深刻的變化，其中最主要的變化就是開發的重點從個人轉向了公司，並在個人與公司間達到了平衡。作為一種策略性的手段和方法，人們已越來越認識到了最大化的開發員工的職業潛力是公司取得競爭優勢和全面成功的途徑之一。本節主要介紹美國、歐洲等先進國家企業職業生涯開發的情況。

1.3.1 美國的職業生涯現狀

在美國，先後有多次的員工職業生涯開發調查，這些調查都得到了美國管理協會和美國培訓與開發學會（ASTD）的資助。

1978 年，美國管理協會贊助了一項調查，隨機抽樣了 225 家美國公司，調查的問題包括：

實施職業生涯開發活動中的重要因素、內容各異的實踐類型和普遍程度以及效果的評價。

調查的結論是：帶薪員工的職業生涯規劃活動並不像想像中的那麼普遍和先進。

儘管職業生涯開發作為一種觀念已得到廣泛的支持，但目前實踐的情況離理想狀態還有一段距離。雖然大量的組織機構展開了職業生涯規劃活動，但與職業生涯開發系統相聯繫的幾乎沒有。

1983 年由美國培訓與開發學會贊助的調查則研究了有關「職業生涯開發作為一門學說的發展狀況是怎樣的」的問題。這是一次進行分析的嘗試，對 40 家已進行過相應職業生涯開發活動的組織機構作了更加細緻的調查和研究。調查的問題主要集中在職業諮詢、研討會和教學參考手冊等方法上。

20 世紀 90 年代，美國培訓與開發學會又贊助進行了有組織的員工職業生涯開發的調查。這次調查與前兩次調查相比更加全面和具體。這次調查包括 5 個獨立的取樣，隨機抽取了 1000 家美國公司，96 家聯邦機構，此外，

被定為目標抽樣的美國以外的公司有：澳洲 850 家，新加坡 1000 家，歐洲國家 550 家。美國公司的規模有 1／3 以上在 1000～5000 人，35% 有 5000～25000 人。調查關注的問題包括：

①組織機構展開職業生涯開發活動的現有規模；

②相應的範圍、資源和責任；

③職業生涯開發針對的員工群體和層次；

④驅動組織機構進行職業生涯開發活動的原因和需要；

⑤職業生涯開發是否或如何與人力資源組織和策略計劃的制訂相聯繫；

⑥職業生涯開發工作的效能評價；

⑦對有組織的職業生涯開發的預測和整體態度。

為了對職業生涯規劃有一個明確的判斷標準，調查將有組織的職業生涯開發定義為「在設計思想上把個人職業生涯的目標與組織機構的人力資源需求聯繫起來的一套方法、步驟和實踐系統」。並進一步作了說明：「職業生涯開發計劃和活動的事例包括公開研討班、經理—員工職業探討、資源中心、職業生涯規劃軟體設施以及更替和人員接替計劃。」根據這些標準，在對美國公司的調查中，有近 70％ 的公司稱其曾經或已經建立起職業生涯開發系統。

其中，沒有建立職業生涯開發系統的原因有三點：

一是上級主管部門的支持不夠（54％），

二是專款來源不足（37％），

三是缺乏人力資源開發能力或興趣（27％）。

（1）有組織的職業生涯開發的動力

在什麼是展開有組織的職業生涯開發的驅動力的問題上，應答者列出在他們的組織中影響有組織的職業生涯開發計劃的前三項因素分別是：希望在內部得到發展或提升（23％）；缺少可提拔的人才（14％）；組織機構對

職業生涯開發的支持（13%）。前兩項都與組織晉升有關。與此形成鮮明對比的是，只有 8% 的應答者在前三項因素中列出了「在公司增長受限的情況下激勵員工進取」這一條；只有 2% 的應答者列出「要提高工作人員的生產率」。而且多數人認為職業生涯開發活動作為員工開發的途徑只對高級管理人員才是重要的。這一狀況表明這些組織對有組織的職業生涯開發活動的理解還停留在幫助員工個人發展的階段。在回答職業生涯開發活動責任的問題上，認為是員工責任的佔 51%，是經理責任的佔 25%，是組織機構責任的佔 24%。這種觀念強調了個人與公司相協調的基本態度，即滿足個人的需求有益於公司業務的發展。在人手方面，專職從事職業生涯開發少於 1 人的佔 54%，有 1 人專職的佔 21%，5 人或 5 人以上的只有 10%。幾乎所有公司都將職業生涯開發功能置於人力資源部之下。

（2）職業生涯開發實踐所採用的類型

在採用什麼類型的職業生涯開發系統方面，調查者設計了六種分類，它們在接受調查的公司出現的頻率為：

職業生涯開發計劃佔 59%；

工作匹配系統佔 53%；

個人諮詢和職業研討佔 46%；

組織機構潛力評估程序佔 45%；

員工自我評估方法佔 28%；

內部勞務市場訊息交流佔 24%。

經過排序，最前一類是職業生涯開發計劃，重點集中在培訓、開發計劃、專題討論會以及學費補償等方面，而職位需求訊息發布和人員接替規劃這類工作匹配系統居於次要地位。

（3）效果

從以上內容看，它反應更多的還是傳統意義上的職業生涯的概念。調查還發現，對於一些公司認為是職業生涯開發組成部分的其他手段並未得到廣

泛的認同和採納。比如，只有34%的應答者採用職業生涯規劃公開研討班，而且其中只有半數稱這種形式有效或非常有效；只有15%的應答者有獨立編製的教學手冊；只有13%的應答者有電腦軟體，但認為有效的不到一半。而職位輪換和重新設計這兩種有效的形式被應答者採納的比例分別是54%和41%，但被認為有效或非常有效的仍然沒有超過半數。

（4）調查比較

專家對1978年和20世紀90年代的兩次調查結果進行了比較，得出了以下幾個方面的結論：

在兩次調查中，排名第一位的影響職業生涯開發的因素都是從內部得到發展和提升，其次是缺少可提拔的人才。即使到了20世紀90年代的職業生涯開發階段時，這兩個因素仍然被提及。這表明很多人對職業生涯開發的認識仍然停留在傳統和狹隘的階段。

在兩次調查中，組織機構在職業生涯開發中的重要作用都得到了證明。1978年的調查中，「管理層支持職業生涯規劃的意願」排在第三位；在20世紀90年代的調查中，「組織機構支持的職業生涯開發」也同樣位居第三。

在實際採取的方式上，兩次調查的結果有了比較明顯的變化。在1978年的調查中，只有一半多的應答者稱得到過人事部門的諮詢，或者是在主管和員工之間就職業相關的話題進行過溝通，如教育援助、公司狀況和經濟訊息、職業途徑和階梯、培訓和發展的選擇以及職位需求訊息發布和職位空缺的訊息。其中，89%的應答者稱得到過人事部門的非正式建議，56%的應答者得到過專業指導者的建議，25%的應答者以專業諮詢的標準培訓過他們的指導人員。另外，一半以上稱他們提供職位需求訊息和職位空缺方面的訊息，只有11%的應答者開設有與人生和職業生涯規劃密切相關的公開研討班，有17%的應答者準備在一年內引進這種形式，30%的應答者開設有退休者公開研討班，16%的應答者採用自我分析和規劃參考讀物的形式，42%的應答者提供工作業績和規劃設計方面的參考讀物。

20世紀90年代的調查顯示出了兩個方面的顯著變化，一是由專職指導者或生產線經理提供建議的比例（從56%至83%不等），二是為此進行培訓的比例（從25%至44%不等）。這表明經理在職業生涯開發中的重要作用已得到充分的肯定。此外，唯一一種增長顯著並被看好的形式就是職位需求訊息發布———從1978年的54%增加到20世紀90年代的83%（其中61%認為其有效或非常有效）。

兩次調查對效能的總體評價都偏低，在對整體態度作出說明時，調查結果也很類似，即都強調了職業生涯開發的重要性和可感知的益處，但也指出指導者的作用存在問題。

1.3.2 歐洲的職業生涯開發

1991年，由同一批學者對歐洲的職業生涯開發活動進行了調查，與美國相同，參加調查的公司一般都是大型或超大型公司，1／3的公司人數在10000～25000之間，另外1／3的公司人數在50000或更多，其所在行業和服務的市場都具有代表性。在接受調查的公司中，有超過3／4的應答者稱現在就建立有職業生涯開發系統，其中的1／4已有2年或不足2年的歷史，有5年或更長歷史的佔一半稍多。37%的公司有5人或5人以上全日制專職人員從事職業生涯開發工作，在美國這一數字是10%。接近一半的公司只有2人或2人以下專職人員，19%的公司稱沒有為職業生涯開發的管理指派專職人員。

（1）有組織的職業生涯開發的動力

在歐洲，影響職業生涯開發最重要的前三位的因素分別是：公司策略計劃的開發，有57%的稱這應答者是三大要素之一，1／3認為它在最有影響力的三大因素中居於首位；公司對職業生涯開發承諾的支持，有近1／4的公司將其排在第一位；希望在內部得到提升和發展以及缺少可提拔的人才。

第一章 職業生涯規劃的概念、理論及國際比較

(2) 職業生涯開發系統的實施

在歐洲的職業生涯開發系統中，有著良好潛質的員工（通常就是未來的總經理）仍然是職業生涯開發最常見的目標組群，88%的應答者瞄準的就是這類員工，80%的應答者瞄準的是受訓的管理人員或未來的可造之才。

(3) 職業生涯開發實踐所採用的類型

歐洲公司的職業生涯開發系統實踐的方式是多種多樣的，其中，不到半數的應答者正在採用導師制計劃、職位充實或職位設計。約有１／３的應答者提供職業途徑或雙重軌跡方面的訊息，約有１／４提供職業訊息手冊，大約17%設有職業訊息或資源中心供員工查閱或尋求幫助。職位需求訊息發布是被採用的最頻繁的實踐方式，採用率在所有應答者中佔到近１／４，約有34%的應答者系統地提供其他方面的訊息。約有２／３的應答者並不打算透過其中的任何一種方式或系統提供內部人事安排方面的訊息。

接受調查的公司採用的方式還包括，大約有56%的應答者稱他們透過人事總經理非正式的徵求意見，把可提供的職務與對此感興趣且有競爭力的員工聯繫起來；有大約75%的應答者為最有潛力的員工制定人員接替計劃；內部員工委員會會議或處事能力評估（各佔１／３）和其他內部安置辦法（約佔１／４）。幾乎所有的應答者稱，他們所在公司的主管和生產線經理是以開討論會的方式介入職業諮詢的。只有一半的公司在編製中有資深職業顧問的席位，公司有內部職業顧問的約佔40%，有外聘職業顧問的約佔20%。

(4) 效果

根據歐洲的調查，有15%的應答者稱其職業生涯開發系統是非常有效的；43%認為多少有些效果，15%認為他們的系統是無效的；介於有效和無效之間的約佔１／４。在具體方式上，最有效的方式包括心理測驗、評估中心和工作分派。課堂教學式的培訓和開發被視為所有開發實踐中最有效的，職業生涯規劃公開班得到的評價也不低。此外，認為電腦軟體、職業階梯、雙職階梯、工作配合度的非正式徵求意見，內部安置系統，為雙員工夫婦制定的計劃、員工定向培訓計劃等無效的也極少。

對歐洲公司調查的一個令人感到高興的結論是，有 30%的應答者認為，員工個人職業的成功標誌已經不再基於這樣的判斷：所有有才能的和有價值的員工都有興趣攀登職位的階梯，以傳統的方式出人頭地。這一觀念的轉變，一方面是基於競爭的壓力和公司政治的影響，即員工們更多的是追求非中心位置上的橫向流動，不願在追求傳統的、向上流動的職業途徑時使自己的價值觀受到傷害，因為在大型企業裡，部門經理就能對公司為有潛力的員工參與職業生涯開發活動做出的安排設置障礙；另一方面，表明歐洲公司的職業生涯開發活動更具個性化和靈活性的特徵，比如，有 13%的應答者認為，由於有了職業生涯開發系統，他們所在的公司變得更有活力、更有系統了，管理得也更好了。

根據對歐洲公司的調查，歐洲 70 家大型跨國公司展開的職業生涯開發活動仍然以有很大潛力的個人和受訓的管理人員開發為重點。這些個人的職業仍然主要透過人員接替規劃、面談、晉升預測、職位輪換、心理測試和評估中心進行。儘管如此，一種新的傾向開始出現，即職業生涯開發將作為既能滿足有價值的個人又能提高公司的業績的手段加以實施。當然，職業生涯開發的對象選擇將重點向那些有可能為公司帶來附加值的員工傾斜。

1.3.3 中國企業員工職業生涯規劃的現狀

人力資源管理的概念傳入中國並得到應用，不過幾十年的時間。在這幾十多年的時間裡，學術界和企業界對人力資源管理的理論傳播和實際運用都做了大量卓有成效的工作，使中國企業的人力資源管理和開發水準有了較大程度的提高。職業生涯規劃作為企業人力資源管理與開發的一項重要工作，也開始得到逐步地重視。

但總體而言，中國學術界對職業生涯規劃的研究還比較滯後。陳慧、車宏生、楊六琴等人撰文對中國人力資源管理研究趨勢進行了分析，他們收集了從 1998 年到 2001 年 4 月以來發表在管理學類和心理學類主要雜誌上的人力資源管理方面的文章，一共檢索了 278 篇，其中，管理學類雜誌選取的依據主要是發表在《管理科學學報》1999 年第 4 期中的文章《中國管理科學重要期刊的遴選及其認定》。這篇文章提出了目前中國管理科學的重要期刊 17

種以及管理科學重要期刊提名25種,包括《管理世界》、《管理科學學報》、《中國軟科學》、《中外管理》、《管理現代化》、《南開管理評論》、《中國人力資源開發》等,心理學方面的包括《心理學報》、《心理學動態》、《心理科學》、《心理學探新》、《應用心理學》等。作者將這些文章分為兩類,一類是沒有嚴格的參考文獻的科普類文章,一類是有嚴格的參考文獻的學術性文章。其中,科普類一共177篇,根據文章的內容分為11類:激勵方面46篇,人力資源管理理論探討38篇,對國外人力資源管理的評價25篇,工資制度及其改革19篇,人事制度改革16篇,人才測評技術9篇,人才素質7篇,人力資本6篇,人力資源培訓4篇,離職4篇,績效評價3篇。專業學術性文章101篇,按其內容分為8類:人才素質與選拔30篇,薪酬與激勵21篇,理論研究18篇,績效考核12篇,培訓與開發8篇,對國外思想的評價8篇,雇員忠誠與流動4篇。在所有這些文章中,關於職業生涯規劃的文章很少,而且還主要是發表在心理學雜誌上。這種情況一方面反應了中國的重要學術性期刊發表文章的難度較大,可能有大量的文章發表在其他未被列入重要學術期刊中;另一方面也說明了中國在這方面的研究客觀上還很薄弱。例如,在培訓與開發這類文章中,1998年、1999年、2003年中分別只有一篇文章,2001年有5篇,其中有一篇關於職業生涯的文章,發表在2001年4月的《心理學動態》上。由於缺乏系統和科學的理論研究,以及缺乏對企業展開這項工作成功經驗的總結和提煉,使得這項工作的展開困難重重,至少在宣傳和引導等方面難以滿足企業的需要。

梁建、吳國存根據 jan selmer(2000)等人對駐香港的內地公司和西方公司對各自管理人員職業開發措施的支持程度的調查比較後認為,中國企業在對員工的職業開發方面存在兩個方面的主要差距:

一是中國企業在組織層面上對員工的職業開發作用有限,特別是為員工提供的組織訊息方面;

二是中國企業也開始關注員工的職業開發,如注意利用績效評價訊息、進行職業指導、普及相關知識等。

但這些方法都是技術含量相對較低的方法，諸如評價中心、職業興趣測驗等技術的應用與西方企業還有很大差距，在開發過程中對個體特點的瞭解和把握還不夠。

這項調查涉及十個方面的內容：職位發布（job posting），為員工提供組織內的空缺訊息；職業通路訊息（career path information），便於個體評價自己的職業傾向與企業職業通路的匹配程度；年度績效考評訊息；快速通道計畫（fast track program），向員工說明公司優先發展的方向；職業規劃訊息（career planning information），讓員工得知組織變革計劃，經常涉及公司內的職位輪替計劃；個人職業諮詢，由專家透過面談、電話和網路幫助指導員工的職業發展計劃；職業興趣測驗；職業指導（menIToring／coaching），由公司高級管理人員對員工進行職業指導；評價中心，用於評價個體在各種職業通路上的發展潛能；職業生涯講習班。研究結果發現，西方公司對管理人員的職業開發支持與中國公司存在顯著差異。其中在職位發布、快速通道計畫、職業規劃訊息、評價中心和職業興趣測驗措施上存在顯著差異。而在年度績效考核、職業指導和職業生涯講習班措施上相差不大。梁建、吳國存認為，中國的大中型國有企業目前正處於一個關鍵的轉型期，劇烈的變革對員工產生的衝擊相當大，中國企業員工的工作不穩定性在相當長的一段時間內會進一步加大。所以，企業在追求組織發展目標的同時，應該關注員工的職業發展。透過卓有成效的職業開發和管理措施，使得在實現組織目標的同時，提高員工的適應能力，增強他們的外部雇傭能力。這也是有利於中國就業形勢的一項舉措。

在具體思路方面，他們提出可以從以下方面著手：

一是提供員工自我評價的各種資源，例如各種職業測驗、講習班、指導書等；

二是以專業技能為主的培訓專案，及時更新員工的技術結構，為企業的現在和將來做好準備；

三是由公司內的管理人員或專家、外部專家對員工的個人職業發展進行諮詢；

四是以促進員工為目標導向的各種開發性活動，如講習班和評價中心等；

五是在組織中透過各種制度和程序來傳遞職業訊息，如職位發布、設計職業通路等；

六是透過工作設計和組織發展計劃提高組織氣氛、員工滿意度和績效水準；

七是單獨為個體工作和職業變化提供方案，如工作輪換、設計工作調動程序等。

前四種措施主要是從個體層面進行的方法，重點是使員工掌握職業發展的知識，瞭解自己的職業興趣，發展自己的潛能，從而引導員工正確評價自己的職業興趣和企業職業通路的匹配程度。後三項措施是從組織層面進行的考慮，體現出企業對職業系統的主動調節，將組織的發展策略融合進職業管理系統中，提高發展策略和人力資源策略的匹配程度。企業的整體職業開發和管理系統就在於構築組織和個體之間的溝通管道，將個體的發展興趣和組織的發展目標實現最大程度的整合，從而在實現組織利益的同時，促進個體的發展。這應該是中國企業在設計自己的職業管理系統時應該遵循的基本原則。

為了對企業有組織的員工職業規劃作出一個合理的判斷，本書作者在2005年對部分企業進行了較大規模的調查。調查組以「你的單位是否制定了員工職業生涯規劃」為題對企業控制員工職業生涯規劃方面的情況作了專項調查，此項調查共收到有效問卷152份，選擇「已制定」的為10%，「今後可能制定」的為52.0%，「沒有制定」的為33%，選擇「不會制定」的為5%。其中，在外資、股份、國有和民營四種不同類型的企業中，「已制定」的比例分別為38%、18%、6%和0%。外資和股份制企業再次走在國有和民營企業的前面。為了瞭解企業管理者晉升的情況，我們對部分企業的幹部晉升和提拔的思路、途徑進行了調查。調查顯示，在企業的管理人員晉升方面，企業大多表現得中規中矩。首先我們對管理者的晉升思路作了調查，在「如果你是單位的主管，你是願意從單位內部選拔幹部還是從外部選拔」調查問項下列出了四種選擇，在189份有效問卷中，有22%的應答者選擇「主要從

1.3 員工職業生涯規劃的國際比較

內部選拔」，有19%的應答者選擇「內部和外部調動各佔一半」，有41%的應答者選擇了「大部分從內部選擇」，而選擇「一些高級職位和技術性職位從外選拔」的為18%。其次，我們以「你的單位提拔幹部，主要是從內部提拔還是主要從其他單位調動」為題，對被調查者所在單位的管理人員提拔進行了調查，在189份有效問卷中，「全部從內部提拔」的比例為13%，「內部和外部調動大約各佔一半」的為15%，「大部分從內部選擇」的為59%，「一些高級職位和技術性職位從外部選拔」的比例為13%。從調查結果看，內部晉升仍然是企業管理人員晉升的主要途徑。

　　總的來看，在職業生涯規劃方面，調查的結果不太理想。作為企業提升競爭力的重要途徑，有組織的員工職業生涯規劃在先進國家已有多年的歷史，特別是對於跨國公司來講已累積了很多成功的經驗，而中國在這方面的工作展開較晚，很多企業對什麼是職業生涯規劃都不瞭解。根據我們的調查，已制定員工職業生涯規劃的企業僅佔被調查企業總數的10%，其中，外資、股份、國有和民營企業的比例分別是38%、18%、6%和0%，外資企業遠遠領先於其他類型的企業，民營企業的表現則再次令人失望。在管理者晉升方面，全部或主要從企業內部選拔管理人員的比例達到了72%，表明內部晉升原則和政策得到我省企業的普遍重視，並成為大多數企業的首選。「一些高級職位和技術性職位從外選拔」的比例為13%，表明了企業在這方面人才的流動情況，同時也說明管理類和技術類人力資源的稀缺，企業不得不透過外部人才市場招聘來滿足需要。「內部選拔和外部調動大約各佔一半」的情況則主要出現在中小企業，調查顯示，500人以下規模的為21%，500人到1000人規模的為18%，之後這一比例開始下降，1000人到5000人、5000人到10000人和10000人以上的比例分別為3%、8%和9%。這一情況表明，處於創業期和成長期的中小企業面臨著激烈的人力資源競爭和人力資源瓶頸制約，因而需要進行全面的規範管理。而有8%和9%分別來自於5000人到10000人和10000人以上規模的企業的應答者認為所在單位在管理者的選拔上「內部選拔和外部調動大約各佔一半」，這一比例則有點出乎我們的意料。對於大型企業來講，管理人員的頻繁流失或更換對企業穩定的影響遠遠超過中小型企業，儘管調查僅限於局部，但其中反應的問題可能在全國都普遍存

在。因此,分析人員流失原因、找到解決辦法、穩定管理人員隊伍,是中國企業人力資源管理開發工作的一項重要任務。

1.4 職業生涯路徑選擇

1.4.1 職業生涯發展路徑

所謂職業生涯發展路徑,是指員工個人根據自己的專業、興趣、愛好、職業動機以及組織能夠提供的機會等因素,在管理人員的指導下,所提出或制定的對員工個人未來職業發展的策劃及安排。

職業生涯發展路徑主要分為傳統的職業生涯發展路徑和現代職業發展路徑。傳統的職業生涯發展途徑主要有行政途徑和專家型發展模式兩個方面的內容。行政途徑主要是指員工在工作中所經歷的不同階段和不同職務的經歷或過程,如黨政機關、事業單位的行政級別,企業中的管理層級等。行政途徑的共同特點是追求職務的晉升,以及建立在職務晉升基礎上的薪資的增加,並將此作為職業開發成功的標誌。專家型發展模式是指主要依靠專業技術獲得專業技術職務的晉升,如醫生、律師、會計師、建築師等,並將此作為一種專業的終身承諾和職業開發成功的標誌。之所以稱其為「傳統」,主要是指這種職業路徑的單一性,而且這種職業發展路徑帶有「一崗一薪」和「薪酬歧視」的特點。所謂「薪酬歧視」是指一個員工雖然業績優秀,貢獻很大,但由於其沒有管理職務,其薪酬始終被限制在一個相對較低的水準上,在這種情況下,當員工感到付出與回報不成比例時,可能就會導致業績水準的下降或離職。

現代的職業發展路徑的一個重要特點是重視員工的興趣、愛好、專業水準,並將此與組織的發展有機地結合起來,具體表現為跨專業和跨職能的螺旋型發展模式。與傳統的職業生涯發展路徑相比,現代職業發展路徑在繼續關注管理者和接班人培養的同時,更加注重員工職位的勝任能力的培養,同時根據各自的工作性質和特點,為員工提供更加豐富的工作內容,在此基礎上培養和提高員工的工作滿意度。

現代職業發展路徑主要包括以下內容：

(1) 橫向職業發展路徑

所謂橫向職業發展路徑，主要是指透過在組織內部的工作或職位輪換，考察員工能力、發現員工特長、培養員工不同工作職位上的工作經驗的一種方法。透過向員工提供橫向職業發展路徑的選擇，可以更進一步解決人崗匹配和員工工作滿意度的問題。要做好橫向的職業流動，需要企業建立一套完善的職位訊息系統，定期或不定期地公開發布職位需求訊息。

除了組織內部的職位輪換外，在不同的組織之間，也可以進行具有相同性質的外部工作輪換。目前企業界也有類似的情況，如在房地產行業，萬通集團就曾派遣大批幹部到萬科公司學習。這種輪換的優點在於將輪換者或受訓者置身於不同於自己組織的特定環境，透過實際的工作體驗，在感性認識的基礎上進行更深層次的挖掘和反思，以總結或提煉出適合自己企業的發展思路或框架。

在組織人力資源管理的實踐中，職位輪替的意義主要表現在四個方面：

第一是對於管理者的培養，比如要提拔某位中層管理者為高層管理者，提拔前先安排讓其到組織有關的重要或核心部門去工作一段時間，使其具備高層管理工作所要求的訊息、知識和能力；

第二是職位輪替有助於公司內部不同層級的人員之間的相互理解和尊重，改善部門之間的合作和溝通。對於大型企業來講，透過跨職能、跨地域、跨管理層級的職位輪替，還能夠增強公司總部與下屬部門之間的理解；

第三是職位輪替有助於員工對公司目標和工作流程的全面系統的把握。特別是對於那些將由中層管理職位晉升為高層管理職位的人來講，透過在企業內部多個不同業務部門工作的經歷，可以幫助他們全面地瞭解和掌握企業完整的工作流程，從而使其決策能夠超越單個業務部門的局限，建立在更為寬廣的企業不同業務的基礎之上，使決策的科學性和系統性大大加強；

第四是職位輪替有助於員工對公司內部不同職務和職能的認識，有助於重要職位的人才儲備。為了避免人員流動帶來的效率和效益損失，對一些重

要的職位，可以透過職位輪替的方式使更多的人具備該職位的勝任能力，這樣就能夠為企業的穩定經營奠定堅實的基礎。

對於員工來講，職位輪替也具有重要的意義：首先，職位輪替有助於增強員工適應變化和變革的能力。不同職位的工作經歷，不僅為員工在企業內部的流動提供了可能性，而且可以解決員工在發展、晉升以及對長期從事同樣工作缺乏熱情等一系列的問題。隨著經濟的發展和社會需求的豐富，職業的種類越來越多，員工個人的職業選擇也越來越廣，人們在很大程度上已經超越了傳統的以管理層級的高低判斷職業成功的標誌的觀點，從事一項自己最喜歡或最擅長的工作，並在此職位上做出貢獻，成為新的判斷職業是否成功的重要標誌。在僵化的組織中，很少有這種工作輪換的機會。而那些富有活力的組織則透過工作輪換等方式，為員工的選擇創造了條件，最終帶來員工工作滿意度的增加。其次，職位輪替有助於提高員工的綜合能力和增強知識獲得能力，有助於員工職業生涯穩定的發展。

IBM 大中國區董事長及首席執行官周偉焜在談到其領導秘訣時，曾講了四個方面的秘訣：

一是給員工創造危機感，但要保持壓力適度。

二是制定未來 3～5 年的規劃，和企業員工一起向前看。

三是不停地調動員工的職位，2～3 年輪調一次，讓員工永遠面對新的挑戰。職位輪替的範圍包括銷售職位和產品職位製造輪調，中國和亞太員工與美國員工換崗。

四是永遠不自大，永遠在學習。

作為一項重要的措施和手段，職位輪替的正面作用是非常明顯的，但如果處理不當，也可能會產生不利影響並帶來人事決策的難度。比如，職位輪替通常會涉及部門工作的重新調整，由於職位輪替者可能還會回到原部門工作，因此在開始職位輪替時產生的職位人員空缺一般不會由新進人員補充，往往是由同一部門的其他職位的員工暫時替代，這就會增加該員工的工作量和工作壓力。其次，職位輪替有時還會涉及職務的安排，如在職位輪替時擔

任高一級的職務時,可能會涉及薪酬的調整。由於並沒有關於職位輪替者在職位輪替結束後是否一定會晉升的決定,從而導致薪酬調整的困難。在這種情況下,暫時維持原來的薪酬水準可能是一種比較明智的選擇,只不過需要與職位輪替者就此問題進行有效的溝通,以達成一致的意見。

(2)雙(多)重職業路徑

在談論雙(多)重職業發展路徑之前,需要對「技術」概念作一個解釋。本書所指的技術,並非單指傳統意義上的技術概念。本書認為,凡是能夠為企業帶來價值增值的方法和手段,都屬於技術的範疇。因此,不僅技術人員的技術發明是技術,市場人員行銷手段的創新以及由此帶來的價值增值也是一種技術,當然,再擴展一下,管理人員管理方式和手段的創新也應該屬於技術的範疇。世界經理人網站曾以「公司人員流動率最高的是哪一類別的員工?」為題進行的調查顯示,在1002張選票中,認為銷售和市場類人員流動率最高的佔54.19%,認為是技術和專業型人員的佔26.55%,其次分別是生產、運作型員工,佔12.18%,管理層人員的流動率最低,佔接受調查人數的7.09%。其中,技術類員工流失的比例超過了81%。可見,對技術型員工的關注,是企業人力資源管理工作的重點。

所謂雙(多)重職業發展路徑,是指為員工提供管理發展路徑和技術(專業)發展路徑兩項選擇。管理發展路徑即指企業管理人員的繼承計劃或接班人的培養制度,特別是對於那些既具備管理才能、又具備技術背景的員工,企業要給予更多的關注,根據組織和個人雙方的選擇決定他們的職業發展路徑。這是企業經營管理工作的一項重要內容。技術(專業)發展路徑主要是為那些技術出眾而不願從事管理工作、或技術優秀但不具備管理背景、或具備管理背景但企業暫時沒有空缺職位的員工設計的。在這種職業發展模式中,員工可以根據自己的能力、興趣、愛好以及組織所能提供的機會,選擇適合自己的職業發展路徑。比如,對於那些只關心技術不願管理他人的人,著重培養其在技術方面的發展潛力。其中,根據技術人員專業水準的高低,還可以進行技術人員職業階梯系列的設計。

(3)組織晉升

組織晉升即指管理者的培養和接班計劃,我們經常聽到和看到的「管理者繼承計劃」、「接班人制度」、「第三梯隊」等都是指的這方面的內容。對於任何一個組織來講,要獲得長期穩定的發展,不同管理層級的接班人培養制度是非常重要的,它不僅事關組織的長遠發展,而且也是組織重要的激勵手段。要做好這項工作,首先需要組織高層的高度重視,其次是要有完善的制度保障。比如,股東會和董事會應把接班人培養納入總經理的考核指標,這樣總經理才有動力和壓力。

(4) 員工績效能力評估及提升

根據組織發展需要對員工的能力和技能進行評估,提出改進和提升其價值創造能力,不僅是組織績效管理的重要任務,同時也是有組織的員工職業規劃的重要內容。搞好員工績效能力評估的關鍵取決於組織建立完善的人力資源管理開發系統,以及隨時根據組織發展的要求對員工的工作勝任能力進行追蹤和評估。其中,員工績效訊息反饋是非常重要的一個環節,只有掌握了這些訊息,才能夠有針對性地透過培訓、開發、職位輪替等多種形式提升員工的價值創造能力。

(5) 職位需求訊息發布

職位需求訊息發布主要是指組織各職務、職位的空缺情況、未來需求以及內部勞動力市場的訊息交流。前述職位發布、職業通路訊息都屬於這一範疇。一個完善的系統能夠兼顧組織、管理者和員工個人的需求,從而為公司在發現人才和提供個人職業生涯機遇等方面的工作提供明確的指導,同時員工也能夠定期或不定期地透過這套系統獲得組織內部職務、職位的空缺和需求訊息,並能夠在符合總體原則的情況下根據自己的情況選擇更加適合他們的職位。

(6) 各種類型的職業發展研討會

職業發展研討會的主要目的是組織的管理者或聘請的職業指導專家與組織成員共同討論職業發展問題。並不是每一個組織成員都瞭解自己最擅長的領域是什麼、最適合做什麼工作、個人性格與工作之間的關係以及影響職業

成功的因素，或者是雖然瞭解自己的優勢，但卻不知道如何與組織的要求相匹配。職業發展研討會就是為組織及其成員提供一種如何解決這些問題，制定職業發展規劃的訊息交流和溝通的管道。研討會這種形式體現了組織對其成員的關愛和負責任的態度，因而成為一種有效的職業指導和職業發展的工具。

除此之外，前述快速通道計畫、職業興趣測驗、評價中心等都屬於現代職業發展路徑的內容。

1.4.2 雙重職業發展途徑的特點及目的

（1）雙重職業發展途徑

如前所述，雙重職業發展途徑主要適用於技術人員和非管理人員。對於技術人員來講，有很多人並不擅長做管理工作，而非管理人員雖然沒有管理職務，但很可能他們從事的工作非常重要，對企業的貢獻很大，但由於歧視性的薪酬政策，導致他們的薪酬低於管理人員。由於這部分人在企業的人數較多，他們的工作表現和業績對企業的影響也較大，因此對企業來講，應該找到一條能夠激發他們工作激情的方法來調動其積極性。在本章案例「技術人才升遷體系」中，幾家公司針對技術人員的職業發展問題，都提出了各種建議和思路。如在朗訊公司，大多都是搞技術的，那麼技術人員如何能夠成長為一個好的領導者呢？朗訊有一整套員工事業發展規劃體系。任何一個員工的事業發展都有兩條路可選，一條是技術階梯，一條是管理階梯。在這兩個階梯之間員工是可以進行選擇和轉換的。走上管理階梯並成為領導者並不是唯一的事業發展之路，如果員工選擇走技術發展之路，他一樣可以發展到很高的職位。這也就是我們所說的雙重職業發展路徑。雙重職業發展途徑的提出，無疑是解決這一問題的有效方法。在圖1－2的管理、技術的「雙通道」職業路徑中，左邊是管理路徑，表示管理人員的職業發展是建立在管理和指導責任的加重而獲得升遷的基礎之上的，右邊是技術通道，表示技術人員以專業技術的貢獻大小獲得專業技術的升遷。技術人員可以在兩條職業路徑上進行選擇。員工既可以選擇管理序列，也可以選擇技術序列。

第一章 職業生涯規劃的概念、理論及國際比較

管理路徑		技術路徑
高管人員	同等薪酬	專家
部門經理	同等薪酬	高級工程師
項目經理	同等薪酬	工程師
一般員工	同等薪酬	技術員

圖1-2　管理/技術的「雙通道」職業路徑

另外，為了解決導致技術人員流失的歧視性的薪資政策問題，雙重職業發展路徑打破了傳統職業發展路徑中的「薪酬歧視」的局限，即處在同一個層次或等級上的管理人員和專業技術人員的薪酬可以是相同的，在企業中的地位也是平等的。如圖1-2中，高級管理人員和專家、部門經理和高級工程師、專案經理和工程師、一般員工和技術員等。這樣，透過構建雙重職業發展路徑，強調專業技術知識和管理技能同等的重要性，鼓勵不同專業、職位的人員利用他們的專業知識和技術為企業的發展做出貢獻，從而得到應有的報酬和綜合發展，並以此作為其職業生涯成功的標準，而不必一定要成為管理者，特別是不能要求企業從合格的技術專家中選拔和培養不合格的管理者。這樣就能在相當程度上保證企業照顧到高績效的管理者和高績效的專業技術人員的利益，從而留住能夠為企業創造良好績效的業務骨幹和優秀員工。

要做好雙重職業發展途徑的工作，需要企業進一步提高人力資源管理開發的水準，一是要瞭解和掌握員工的職業傾向，對於那些具有較強的管理型職業傾向的人，根據組織的需要和機會向其提供管理發展路徑的選擇。二是建立完善相應的指導、培訓和開發體系，這是建立和實施員工的職業生涯規劃的基礎條件。三是對組織的薪酬體系進行調整和改革，以配合不同職業發展通道的需要。

（2）多重職業發展途徑

多重職業發展途徑是在雙重職業發展路徑的基礎上產生的，即將從事技術、行銷、開發等工作的非管理人員，按照不同的專業進行大類劃分，每一個專業按照不同的標準再劃分為不同的等級，比如，技術人員可以劃分為一般技術人員通道、技術帶頭人通道、技術管理人員通道（即前述管理通道）。

1.4 職業生涯路徑選擇

其中，按照技術等級水準又可將技術人員分為專家級技術員、核心技術員、一級技術員，或專家級工程師、核心工程師、一級工程師等。同樣，銷售人員可以分為一般銷售通道、銷售帶頭人通道、銷售管理人員通道，按照銷售能力和業績水準，銷售人員又可分為專家級銷售職位、核心銷售職位、一級銷售職位。對於非技術員工來講，同樣可以作類似的劃分，如專家級員工、核心員工、一級業務員等。

策略性人力資源管理強調人力資源管理各職能之間的系統性和互相支持，在員工職業生涯規劃上也同樣如此。這種系統性和相互支持體現在多重職業發展通道中，包括了對「專家」、「核心」等級別的界定、建立能力模型以及相應的激勵支持等方面的內容。首先是界定資格，這不僅涉及利益關係問題，而且與績效導向和組織的穩定性有關。而要做好界定工作，必須有嚴格的工作分析和職位描述，在此基礎上對「專家」、「核心」級別應具有的要求進行準確定義，以使其具有較強的科學性、合理性和可操作性。其次，根據職位描述建立各等級的員工基本能力模型。最後，設計靈活的薪酬體系體現員工的價值。

評價。雙重或多重職業發展通道的設計，從本質上講是透過分權，在不同專業和層次上形成較多的具有挑戰性的職位，或者透過「化大為小」，即組織職務的分解，將較大的部門劃分為盡可能小的更有效率的小型工作單位，同時提供這些小型單位的管理者職位。一方面，這樣不僅能夠調動員工的積極性，而且透過分權和職務分解，能夠在一定程度上改善和提高企業的效率。另一方面，在雙重和多重職業路徑實施的過程中，與之配套的薪酬體系支持是非常重要的因素。彼得·杜拉克早在 1954 年出版的《管理的實踐》一書中就指出，為了避免過度強調升遷帶來的壞處，薪資結構中應該提供特殊表現的獎勵，獎金幾乎相當於因為升遷而增加的酬勞。即使沒有升遷的機會，如果表現優異，還是有可能大幅加薪。但需要注意的是，由於企業的薪酬總額總是會有一定的上限，因此在確定「專家」、「核心」等類別員工的時候，也要注意數量的限制。如果這類員工數量過多，就失去了本來具有的激勵影響，同時也不利於薪酬總量的控制和管理。

職場生存規劃必修課
第一章 職業生涯規劃的概念、理論及國際比較

本章案例 技術人才升遷體系

在傳統的職業生涯中，技術人員在很多企業的升遷方式是直線的，做到一定程度，老板會給你一個機會。有的人可能認為，在這個時候丟了技術很可惜，就是我們常說的「少了一個稱職的技術人員，多了一個不稱職的經理」。現在市場上比較流行的升遷體系是雙梯階機制，也叫雙重職業生涯路徑，你不僅可以從管理方面發展，同時也可以從技術升遷體系來發展自己。

命運掌握在自己手裡

佟莉：在朗訊公司的領導層中，可以講百分之百都是有技術背景的。那麼技術人員如何能夠成長為一個好的主管者呢？朗訊公司有一整套員工事業發展規劃體系。具體地講，任何一個員工的事業發展都有兩條路可選，一條是技術階梯，一條是管理階梯。在這兩個階梯之間員工是可以進行選擇和轉換的。走上管理階梯並成為領導者並不是唯一的事業發展之路，如果員工選擇走技術發展之路，一樣可以發展到很高的職位。

每一個人或每一個技術人員的升遷都會受很多因素的影響，比如天時、地利、人和。首先員工自己要有強烈的走管理階梯發展的想法，但是光有主觀的想法還不夠，你還需要有人在你的背後推你一把，這個人就是你的主管。朗訊公司有完整的人才繼任計劃，公司要求每一個高層領導者要為每一個重要的職位確定並培養一到三個接班人，並要制訂出詳盡的培養及發展計劃。

王琰：在北電這樣的技術性公司裡，你如果沒有技術背景想往上走是很難的，但是並非所有的技術人員都能走得上去。為什麼有的技術人員能升遷而另外一些不能呢？在北電網路，我們經常告訴大家，你自己的職業生涯是把握在你自己手裡的，不是公司推動你，也不是你的管理者拉你。當然，管理者起到一定的作用，推你一把，給你一個職業方向，但是90%你的命運掌握在自己手裡。我們會給大家做很多的培訓，就是關於技術人員如何掌握自己的命運，在公司裡面如何能夠沿著技術或者管理路線向上發展。從人力資源角度，我們幫助技術人員瞭解現實，一是你自己是什麼，二是將來你的意

願和能力在哪裡，三是公司有沒有這個位子，這三方面的條件都吻合在一起的話，技術人員就能跨過職業生涯的臺階。

丁珊：在高科技行業，技術背景往往會令管理者如虎添翼，然而技術背景並不是成為一名成功管理者的決定因素。大家都知道，IBM的總裁郭士納就沒有什麼技術背景，可他還是令IBM這只大象跳起舞來。我認為一個技術人員能否成為一名優秀的管理者在於你能否在其位、謀其責。如果要用一些詞來描述技術人員，我們通常都會用認真、嚴謹、善於思考等，技術人員關心的是技術本身，他們的成就感更多的來自於完成一項具體的技術任務。基層管理者則更多地關注全局，更多地關注系統、流程。技術只是基層管理者要管理的一部分，而不是全部。技術人員要成為一名出色的基層經理，就要盡量避免自己成為技術本身，有時甚至要淡忘自己的技術背景。如果技術人員要上升到更高的決策層，那麼遠見卓識更重要。高層領導者要有很敏銳的商業判斷力和方向感。

我想技術人員如果在瞭解了不同角色特質的基礎上，針對自己的問題對症處理，這對於他們成功的升遷會非常有幫助。對於那些準備把管理作為自己下一步事業目標的技術人員，如果他們在日常的工作中經常進行換位思考，也就是你做純技術工作的時候，試著從你經理的角度來看你的工作、來考慮問題，將會幫助他們縮短升遷的過渡期。

升遷的流程與依據

丁珊：從流程上，我們看一個技術人員是不是有資格升遷，最主要的考核指標是技能或是核心能力指標。這裡邊通常會包含以下幾種具體的指標。

第一是技術認證，也就是說技術人員完成工作所必須具備的技術能力水準。第二個指標就是看他所從事的工程、專案的財務指標。財務指標指什麼？比如說一個初級技術工程師原來參加的都是200萬～300萬左右的專案，假設他現在的職業層級是四的話，如果他要升遷到層級三的一個財務指標就是他要有參與500萬專案的經驗，並且會對他個人的勞動生產率設定指標。第三個指標是行業知識和管理技能的考核。通常每一個層級都會有7～8個比

較核心的管理技能，比如行業知識及解決方案、影響力及領導力等，每年每人通常都會有3～4個管理技能指標並配之以相應的培訓發展計劃。

到了年末考核時，我們會審核這三個指標的完成情況並結合對他綜合業績考核的結果，有時甚至要結合在線測評的結果，由部門經理、專案經理、培訓經理及人力資源經理組成的考評小組進行圓桌評議，最終決定該員工是不是升職。

王琰：談到升遷的流程，在我們公司裡邊，可能跟別的公司不太相同，我們升遷不是對人而是對職位，有了職位的變化，再考慮誰合適這個職位，這才是升遷的流程。

那麼如何評定職位的變化或「升遷」？我們有內部的系統評估，這個系統包括六項：

第一是分析和作決定的能力；

第二是解決問題的能力；

第三是領導力；第四是專業能力；

第五是經驗和知識；

第六是溝通能力。

隨著級別的升高，你跟其他部門的溝通越來越複雜，你跟客戶以及供應商溝通的深度與廣度就越來越增值了。根據這六項評估指標，這個職位是工程師級別還是高級工程師還是經理，把職別定位好了，我們才評估這個人從這幾方面是不是適合這個位子。

佟莉：我覺得朗訊和北電有很多相似之處，我非常同意王琰剛才講的，比如忽然間有一個重要的職位空缺出來了，我們就面臨著多種選擇，是從海外派人過來，還是從本地招聘一個人，或者從內部提升一個人。我們會首先考慮，在我們現有的人員裡面有沒有人適合這個職位？公司有完整的績效考核計劃，在每一個財年初，員工要制定出一年的工作目標並存檔備案；在年中，員工可以根據變化的情況修正工作目標；到年底，主管根據員工完成目

標的情況評定出員工的績效等級。績效等級分為五級，一級為超額完成目標，並是行為上的楷模，三級為按時完成目標，如果績效考核為四或五級，應該就不在考慮範圍內了。

丁珊：我們公司不同於北電或朗訊的是，我們不是一定要等機會出現才會給技術人員升職，我們每年都會對全部技術人員作評估，對那些合格的人員進行提升。

我們這種升職體系的好處主要有三個：

第一，保證公司核心技能在公司內部的充分累積，我們不希望掌握公司核心技能的技術人才因為沒有升職的機會而流失，造成技能的流失。

第二個好處，這樣的體系有助於產生學習效應。我們知道員工在工作過程中累積經驗和提高能力會使平均成本下降，勞動生產率提高。

第三個好處，我們也希望透過這樣的一個升遷體系帶動公司業務發展，因為我們裡面有財務指標，而且在我們公司，技術人員佔絕大多數。

「技術主管」面臨的挑戰

袁鐵一：我們剛才所說的技術人員，比如他是一個工程師，最後被提升為研發經理或者總監，他們的職責是不同的，他們自己被提升的時候遇到過哪些挑戰？作為人力資源部門該如何幫助他解決？最後結果會怎麼樣？

丁珊：我們公司也確實有一些這樣的案例，有很多技術人員提升為管理者之後，會感覺不適應，會有一個過渡期。不過，還是那句話，要在其位謀其事，這裡面有一些技巧，基層的技術經理不要一看見問題出現就想衝到前面去，生怕員工做不好，總是替他們解決問題。我經常跟我們的技術經理談，讓他們要想辦法把自己藏得深一點，這樣才能退回來給自己一些空間和時間去關注管理者應該關注的東西，因為技術只是你要管理的一部分，不是全部。對於剛剛提升的技術經理，我們會從管理方面給他提供一些培訓，幫他熟悉各種管理體系和管理方法，包括管理者應該具備的一些員工溝通、授權和激勵技巧以及基層經理在技術管理工作中容易出現的誤區。

第一章 職業生涯規劃的概念、理論及國際比較

　　王琰：技術人員被提升為團隊管理者的時候會遇到各種問題，首先第一個挑戰，他們大多數的時間會用於和下屬們溝通以及部門的管理，只能用有限的時間去鑽研技術，比如看看書、上上網等。這樣，他們會擔心自身的技術能力會慢慢落後於其他團隊成員：「在技術方面我可能都不如我的下屬，我怎麼管理他們？」這一點漸漸成為他們最大的恐慌。技術人員面臨的這個困惑，人力資源部門要幫他們轉變：你現在不是技術的精英，你一定要學會放棄一些可能你根本不願放棄的東西，這是一個現實，你要合理分配工作時間。

　　何輝：做一個管理者，不僅僅是管人的問題，還涉及很多。很多公司現在已經是把業務指標從中國區或者公司總部一直下放到下面的業務單元，即使作為某一個產品線或者小組的主管，都背著一個任務。如果你做一個管理者，你要完成這方面的任務，這涉及預算、計劃，人員的管理，包括激勵，還有成本的有效性，怎麼達到最終的目標。我覺得如果你想做某一個職位，或者有官癮，你就應當先瞭解這方面到底需要什麼技能，然後在做好本員工作的同時，多花些時間學習各種技能，機會總是找準備好了的人。

　　金字塔：越往上職位越少

　　袁鐵一：企業是金字塔形的，一個公司裡面技術人員是比較龐大的，越往上走這種職位越少。對於企業來說，如果一個人做得很好，需要創造出一個位置給他的時候，對企業的組織架構是非常不利的，但是如果不給他創造機會的時候，骨幹的人員會流失，到競爭對手裡面去。企業遇到這樣的問題，該如何解決？

　　王琰：我們遇到的員工在升遷的過程中，最頭痛的問題是職位越往上越少，不管是管理路徑還是技術路徑，因為我們公司一共六級，級別就這麼六級，你不可能希望自己一年或者兩年跳一級，這個時候我們面臨一個情況，職位越往高越少。因此，公司對人的重視不見得都是升職，我們會跟他講。人，一個是縱向的升級，一個是橫向的擴大你的視野，現在縱向的升級可能沒有機會，你能不能考慮橫向的擴大視野呢？為此，我們公司現在新出了一

1.4 職業生涯路徑選擇

個內部調換職位政策,除了部門輪換之外,另外我們還有區域輪換,可以讓你增加更多的眼界,從同一個位子去不同的地方去做一做。

丁珊:我們技術人員的升遷架構也是一個金字塔形的,金字塔的大小決定了每一個層級職位人員的絕對數目,我們知道大金字塔的體積比小金字塔大,那麼能夠躋身於大金字塔塔尖的人也一定比小金字塔多。從我們公司來講,大家都想做專案經理,但是如果優利中國只有一個專案,那麼就意味著我們只可能有一個專案經理,我們要造就一個大的金字塔,為自己創造機會,靠大家的努力來使天花板不斷升高。

何輝:如果技術人員想做一個管理者,還可以在其他方面進行嘗試。比如說我們要開拓一個新的行業,或者對服務體系和流程進行優化,這其實都是公司內部的專案,如果給技術人員一些機會參與到這類專案當中去,也是類似升遷的一個很實際的考慮。這樣讓他覺得:

第一,受重視;第

二,除了從事本員工作以外有其他的影響力。

因為一般這樣的專案做完後公司會有評估,他可能得到公司高層的支持和認可。

資料來源:《經濟觀察報》記者 王建紅整理報導

主持人:袁鐵一(科銳諮詢公司合夥人);

嘉賓:佟莉,朗訊科技(中國)有限公司人力資源總監;王琰,北電網路(中國)有限公司人力資源部高級經理;丁珊,優利系統(中國)有限公司人力資源總監;何輝,中聯繫統控股有限公司人力資源及行政總經理。

案例討論:

1. 雙重職業路徑設計對技術人員的職業發展具有什麼意義?

2. 根據優利公司的觀點,員工的個人職業發展與公司的發展之間是一種什麼關係?

3. 你認為應當如何避免「少了一個稱職的技術人員，多了一個不稱職的經理」？

4. 應當如何應對「技術主管」面臨的挑戰？

第二章 影響職業生涯變化的主要因素

個人的職業生涯是一個漫長和充滿曲折的過程。在這個過程中，有很多因素會影響個人職業生涯的發展。本章列舉的八個方面的因素，可以說是影響個人職業發展最重要的方面。其中有的因素還未得到應有的重視，比如公司政治和人際關係等方面的問題。這裡需要強調的一個問題是，對職業生涯規劃問題的關注需要從兩個角度或兩種不同的身分去思考，一是從組織的角度或以管理者的身分去考慮，因為對這些問題的認識和做法，將會影響到組織人力資源管理開發的質量和水準。二是從個人的角度或以被管理者的身分去考慮，即在我們漫長的人生旅途中，應該如何規劃和實現我們的職業目標。希望透過對這些問題的討論，引起在職場中拼搏的人們的高度重視和關注，以便為自己的職業發展奠定一個好的基礎。

本章將研究討論以下幾個方面的問題：

1. 應當如何認識個人職業目標和組織目標之間的關係。

2. 個人性格與職業選擇的關係。

3. 心理契約和職業忠誠之間的關係。

4. 為什麼說職業忠誠可能取代組織忠誠。

5. 組織應當如何建立職業忠誠。

6. 為什麼公司政治和人際關係會影響個人的職業發展。

7. 舉例說明文化和價值觀對個人職業發展的影響。

8. 什麼是馬基雅維利主義？它對管理具有什麼意義？

9. 為什麼會出現「降低抱負」的現象？

專欄2－1 職業生涯穩定期：重新定義「成功」的含義

作為一名成天與公司打交道的高管培訓師，莫尼卡·麥格拉斯（monica mcgrath）一直在關注職場現狀。她發現：大量中層管理人員越來越不願在

第二章 影響職業生涯變化的主要因素

職業道路上更上一層樓，因為公司的晉升階梯已經不像從前那般富有吸引力，而且攀登這個階梯的代價太過高昂。她說：「這些人仍然雄心勃勃，他們也仍在奮鬥。但是他們現在為之奮鬥的東西卻與 15 年前截然不同。」

麥格拉斯和其他人表示，人們可能已經開始根據自己的價值觀和對成功的定義來規劃自己的職業道路。他們沒有染上職業倦怠症，也沒有放棄；他們沒有繼續求學，或是從事新的職業；他們也沒有遭遇中年危機。他們只是在重新思考如何繼續為公司做貢獻，如何根據自己的意願為公司做貢獻。相較於「步步高升」的箴言，他們更為感興趣的是「穩定」，拋開因遵循別人制定的晉升道路而背負的壓力。

造成這種現象的是一些人們常常談論的職場趨勢：技術進步正打破工作時間和非工作時間的界線，增加了隨時待命、隨叫隨到的壓力感。機構重組、人員精簡和業務外包等策略決策加大了工作的不確定性，減少了中層和高層管理人員晉升的機會。職業婦女的不斷擴大也使工作／生活的平衡問題愈加凸顯。

紐約非營利性研究機構家庭和工作研究院（families and workinstITute）的副總裁洛伊絲·培根（loisbackon）列舉了該機構每五年出版的一份報告，名為《勞動力變化全國調查》（national study of the changing work force）。該機構研究的內容之一是不同行業勞動力所呈現出的「降低抱負」的現象。洛伊絲指出：「這是一個極其重要的問題，揭示了美利堅公司裡一些非常令人不安的情況。」

例如，該機構在報告《跨代與性別研究 2004》（generation & gender）中利用全美國調查獲得的數據對不同代人之間的差異進行了研究。該機構發現，與過去相比，現在希望晉升到重大職位上的員工減少了。在戰後生育高峰出生的一代人、X 世代（指在 1965 至 1980 年出生的人）和 Y 世代（通常指在 1980 至 1995 年出生的人）中，1992 年有 68% 具有大學學歷的男性希望獲得責任較大的工作，而 2002 年這個比例下降為 52%，對女性而言，這種下降的趨勢更為明顯：1992 年有 57% 具有大學學歷的女性希望獲得責任較大的工作，而 2002 年只有 36% 的女性有這種期望。

1.4 職業生涯路徑選擇

培根說:「之後我們對全球經濟中的領導者進行了專門研究。我們選取了全球 10 大跨國公司,比如花旗和 IBM,與前 100 名男性和前 100 名女性進行了深入對話。在這些領導者中,有 34% 的女性和 21% 的男性表示他們已經降低了自己的職業抱負。」

這種職業穩定只是目前職業群體中發生的現象之一———這種現象包括人們開始把重心從工作轉移到家庭、義工活動及個人愛好等活動上。例如,培根說,在上述研究中,大多數(67%)領導者表示自己作出這種選擇的原因「不是他們無法勝任工作,而是他們在個人生活方面所做出的犧牲太大了。」

培根補充說:「我們把它稱之為『工作給家庭帶來的負面溢出效應』。加班、同時展開多項任務、不得不在工作日處理無數突發情況,這一切影響了員工的態度,不僅僅是他們對工作的態度,也包含他們對自己的自由時間的態度。」「我們經過研究發現,54% 的員工對工作不甚滿意,38% 的員工可能在明年積極尋找新工作,而 39% 的員工感到自己沒有投入到工作中。」大多數員工「希望自己投入到工作中。『降低抱負』這個詞並不意味著他們沒有才能,或是無法勝任自己的工作。他們是有能力做好工作的。但是被調查小組的成員也說過『我需要做這個選擇,因為我的家庭是首要的』,或者『我需要這樣做,這樣生活才更有意義』。」

沃頓商學院的管理學教授南希·羅斯巴德(naNCy rothbard)表示:我們也可以這樣看待這種現象,一些員工「仍然從自己的工作中獲得一些認同感,但是他們擁有,或正在尋覓獲得這種認同感的其他方法」。他們不再奮力爭取提高工資,領導更多員工,獲得更顯赫的職位;「他們不再全身心投入到完成公司制定的目標中,而是把一部分精力花費在其他事情上。」

更少的晉升機會、更少的養老金

沃頓商學院人力資源中心主任彼得·凱培利教授(peter cappelli)對勞動力瞬息萬變的本質進行了廣泛的研究。正如他和其他人所指出的,各大公司不再保證工作的穩定性、優越的福利或養老金政策,而員工也不再忠於雇

第二章 影響職業生涯變化的主要因素

主,或認為自己有義務在一家公司長期任職。員工只能自己對自己的職業生涯負責,他們尋找要獲得晉升所需要的指導者和培訓。

凱培利同意各機構「在改變員工的目標和期望方面不再擁有以往的影響力,部分原因是現在人們在更成熟的年齡就業,且跳槽的次數更多。這一定意味著人們已踏上自己設定的職業道路了嗎?也不一定,這取決於你對它的理解。我不能肯定它是指人們避開了在企業中的成功,但是人們現在尋覓的成功已經超越了現任雇主們對成功的定義,而過去不是這樣的。」

但是凱培利警告說,如果員工開始對自己的職業道路進行控制,就不太可能繼續受到雇主的青睞。「過去你只要低調行事,獲得養老金不成問題。但現在情況不同了。」他說,雖然一些員工可能沒有像公司希望的那樣投入大量精力,但是他們「仍繼續努力工作,因為他們害怕被解雇……公司會系統性地對員工進行評估,解雇那些不恪盡職守的人。公司這種透過懲罰來迫使員工循規蹈矩的能力是我們從20世紀80年代獲得的一個最不愉快和最大的教訓。員工的士氣低落,但生產率保持穩定,因為員工們害怕被炒魷魚」。然而他補充說,在勞動力缺乏的市場中,這種情況會發生改變。

沃頓商學院的管理學教授莎拉·卡普蘭(sara kaplan)說:「能夠想像這樣一種場景,員工們發現忠於自己的雇主沒有什麼太大的意義,於是說『好吧,現在我已經獲得自己想要的東西,我要開始把重點放在生活的其他方面上。我會繼續工作,但不會投入全部精力』。」

但是卡普蘭也認為「每個人都需要對一些事情充滿激情,所以我很難想像會有人在減少工作時間後不遭遇危機,或是沒有其他能引起他興趣的事情」。她補充說,事實上在當今的經濟狀況下,「如果你沒有在某種程度上投入,是無法保住工作的。公司不想要那些不希望晉升的員工。他們也不想要那些不想奮鬥的員工。你不能停滯,總會有人追著你」。

與工作滿意度直接相關的是工作設計問題。沃頓商學院的管理學教授西格爾·巴薩德(sigal barsade)說:「管理學學者們已經研究了很長一段時間。公司在設計一個工作時,必須考慮員工對該工作的看法、他們的目標是否是獲得進步、工作是否是他們生活的重心等。如果員工不希望增加自己的工作

內容，公司擅自行動就會犯下錯誤。」特別是如果新工作要求員工更加努力的話，就會引發更大的問題。

巴薩德指出，關鍵在於「工作與員工是否契合。員工是否完成了公司要求的工作？如果答案是『是』，這名員工就是能夠勝任工作，只是不願意更加努力，這實際上是一種好的情形，特別是對那些沒有太多升職空間的工作來說尤其如此」。這種情況最適合客戶服務職位，員工在提供服務時需要投入工作，但他不需要思考如何重新設計整個客戶服務系統。「所以公司所需要的東西應該和員工所想要的以及所重視的東西相吻合。否則，就會出現問題。」

那些沒有興趣升職或接受更高挑戰的員工什麼時候會丟掉工作呢？巴薩德說：「我認為只要這些員工勤勤懇懇地工作，出色地完成任務，並願意改變———無論是學習新技術還是適應新的工作流程———他們應該是安全的。」

彈性工作時間的消失

經理們對那些把自己的職位重新定義為工作而不是職業的員工會有何反應，尚不清楚。羅斯巴德說：「他們可能擔心員工決定『怠工』，即只做公司說明的工作。各大公司非常擔心發生這種情況；他們知道如果員工真的怠工，一切都會停頓，因為你無法列出某個職位的員工必須要做的所有事情。但是我想如果員工的身分仍然與工作相掛勾，這種情況是不會發生的。」

另一項應該考慮的事是在傳統的獎勵方法都不可行的情況下如何激勵員工，比如升職或更大的辦公室。羅斯巴德說：「事實上公司可能希望員工有其他的滿足方式，所以會盡量安排對員工而言頗為重要的事來激勵他們。」這可能包括彈性的工作時間、職位共享、休假或贊助對員工意義重大的慈善活動。

一些人懷疑公司是否真心實意地推出彈性工作時間或允許員工休假來從事自己感興趣的活動。卡普蘭說：「我認為公司不會過多地關注員工的愛好。針對員工的專案是有的，但是坦白說，並不常見。」她指出，公司會在經濟

增長時期制定彈性工作時間等福利政策，但是「一旦發生衰退，就會撤銷所有專案」。巴薩德補充說，即使公司執行了彈性工作時間或職位共享政策，「仍然沒有真正解決員工們必須完成大量工作等較為嚴重的問題」。

其中一個嚴重問題與工作／生活平衡和工作承諾有關。麥格拉斯最近在為一個製藥公司的女性中層管理人員教授高級管理人員課程，探討「這些管理人員在試圖接受更高層面的責任時應如何建立關係並互相支持」。許多公司發現女性不太願意進入具有高潛力的員工行列，原因有許多，其中包括在某些情況下，她們希望確保自己有時間照顧家庭。「這些女性都處在副總裁的層面上。她們並不缺乏雄心，也希望自己能做出成績。問題在於『我能再承擔多少責任？』。」

羅斯巴德發現公司通常會允許員工暫時退出工作，但卻拒絕女性提出的彈性工作時間的要求，「她們只是希望每天能在4：30而不是5：30去接孩子放學」。他認為這是很諷刺的。他援引了阿利·霍奇柴爾德（arlie hochschild）的《時間困擾》一書，書中指出有潛力的男性希望休假環遊世界時通常能獲得上司的特殊許可。在其中的一個章節裡，霍奇柴爾德描述了兩名男性員工向上司請假去拍攝水底的珊瑚礁，上司竟然同意給他們一個教育假期來完成這個專案。作者問道，為什麼公司就不能給那些希望早些去接孩子的父母提供靈活的工作時間呢？

羅斯巴德還談到了關於「多種職責」現象的研究，以及把精力投入到多個方面、有諸多興趣的人「其生理及心理將更為健康的事實」。一個例子就是既要工作又要照顧家庭的女性。他說，該研究討論了「緩衝假設，即如果一個人在某一方面出了差錯，另一方面會起到緩衝作用。換句話說，工作／家庭相得益彰，而不是彼此抵消」。

許多專家指出，技術進步會增大職場上的壓力，使人們很難在適當的時候與工作完全脫節，比如度假。正如麥格拉斯所說：「員工的工作時間是沒有限度的。他們隨叫隨到。」過去一年，麥格拉斯在五家大型公司擔任培訓師，她發現每家公司的工作量都是超負荷的。她說，一些員工對此為自己設定了嚴格的工作時間限制。例如，晚上6點到早上6點間不接聽私人電話。

「他們已經漸漸接受了這樣一個事實：他們永遠不可能完成所有任務或取悅所有人。」

2.1 環境、策略和組織結構的變化

　　關於環境、策略和結構的問題。這裡提出這些問題，主要是針對個人的職業生涯發展而言，即特指由於這些要素的影響所導致的個人職業生涯的變化。首先，任何組織都是在一個特定的環境中生存，當組織面臨的環境發生了變化，策略也要進行調整，組織結構和人員的調整也在所難免。個人的職業發展也同樣如此。比如，當你經過多年的努力奮鬥，成為了你所在公司的一名高層或中層管理者，豐厚的薪酬、良好的待遇、極佳的辦公條件，眾人都對你投來羨慕的目光，你也躊躇滿志，對你的未來充滿信心。你仍然努力工作，希望在這個職位上繼續實現你的價值和抱負。但突然有一天，你所在的公司被兼併或重組了，你的命運就可能因此而發生改變。或者因為新的老闆不喜歡你或你的風格，或者因為你所處的職位很重要（儘管你很能幹），但老闆要用他所信賴的人，這樣你就會被取代。這一天終於來臨了，新的老闆將你叫到辦公室，開始時對你大肆讚揚，最後告訴你，由於工作需要，你將有新的工作安排。不論你是否接受這種安排，都意味著你的職業發展前途發生了變化或者改變。尤其是當你不願意接受這種安排而選擇離開這家你曾為之奮鬥多年的公司時，你必須重新設計未來的職業發展之路。在專欄2－1，列舉了很多影響工作不穩定的因素，這些都造成了當代社會中職業人士的職業變化。

2.2 心理契約和員工忠誠度的變化

2.2.1 心理契約對員工忠誠度的影響

　　心理契約是指員工與企業雙方彼此對對方的一種期待。在舊的體制下，員工希望透過努力工作和保持對企業的忠誠，換來企業對其工作的報酬和對未來工作的保障的承諾。企業則作出相應的承諾。而隨著商業競爭的加劇、公司競爭壓力的增加、工作職位的豐富化以及新的職業的增加、員工追求個

人價值實現等方面的原因，原來的心理契約和遊戲規則開始發生變化。對企業來講，仍然要為員工提供成長和發展的機會，比如透過有效的培訓和開發專案，提高員工的職位勝任能力，透過績效評定和激勵措施來調動員工的工作積極性和敬業精神，但卻不再承諾長期工作保障。以美國為例，根據效能組織中心 2002 年對財富 1000 強公司的調查，組織中的就業保障承諾的普遍程度從 1987—1996 年開始出現大規模下降。只有 6% 的公司仍然對所有員工提供就業保障，而且擁有任何一種類型就業保障的組織，只是保障其所雇傭勞動力中較少的一部分人。因為企業也越來越認識到，長期擁有一些核心員工，對組織的長期成功尤其重要，因此他們也值得要求更穩定的就業承諾。

【1】在臺灣，根據勞工委員會的調查，臺灣所有企業的平均壽命不超過 13 年。

【2】美國《幸福》雜誌 500 家企業的平均壽命是 40 年到 50 年。企業生命週期的縮短，使員工不再可能像 10 年或 20 年前那樣永遠忠誠於一個企業。現在和今後，員工對職業的忠誠會超過對某一個特定企業的忠誠。

【3】而對於員工來講，由於工作職位的豐富化和新的職業的不斷增加，員工可以根據自己的興趣、愛好和專業特點，選擇自己最喜歡和最擅長的職業或工作。

在這種情況下，員工的忠誠自然會從原來對某一企業的忠誠轉變為對職業或專業的忠誠，這就導致員工對工作氛圍、學習、培訓以及提高自身技能水準的要求日益高漲，以不斷改進和建立自己在專業方面的優勢地位，爭取進入組織所依賴的核心員工隊伍。如果這一要求得到不到滿足，員工就會尋求新的出路。如果兩者之間的要求在組織內部能夠得到重視和平衡，就會形成對雙方都有制約作用的新心理契約，雙方就會在新的規則下繼續合作。

明確勞資雙方的權利和義務，才可能在此基礎上談員工忠誠的問題。這並不代表完全否認能夠培養員工對企業的忠誠，忠誠是需要成本或者說是需要付出代價的。這種成本和代價既包括經濟的，也包括非經濟的；同時，要建立和維持員工忠誠度，還需要制度的規範。

2.2.2 員工忠誠的定義

關於「忠誠」的概念在傳統文化中有非常廣泛的論述,特別是儒家文化所倡導的一套有關「忠」的理念,在相當長的一個時期佔據著中國文化和人們思想的統治地位。傳統的忠誠概念有兩個基本特點:

一是更多地強調對某一個人的忠誠,比如對皇帝的忠誠;

二是往往將對國家的忠誠與對個人的忠誠混淆起來,忠於皇帝即忠於國家。

而在現代社會,忠誠的概念已經發生了很大的變化,對個人的忠誠已經讓位於對組織和職業的忠誠,忠誠的內容也更加豐富,並逐步形成了自己比較完善的結構體系。

現代忠誠的概念和體系是由美國哲學家、哈佛大學哲學教授喬西亞·羅伊斯於20世紀初提出來的。在其《忠的哲學》一書中,他提出了忠誠的等級體系,包括處於底層的對個體的忠誠,中間對團體的忠誠,頂端一系列價值和原則的全身心奉獻。羅伊斯認為忠誠本身無所謂好壞,關鍵在於忠誠所反應的人們的信仰和原則。正是根據對這些信仰和原則的忠誠程度,人們才能斷定是否應該以及何時終止對一個人或團體的效忠。

組織忠誠和職業忠誠是現代忠誠概念的兩個核心和基本內容。組織忠誠表示組織對其成員努力工作的報答,包括精神和物質兩個方面。職業忠誠則表示員工對所從事工作的承諾,包括事業心、責任感、奉獻精神、工作完成的數量和質量等。所謂員工忠誠,就是指組織和其成員之間在利益交換基礎上產生的物質和精神需求。這種需求主要表現為一種心理契約,它既可以以公開、正式的契約形式表現出來,也可以表現為一種非公開和非正式的約定。從員工的角度看,物質層面的需求具體表現為員工透過努力工作,在取得合理報酬的基礎上回報他人和組織,強調的是物質利益的滿足;精神層面的需求則表現為遵守組織的文化、價值觀,培養個人良好的道德風尚和情操,側重的是精神需求的滿足。以上共同構成員工職業忠誠的主要內容。從組織的角度看,在價值層面上要滿足員工的物質利益要求,透過有效的激勵來調動

員工的工作積極性和敬業精神，為員工提供成長和發展的機會；在精神層面上則主要透過組織文化的塑造以及創造良好的工作氛圍，提高員工的工作滿意度，最終達到員工個人發展與組織發展的有機結合。這些構成了組織忠誠的主要部分。

現代的忠誠概念雖然保留了原有的忠誠的含義，比如對國家、民族的忠誠，但也賦予了其新的內涵，特別是隨著新型組織的出現，組織的短暫性和頻繁的變動將大大減弱員工對組織的忠誠，並將逐步讓位於以個人職業操守和職業信譽為基礎的職業忠誠。關於這一點將在下文作進一步的闡述。

2.2.3 員工忠誠度與信任度、滿意度的關係

忠誠度與信任度、滿意度是三個不同但又聯繫緊密的概念。先來看信任度的問題。所謂信任，無非兩個方面，一是指人與人之間的信賴，二是指組織成員對組織的信任。因此，信任度主要是指組織內部上下級之間、同事之間人際關係狀況的評價，體現的是企業內部管理溝通、訊息流暢通與否以及人際關係融洽程度等方面的狀況。從一般意義上講，信任度高的組織中，一般會帶來較好的人際關係和良好的溝通。滿意度指企業員工對所得到的物質和精神待遇等方面的評價，包括對企業的工作環境、人事制度、人際關係等方面的滿意程度。忠誠度則是在這兩個方面的基礎上表現出來的員工對企業的忠誠程度。其次，員工忠誠度與信任度、滿意度是緊密聯繫的。一般來講，員工對工作、人際關係、待遇等的認可會帶來對企業的高滿意度，並會導致員工對企業的高忠誠度；相反，對企業的不滿，企業內部員工與其上級、同事之間的低信任度則容易導致員工的低忠誠度。另外，這種關係又是相互的，員工忠誠度會對信任度、滿意度具有影響力：高忠誠度會帶來員工之間的信任、上下級之間的信任，對客觀現實能理性的滿足，即提高信任度與滿意度。

華信惠悅諮詢公司（waston wyatt）所做的2003—2004年中國員工忠誠度調查，從另一個管道給我們提供了員工對忠誠的態度以及推動員工忠誠度的人力資源管理要素的影響。接受調查的人員來自國內各地不同行業67家企業的近10000名員工。在薪酬方面，調查結果顯示，中國員工的薪酬滿意度較低，其中，表示滿意的佔43%，認為處於中等水準的佔27%，表示

不滿意的佔 30%。與此相聯繫的是，當被問及辭職的六大主要原因時，大多數人將薪酬列為首要原因。其中，24%人辭職的原因是追求更豐厚的薪酬，19%的人追求更佳的職業機會，15%的人追求更好的培訓和發展機會，10%的人追求更多地展示自己才華的機會，9%的追求更多的福利，5%的人認為在新的企業獲得成功的前景更廣。這表明薪酬是員工忠誠度的重要決定因素。但在問及為什麼不跳槽而願意留在企業的原因時，薪酬的影響在六大原因中僅排列第五。其中，21%的認為在現在的企業成功的希望更大，20%的人希望在企業有更好的職業發展機會，17%的認為企業有更好的培訓和發展機會，16%的人認為企業有更多的施展自己才華的機會，16%的人是因為與同事之間的良好關係，認為是豐厚的薪酬而不願跳槽的佔 15%。

華信惠悅的調查認為，員工忠誠並不僅僅是指員工是否願意留在一個企業，也反應員工是否為在本企業工作而感到驕傲，是否相信企業會取得長期成功，是否認為企業會變得越來越好。在調查中，當被問及是否為在企業工作感到驕傲時，有 72%的人給予了比較正面的回答，有 62%的人會向別人推薦自己所在的企業，48%的員工認為他們的企業會在去年的基礎上變得更好。調查還顯示，不同的年齡段、性別、級別和其他因素對員工忠誠度的影響非常明顯，年齡越大，越有可能對與忠誠相關的問題給以正面評價。有 80%的年齡超過 40 週歲的員工認為，他們願意在企業再待幾年，而年齡不到 40 週歲並願意這樣做的人僅佔 63%。在被問及為什麼願意留在企業時，年輕員工更多是將培訓、發展以及事業機遇放在首要位置，而年齡較大的員工則更多考慮的是薪酬和工作的穩定性等因素。這一結論本身具有普遍性，因為從職業發展階段的角度講，這是一種比較普遍的選擇動機或傾向。其次，在性別方面，選擇留在企業，並將薪酬列為原因之一的女性員工的比例要比男性員工小很多，她們更看重工作的安全性和與同事之間的關係。在不同的級別方面，管理人員的忠誠度高於非管理人員，接受調查的 71%的經理人員表示，即使其他企業向他們提供與現在企業相同的條件，他們也更願意留在現在的企業。而作出類似回答的非管理類員工的比例為 63%，相差 8 個百分點。這一點也具有一定的普遍性，因為一般來講，決定員工跳槽的主要原因是薪酬待遇和工作環境氛圍兩個方面。對管理人員來講，在原來的企業做到

一定的層級，表明其具備了業績和人際關係支撐的基本條件。而到了一個新的企業，需要重新適應新的環境和文化，特別是要考慮新的人際關係等非制度層面的作用或影響，這些對管理者而言都是非常重要的影響職業發展的要素。除非新的企業能夠向其提供比原來更高的待遇，以彌補相應的機會成本方面的問題，跳槽才具備可能性。另外，接受調查的外企員工的忠誠度要高於本國企業，有66%的外企員工願意在本企業繼續工作幾年，而作出相同回答的國內企業員工的比例為55%。

華信惠悅的調查主要研究的是企業員工對企業的忠誠度問題，與本書對忠誠的理解和定義是有差異的。如前所述，隨著企業生命週期的縮短、新的職業的不斷增加以及不斷成熟的勞工追求自身價值實現等多方面的原因，現代社會中人們的心理契約和組織的遊戲規則發生了實質性的變化，在這種情況下要培養員工對企業的忠誠度具有相當大的難度。特別是對於中國企業來講，在缺乏系統的人力資源管理理念和完善體系的情況下，不分對象、不分析勞動力市場供求關係、不研究企業人力資源管理開發的重點，一味靠經濟的激勵，結果只能是事與願違。因為在這個價值觀越來越多元化的社會中，職業忠誠可能比企業忠誠更為重要，也更為現實。

2.2.4 以職業忠誠替代企業忠誠

決定忠誠度的因素很多，因此忠誠度是一個非常敏感和難以把握的概念。再加上每個人都有自己的價值取向和工作預期，而且在不同的職業階段會表現出不同的特點，在這種情況下要培養員工對企業的忠誠，就顯得非常困難。因為，員工忠誠度與組織的關係非常密切。美國著名未來學家阿爾文·托夫勒在其《未來的衝擊》一書中提出了一種新型的組織形態，他把它稱之為「特」組織。與大多數層級組織不同的是，這種組織的特點就是「永遠在動」，即不斷地根據社會環境和企業經營的變化調整組織的形式。因為組織終歸只是人類目的、期望及責任的集合體而已，即透過組織這種特定的形式達成一定的目標。他指出，層級組織形式必將崩潰，新型的「特」組織必將流行。人類適應這種新型組織時，將面臨很多困難。但是人類未來不僅不會陷入某種一成不變的、破壞人格完整的壁壘裡，相反，他將發現自己是一個從新的、

形式自由的、充滿活力的組織裡解放出來的異鄉人。在這個陌生的土地上，他的位置將經常在流動、變動、改動。而他的組織關係將如他與物、地、人的關係一樣，以一種狂烈、永遠加速的速率在轉動。在這樣的狀況下，過去組織人的老式忠誠到如今已雲消霧散，取而代之的必然將是對職業的忠誠。尤其是對於那些專業人才來講，他們忠誠的是他們的專業，而不是他們供職的組織體。即使是對組織的忠誠，也變成短期性的行為，而因為工作本身、待完成的任務、待解決的問題，他們也開始與組織建立一個約束關係。正是因為這些原因，隨著社會的發展，職業忠誠將逐漸取代組織忠誠，成為職業人士在職場立足的最重要的要求。

既然職業忠誠可能成為組織忠誠的替代品，那麼應該如何培養員工的職業忠誠呢？大體來講，可以從以下幾個方面下手：

（1）領導者和管理者的言傳身教。忠誠更多體現的是組織成員對組織的認可，企業的領導人和管理者都希望自己的員工能夠對企業忠誠，但這種忠誠的獲取，透過強制的命令或制度顯然是難以達到的，而必須透過某種形式的「交易」才可能得到。比如，領導人和管理者對組織成員的關注，對員工知識、能力、技能的投資，對員工勝任力的提升等，都可能換來員工對組織的承諾和職業安全感，而這些客觀上有助於員工職業信心的樹立和職業道德的提升。我們現在常常講：「授之以魚」，不如「授之以漁」。一個人原來不具備職位勝任力，透過大家都幫助，其職位勝任能力不斷提高，他自然會對同事、組織心存感激之情。在一定的條件下，職業能力的提升往往會伴隨著職業忠誠感的建立，並在客觀上間接達到組織忠誠的目的。

（2）組織文化建設。價值觀和文化在建立職業忠誠方面具有重要意義。所謂價值觀就是指在一個組織中對是與非、黑與白、倡導什麼和反對什麼的標準。由於這種標準會影響人們的工作動機和態度，因此，要取得員工的職業忠誠，組織的價值觀必須能夠反應人性和適應大多數成員的需求，並在組織和其成員之間取得價值觀的平衡和協調。比如，當組織倡導的「多勞多得」的價值觀與其大多數成員的觀點一致時，組織成員就會努力工作，當工作的

第二章 影響職業生涯變化的主要因素

效果與其回報成正比時,就容易理解並建立職業忠誠的概念;反之,如果組織和成員在價值觀上發生衝突,就很難達到職業忠誠的目標。

(3) 正確的績效導向和激勵。員工的職位勝任能力、良好的績效水準、不斷學習的能力,是構成職業忠誠的重要基礎。人們為什麼會努力工作?答案其實很簡單,因為努力工作就會取得好的績效,好的績效會得到好的回報。也就是說,工作結果與工作報酬是成正比的。弗魯姆(victor vroom)的期望理論對此作了詳細的分析和論證。期望理論認為,人們之所以能夠努力從事某項工作並達成工作目標,是因為這些工作和目標會幫助他們達成自己的目標,滿足自己某方面的需要。其中,努力工作與績效基礎上的任職者的職位勝任能力是達成這一目標的基礎。當人們的期望最後能夠成為現實,也就比較容易獲得人們對於職業忠誠的感受。因為只有具有職位勝任能力的員工,才能夠達成期望與結果的一致。因此,對於組織的績效管理和激勵系統來講,必須能夠反應這種關係,有明確的績效導向和激勵政策,把員工的能力和利益掛勾。這是建立職業忠誠的重要條件。

(4) 良好的人際關係和工作氛圍。要達成職業忠誠的目標,還必須在組織內部營造一種良好的工作氛圍。蓋洛普公司在過去 25 年中作過兩項大規模調查,一項是研究關注員工。研究結果發現,對於那些最有才幹的員工來講,他們最需要從工作單位得到的是一個最優秀的經理。一個有才幹的員工之所以會加入一家公司,可能是因為這家公司既有獨具魅力的領導人,又有豐厚的薪酬和世界一流的培訓計劃。但這個員工在這家公司究竟能幹多久,其在職業績如何,則完全取決於他與直接主管的關係。由這個問題開始,促使蓋洛普公司進行了第二項研究,即這些優秀的經理是怎樣去物色、指導和留住眾多有才幹的員工的。結果發現,優秀的經理是透過創造一個良好的工作場所和氛圍來達到這一目的的。蓋洛普公司總結出了良好工作場所的 12 項標準,即「Q12」:

①我知道對我的工作要求。

②我有做好我的工作所需要的材料和設備。

③在工作中,我每天都有機會做我最擅長做的事。

④在過去的七天裡，我因工作出色而受到表揚。

⑤我覺得我的主管和同事關心我的個人情況。

⑥工作單位有人鼓勵我的發展。

⑦在工作中，我覺得我的意見受到重視。

⑧公司的使命／目標使我覺得我的工作重要。

⑨我的同事們致力於高質量的工作。

⑩我在工作單位有一個最要好的朋友。

⑪在過去的六個月內，工作單位有人和我談及我的進步。

⑫過去一年裡，我在工作中有機會學習和成長。

這12個標準與美國心理學家弗雷德里·赫茨伯格的激勵保健理論很吻合。赫茨伯格對200名工程師和會計師進行了調查訪問，以瞭解「人們希望從工作中得到什麼」。他發現，人們對於工作感到滿意和不滿意的因素是完全不相同的。在個人與工作的關係方面，存在兩組不同的需要：一組是與工作不滿意有關的因素，如組織政策、管理監督、工作條件、人際關係、薪金、地位、職業保障等；另一組是與工作滿意有關的因素，如成就、賞識、富有挑戰性的工作、晉升、責任、個人發展等。赫茨伯格把與工作不滿意有關的因素稱為保健因素，認為它們的存在不起激勵作用，但非有不可，否則便會引起不滿。他指出，滿意的對立面並不是不滿意，不滿意的對立面也不是滿意。即使組織的管理者努力克服了這些與工作不滿意有關的因素，也只能夠帶來工作的穩定和平和，但不能夠對員工產生激勵。赫茨伯格將第二類因素稱為工作因素，由於能夠產生工作滿意感，因而是真正的激勵因素。雖然這一理論在學術界存在爭議，很多學者和專家傾向於薪酬是重要的激勵因素，經濟學家大體上比心理學家更傾向於假定工資是一種較強的激勵因素，但這一理論對組織激勵機制的建立仍然有著積極的意義。如該理論提出並總結了諸多可能影響工作效果和效率的因素，從而為組織建立和完善科學合理的薪酬結構提供瞭解決問題的思路。其次，雖然工資或薪酬是重要的激勵因素，但並

非萬能，高工資水準在吸引和留住員工方面的效果並不是萬能的。因此，除了對薪酬的重視外，成就、賞識、富有挑戰性的工作、晉升、責任、個人發展也應引起管理者足夠的關注，並將其納入組織整體的激勵體系。最後，該理論有利於工作和職務的豐富化，員工們能夠以更大的自主權、責任感來管理和控制自己的工作，這不僅提高了員工對工作和組織的承諾，而且提高了工作的效率和職業滿意度。

2.3 企業文化和價值觀

關於文化的定義有很多，但就其內容看，都是大同小異，這表明對文化本質和特徵認識的一致性。羅賓斯認為，文化是指組織成員的共同價值觀體系，它使組織獨具特色，區別於其他組織。他特別強調了文化的差異性，即文化是不同組織之間的分水嶺和對組織進行鑑別的一個重要手段和工具。理查德·瑞提（r.richard rITti）和史蒂夫·利維（steve levy）指出，文化是對構成相應的理念、態度和動機的一個普遍接受的含義和共同看法的一個系統。還有的人認為，文化是關於公司如何行事的一套共同認識。歸納上述觀點，可以將組織文化定義為決定組織中的人們行為方式的價值規範，它代表了一個組織內由員工所認同及接受的信念、期望、理想、價值觀、態度、行為以及思想方法和辦事準則等。組織文化最基本或最核心的內容是彰示正確與錯誤、先進與落後、成功與失敗的標準，提倡和樹立在組織中應當做什麼、不應當做什麼，什麼是對的、什麼是錯的，以指導員工在實現組織目標過程中的行為和行動。因此，文化和價值觀包括了滲透於組織日常決策中的思想、觀念、方法、制度等一系列的內容。說到底，文化是不同組織之間的標誌和分界線。從總體上來講，無正確與錯誤之分。在一個組織中是正確的事情，放在另一個組織中就可能是錯誤的，因此文化是一個組織的個性特徵。羅賓斯認為，文化首先是一種知覺，這種知覺存在於組織中而不是個人中。組織中具有不同背景或不同等級的人，都試圖以相似的語言來描繪組織的文化，這表明了文化對組織中所有人的共同影響。其次，組織文化是一個描述性語言而不是評價性語言，它與組織成員如何看待組織有關，而無論他們是否喜

歡他們的組織。研究表明，文化可以透過評價一個組織具有的十個特徵的程度來識別，這十個特徵包括：

（1）成員的同一性。即員工與作為一個整體的組織保持一致的程度，而不是只體現出他們的工作類型或專業類型的特徵。

（2）團隊的重要性。工作活動圍繞團隊組織而不是圍繞個人組織的程度。

（3）對人的關注。管理決策要考慮結果對組織中人的影響程度。

（4）單位的一體化。鼓勵組織中各單位以協作或相互依存的方式運作的程度。

（5）控制。監督和控制員工行為的規章、制度及直接監督的程度。

（6）風險承受度。鼓勵員工進取、革新及冒風險的程度。

（7）報酬標準。同資歷、偏愛或其他非績效因素相比，依員工績效決定工資增長和晉升等報酬的程度。

（8）衝突的寬容度。鼓勵員工自由辯論及公開批評的程度。

（9）手段—結果傾向性。管理更注意結果或成果，而不是取得這些成果的技術和過程的程度。

（10）系統的開放性。組織掌握外界環境變化並及時對這些變化作出反應的程度。

以上十個方面的內容，都可能成為影響員工職業生涯規劃的重要因素。由於這些特徵都具有相對穩定和長期性的特徵，因此要想改變組織的文化是比較困難的。對於個體來講，更重要的是瞭解和適應它而不是改變它。組織中的個體要在一個組織中生存並獲得較好的職業發展的機會，首先應盡可能準確地識別組織文化的特徵，然後與自我價值觀進行比較，在此基礎上再進行選擇。由於文化會影響甚至制約管理者的決策選擇，因此員工在決定自己的職業生涯規劃方面的問題時，必須考慮組織文化和價值觀的影響。一般來說，員工個人的職業發展與組織文化和價值的認同之間是一種正相關的關係，

也就是說，你對組織文化和價值觀的態度將決定你的前途。要想有一個好的發展機會，首先要做的一件事就是調整自己的價值觀，適應組織的文化，而不是相反。

比如，一個思想活躍、具有創新思維、敢想敢幹的員工，如果他或她所在的組織對衝突的寬容度、風險承受度小，強調嚴格的管理和控制，他或她可能就很難有一個好的發展機會。再比如，當一個組織的文化是建立在對員工不信任基礎之上時，就意味著該組織的管理模式可能傾向於專制的、集權的而非民主的，該員工的任何創新思維可能都不會得到鼓勵，當然也不會容忍他對組織的任何批評。在這種情況下，如果該員工選擇繼續在組織中工作，就必須適應組織文化的要求，這意味著他可能必須調整甚至捨棄自己的思想、觀點、看法。如果該員工不願放棄自己的主張或見解，那就只有兩條路可以選擇：要麼離職，要麼在既定的文化氛圍下永遠做一個默默無聞的人。

2.4 公司政治和人際關係

一個人職業生涯成功的主要影響因素是什麼？只要具備專業技術能力是否就可以成功？領導學權威約翰·科特認為，職業生涯的成功單憑技術的優勢是不夠的，還必須具備一種「老練的社會技能」。他在研究了若干成功人士的經驗後指出：「沒有個人出色的表現就沒有企業卓越的業績，而個人要想在專業和管理工作中有出色的表現，不光需要具備技術能力，還需要一種老練的社會技能：一種能夠調動人們克服重重困難實現重要目標的領導技能；一種力排種種分裂勢力，將人們緊緊團結在一起，為了實現遠大的目標而共同奮鬥的能力；一種保持我們的重要的公司和社會公共機構的純潔性，使之避免染上官僚主義的鉤心鬥角、本位主義和惡性的權利鬥爭等習氣的能力。」這種「老練的社會技能」，是當前很多的職業人士還沒有意識到、或雖然意識到但卻不知道應該如何應對的難題。

雖然關於公司政治或辦公室政治這一類的文章在不同的書籍和雜誌中出現的頻率越來越高，但關於公司政治的系統的理論研究仍然遠遠落後於實踐的需要，大多數的職業人士在自己職業生涯的初期尚未真正意識到它的影響。

美國一項針對 MBA 學生的追蹤調查表明，這些參加工作多年的學生們抱怨最多的是，當他們在組織的中層管理工作中需要運用權謀和遇到難題時，深感當年沒有為此做好準備。許多人講，學校當時應該強迫他們學習更多的組織行為學課程，儘管如此，在實際管理工作中所需的權謀與商學院的理論相去甚遠，這種權謀需要將社會知識、個人風格和公司文化巧妙地結合起來。這一方面說明了問題的真實性，另一方面也道出了公司政治對職業成功的影響。有關公司政治的話題在這裡不作過多的討論，本書將專門對此做詳細論述。

所謂人際關係，是指組織中的人們建立在非正式關係基礎之上的彼此互相依賴、幫助和交往，並以此獲得安全感、所需資源或權利的一種社會關係。在一個人的一生中，這種社會關係是一種非常重要的資源和事業成功的保障。因此，建立並保持一個廣泛而良好的人際關係網路便成為一個人在其職業發展規劃中應當做得最有風險，同時也最有價值的投資。一個人一生會變換多種工作，但是一個精心維持的人際關係網路卻不會變；不同的工作又接觸和認識了更多的人，這意味著人際關係網路在不斷擴大。如果你能夠對你建立起來的這一網路進行精心的維護，將會讓你終身受益。特別是在重視人情和人際關係的中國社會，一個人所擁有的社會關係往往是決定一個人社會地位的重要因素。在這種以社會關係為價值導向的社會中，人們不僅根據個人本身的屬性和他能支配的資源來判斷其權利的大小，而且還會進一步考慮他所擁有的關係網路。一個人的社會關係越廣，就意味著他的影響越大，他成功的概率也就越大。

2.5 性格特徵及愛好

在影響職業生涯發展的若干因素中，人的個性特徵和愛好也起著非常重要的作用。因此，無論是組織還是個人，對這個問題都應予以高度的關注和重視。在這方面，組織行為學的研究成果為我們瞭解和掌握這些問題提供了重要的資料。一方面，組織行為學為組織瞭解和掌握人們的性格特徵並在此基礎上進行科學合理的篩選以及預測人們的行為提供了依據，同時也為個人

第二章 影響職業生涯變化的主要因素

在職業生涯的選擇方面如何根據自己的性格特徵進行決策創造了條件。由於人的個性特徵太多而且太複雜，為了瞭解組織中個性特徵與行為之間的關係，人們對其中的六個方面給予了重點關注，即控制點、權威主義、馬基雅維利主義、自尊、自我監控和冒險傾向。

（1）控制點

這一觀點主要將人的行為控制方式分為兩種，一種是內控型，即認為自己能夠掌握自己的命運。這類人的特點是：有強烈的自我控制意識，對工作比較滿意，能夠迅速地適應工作環境，工作的投入度高，在遇到困難時能夠從自身內部尋找不良績效的原因。吉姆·柯林斯在其《從優秀到卓越》一書中提出的「第五級經理人」，就具有這種自我反思的品質。與之相對應的是外控型，這類人認為自己的命運主要受外部力量的控制，自己無能為力。他們對工作不滿意，工作的投入度低，總是將自己不良的績效水準歸於管理者的偏見和歧視，將自己的不成功歸於同事或自己無法控制的因素。不同的控制類型對職業發展的影響主要表現在：內控型的人可能具有較強的主觀能動性，因而更容易獲得職業的成功；而外控型的人則因為其推卸責任，因而難以得到組織中大多數人的認同，在職業發展的過程中可能更容易自暴自棄。

（2）自尊

所謂自尊，是指人們喜愛或不喜愛自己的程度，或自己對自己尊重的程度。研究表明，自尊與成功的預期之間存在正相關的關係，即高自尊者容易取得成功。在自尊與工作滿意度之間的關係方面，他們比低自尊者對他們的工作更為滿意，更相信自己擁有成功所必需的大部分能力，而且往往選擇更具冒險性的工作和非傳統性的工作。高自尊者之所以具有這些特徵，一個主要的原因可能在於他們所具有的專業技術優勢和良好的人際關係能力。在競爭日趨激烈的現代社會中，這兩方面的優勢已成為一種重要的策略性資源。而低自尊者對外界反應更為敏感，善於取悅他人，需要得到別人的贊賞，傾向於人雲亦雲，按照自己尊敬的人的信念和行為做事。他們之所以會這樣，可能是存在某些方面的能力或技能缺陷，因而顯得自信心不足，隨時希望有人特別是主管對其工作提出正面的評價。

（3）自我監控

自我監控意指人們根據外部環境因素的變化調整自己行為的能力。同樣可以將人分為兩類，具有高自我監控個體的特徵主要表現在以下方面：

一是調整和適應能力強，即能夠根據環境要素調整自己的能力；

二是靈活性強，能夠根據不同情況扮演不同角色，在不同的對象面前表現出不同的態度，並能夠使公開的角色與私人的自我之間表現出極大的差異；

三是他們更關注他人的活動，在管理職位上可能更成功。這裡需要注意的是，面臨著越來越激烈的市場競爭環境，不僅組織需要加強適應能力和提高靈活性，同時也需要組織中的員工同樣具備這種能力。

但員工的這種靈活性應該建立在符合組織規範和管理要求的基礎之上。因此，組織對具有高自我監控意識的員工也要有相應的監控手段，即要注意原則性和靈活性的統一，如果靈活性超過一定限度，甚至演變成為一種不良的政治行為，就會違背或破壞原則。低自我監控個體的特徵與之相反，他們的適應能力和根據環境變化調整自己的能力較弱，靈活性較差，而且在各種情況下都表現出自己真實的性情和態度，不能夠根據不同的對象扮演不同的角色，在他們是誰以及他們做什麼之間存在著高度的行為一致性。但這也並非意味著這種特徵就完全不合適，還需要結合工作性質等方面的情況作具體的判斷。

（4）馬基雅維利主義

馬基雅維利主義得名於尼柯洛·馬基雅維利（1469—1527），作為十五六世紀義大利文藝復興運動時期著名的思想家，因寫作和出版《君主論》而出名。該書問世以來，對全世界的政治思想和學術研究都產生了十分重要的影響，然而時至今日，對這本書及其作者的評價卻大多毀多於譽，貶多於褒。在這本被認為是描寫「如何獲得和操弄權術的專著」中，一個中心思想是強調目的最終會證明手段的正當性，君主為達到自己的目的可以不擇手段。在西方，《君主論》被稱為「影響世界的10大名著」，是人類有史以來，對政治鬥爭技巧最獨到、最精闢、最誠實的「驗屍」報告。學者們將馬基雅維

利的基本觀點用於對人性格特徵的研究，提出組織中存在所謂的高馬基雅維利個體和低馬基雅維利個體。前者與後者相比，講究實際和實用，認為結果能夠證明手段的正確性，對人保持情感上的距離。至於高馬基雅維利主義的員工是否會是好員工，專家的意見認為，這取決於工作的類型以及你是否在業績評估時考慮其中的道德內涵。比如，對於需要談判技能的工作以及由於工作的成功能帶來實質效益的工作，高馬基雅維利主義的員工可能會幹得非常出色。而對於那些結果不能為手段辯護或工作績效缺乏絕對標準的工作，他們則很難取得良好的績效。

（5）權威主義

權威主義是指在組織中人與人之間應具有的地位和權利差異的認識和信念。高權威主義的特徵是：對他人主觀判斷，對上司畢恭畢敬，對下級剝削利用，不信任他人和抵制變革。專家指出，很少有人具有全部這些極端的特徵，因此在評價時一定要慎重。但有些假設仍然具有合理性，如高權威主義個性可能不適合對於要求注重他人感情、圓滑機智、能夠適應複雜變化環境的工作，如果從事這種工作，則他們與工作績效之間可能是一種負相關的關係。但如果他們從事那些具有高度結構化的工作或有嚴格規章制度指導的工作，則可能做得很好。

（6）冒險性

所謂冒險性，是指組織中的人們對風險的接受、認可，或規避、否定的態度和傾向性。研究表明，具有高冒險性的管理者比低冒險性的管理者決策更迅速，在作出選擇時使用的訊息量也最少。一般來講，組織中的管理人員大多都對冒險持謹慎態度，屬於冒險厭惡型，但也存在個體差異，比如，從事股票投資的人可能具有高冒險性，而企業財務人員則最好是低冒險型。

我們還會發現在某些特徵之間似乎有一種內在的聯繫，雖然目前還少有這方面的研究證據支撐，但在現實工作中，它們之間的確存在一些共同的特點，這些共同的方面憑我們的經歷和經驗就可以感受到。比如，具有內控型特徵的人在某種程度上也具有高自我監控的特點，因為他們在調整自己和適應環境方面有共同點；高自尊個體在某些時候或情況下也具有較高的冒險傾

向，由於他們對自己所從事的工作和具備的能力有充足的把握，因而可能選擇更具冒險性而非傳統性的工作，而這正是高冒險個體的特徵。瞭解掌握以上六種主要的性格特徵以及相互之間可能具有的聯繫，有助於組織決定人員選拔和任用，也會在對個人的職業或工作選擇等方面發揮重要作用。約翰·霍蘭德的人業互擇理論，就是一種根據個人性格特點選擇職業的一種理論和方法。

2.6 職業動機

每一個人在選擇自己要從事的職業或工作時總是基於一定的想法或考慮，這種想法和考慮反應了人們擇業的心理傾向，這種心理傾向和採用的方法就是職業動機。

職業動機主要包括三個方面的內容：一是職業彈性，它反應人的認知能力的大小，主要包括表達能力、運用數字的能力以及邏輯推理判斷的能力。由於認知能力是大多數職業或工作都需要的最基本、也是最重要的能力，因此總的講，一個人的職業彈性越大，就意味著他（她）在選擇職業或工作時，有較大的餘地，或者說選擇的範圍就越大。如果他（她）已在組織中工作，就意味著他（她）具有從事不同工作的基礎和條件。二是對職業的洞察力，職業洞察力主要反應員工對自身優勢和不足的認識，以及在此基礎上所達到的與所在組織的目標相聯繫或匹配的程度。三是職業認同感，它表示員工對自己所從事工作的認可程度或滿意程度。一般來講，三者之間存在一種正相關的關係，即具有高職業彈性和高度職業洞察力的員工，同時也具有較高的職業認同感。具有「三高」特徵的員工一般對組織的目標有較高的承諾，事業心很強，並且有較強的適應能力，能夠透過學習和實踐不斷吸收有利於組織發展和個人進步的新的知識和技能，對自己的職業發展目標有清醒的認識和強烈的實現願望。按照「二八原理」，具有「三高」特徵的員工應該構成組織重要的人力資源，他們是組織的中堅和骨幹力量，是激勵和培養的重要對象，應引起組織的高度關注。

2.7 企業家精神

　　什麼是企業家？企業家精神如何影響職業選擇？要回答這些問題，首先要弄清楚企業家的含義。羅賓斯將企業家定義為個人追求機會、透過創新滿足需要而不顧手中現有資源的活動過程。杜拉克則認為企業家型的管理者是那種對自己的能力充滿信心、不放過創新的機會，不僅追求新奇而且要使創新資本化的管理者。還有人認為，企業家往往是風險的承擔者、離經叛道者，他們需要有很高的成就感，具有很高的內控能力以及對不確定性事件的忍耐力。伊麗莎白·切爾（elizabeth chell）認為典型的企業家的特徵包括：對企業的機會十分敏感，尋求機遇而不管現有的資源是否滿足條件，勇於冒險，不斷產生新的思想，不安於現狀，注意樹立良好形象，具有前瞻性，不斷變化，採用寬鬆的財務政策，以及尋求訊息、觀察環境、識別和創造機會等。英特爾公司創始人、董事會主席安迪葛羅夫（andrew s.grove）在其自傳《只有偏執狂才能生存》一書的前言中講道：我常篤信「只有偏執狂才能生存」這句格言；並認為「只要涉及企業管理，我就相信偏執萬歲」。IBM前掌舵人郭士納「誰說大象不能跳舞」的名言，也反應了傑出企業家所具有的創新與不滿足的精神。這些觀點以及企業家們的成功實踐中，都包含了有關創新、冒險和偏執的內容，反應了企業家獨特的和與眾不同的特質。羅賓斯進一步總結了企業家個性特徵最重要的三種要素：對成就的高度慾望、對把握自己命運的強烈的自信以及對冒風險的適度的節制。同時提出了對企業家特徵的一般性認識，包括：傾向於獨自解決問題，設定目標和依靠自己的努力實現目標；崇尚獨立，特別不喜歡被別人控制；不怕承擔風險但絕不盲目冒險，更願意冒那些他們認為能夠控制結局的風險。

　　從某種程度上講，分析企業家精神的目的，是要找出他們所具有的個性特徵和行為模式，幫助人們在選擇職業時少走彎路。如果一個人具有企業家的精神或潛質，那他就可能不適合在政府機構和大型組織中工作，因為大公司或政府機構具有很大的複雜性，協調非常困難，因此要求高度的正規化、集權化和控制，而這顯然不利於企業家精神的樹立和企業家的培養。因此，具有企業家精神或特徵的個人，應在詳盡仔細的自我評價的基礎上，選擇適

合自己個性特徵的事業和工作方式。比如，創辦自己的企業，這對願意冒風險和掌握自己命運的人有很大的吸引力，或者選擇從事那些不需要太多規章制度和嚴格約束的工作，如獨立撰稿人、導演、教師、研究人員等。

案例討論：

    1. 你如何認識「家園文化」？

    2. 你認為「還原勞動力本質」中的「本質」是什麼？

    3. 員工收入與經營績效過度掛勾會出現什麼問題？應該把握什麼樣的「度」？

    4. 你認為績效指標模糊一點好還是完全清晰好？

    5. 單純的經濟激勵是萬能的嗎？

第三章 職業生涯發展模式

　　如同企業生命週期一樣，人的一生也要經歷若干發展階段，每個階段的目標是不相同的。ichak adizes（1989）指出，企業成長與老化的本質在於靈活性與可控性這兩個要素之間的表現及力量對比。如同生物體一樣，企業的成長與老化主要是透過靈活性與可控性這兩大因素之間的關係來表現的。創立時期的企業充滿了靈活性，但控制力卻不一定很強；盛年期的企業，同時具備了年輕和成熟的優勢，既具靈活性，又具控制力；老年期的企業期則可控性增加，但靈活性減少。在初期，由於「年輕」，因此企業做出變革調整相對容易，但由於控制水準比較低，其行為一般難以預測。而「老」則意味著企業對行為的控制力比較強，但缺乏靈活性和變革的意向。人的一生也可以劃分為不同的階段，這種靈活性和可控性在不同的階段也都表現出各自不同的作用。在企業發展的不同階段，對人才的要求也具有不同的特點。本章將結合企業生命週期理論對個人職業發展階段進行分析與評價。

　　本章將研究討論以下幾個方面的問題：

　　1. 職業階段劃分的依據和標準。

　　2. 個人職業生涯規劃與組織生命週期的適應性。

　　3. 職業規劃的設計步驟。

　　4. 如何進行自我評價？

　　5. 組織應如何展開有組織的員工職業規劃？

　　6. 什麼是管理者繼承計劃？

專欄 3－1 華為怎麼辦？

　　華為經歷了十年高速發展，能不能長期持續發展，會不會遭遇低增長，甚至是長時間的低增長；企業的結構與管理上存在什麼問題；員工在和平時期快速晉升，能否經受得起冬天的嚴寒；快速發展中的現金流會不會中斷，

如在江河凝固時,有涓涓細流,不致使企業處於完全停滯……這些都是企業領導人應預先研究的。

有人將企業比做一條船,松下電工就把自己的企業比做是冰海裡的一條船。在松下電工,我們看到不論是辦公室,還是會議室,或是通道的牆上,隨處都能看到一幅張貼畫,畫上是一條即將撞上冰山的巨輪,下面寫著:「能挽救這條船的,唯有你。」其危機意識可見一斑。在華為公司,我們的冬天意識是否那麼強烈?是否傳遞到基層?是否人人行動起來了?

華為還未處在冬天的位置,在秋末冬初,能認真向別人學習,加快工作效率的整體提高,改良流程的合理性與有效性,裁並不必要的機構,精簡多餘的員工,加強員工的自我培訓和素質提高。居安思危,也許冬天來臨之前,我們已做好了棉襖。

華為成長在全球訊息產業發展最快的時期,特別是中國將一個落後網改造成為世界級先進網的這段時期。在迅速發展的大潮流中,華為像一片樹葉,有幸掉到了這個潮流的大船上,是躺在大船上隨波逐流到今天,本身並沒有經歷驚濤駭浪、洪水泛濫、大堤崩潰等危機的考驗。因此,華為的成功應該是機遇大於其素質與本領。

什麼叫成功?是像日本那些企業那樣,經九死一生還能好好地活著,這才是真正的成功。華為沒有成功,只是在成長。

華為經過的太平時間太長了,在和平時期升的官太多了,這也許會構成我們的災難。鐵達尼號也是在一片歡呼聲中出的海。

有許多員工盲目地在自豪,他們就像井底之蛙一樣,看到我們在局部產品上偶然領先西方公司,就認為我們公司已是世界水準了。他們並不知道世界著名公司的內涵,也不知道世界的發展走勢,以及別人不願公布的潛在成就。華為在這方面很年輕、幼稚,很不成熟。

華為組織結構不均衡,是低效率的運作結構,就像一個桶裝水多少取決於最短的一塊木板一樣,不均衡的地方就是流程的瓶頸。例如:公司初創時期處於饑寒交迫,等米下鍋,初期十分重視研發、行銷以快速適應市場的做

法是正確的。活不下去,哪來的科學管理。但是,隨著創業初期的過去,這種偏向並沒有向科學合理轉變,因為晉升到高層的幹部多來自研發、行銷部門,他們在處理問題、價值評價時,有不自覺的習慣傾向,以使強的部門更強,弱的部門更弱,形成瓶頸。有時一些高層幹部指責計劃與預算不準確,成本核算與控制沒有進入專案,會計帳目的分產品、分層、分區域、分專案的核算做得不好,現金流還達不到先進水準……但如果我們的價值評價體系不能使公司的組織均衡的話,這些部門缺乏優秀幹部,就更不能實現同步的進步。它不進步,你自己進步,整個報表會好?天知道。這種偏廢不改變,華為的進步就是空話。

華為由於短暫的成功,員工暫時的待遇比較高,就滋生了許多明哲保身的幹部。他們事事請示,僵化教條地執行領導的講話,生怕丟了自己的烏紗帽,成為對事負責制的障礙。對人負責制與對事負責制是兩種根本（不同）的制度,對人負責制是一種收斂的系統。對事負責制是依據流程及授權,以及有效的監控,使最明白人具有處理問題的權力,是一種擴張的管理體系。而現在華為的高中級幹部都自覺不自覺地習慣於對人負責制,使流程化 IT 管理推行困難。

職業化、規範化、表格化、模板化的管理還十分欠缺。華為是一群從青紗帳裡出來的土八路,還習慣於埋個地雷、端個炮樓的工作方法,還不習慣於職業化、規範化、表格化、模板化的管理。重複勞動、重疊的管理還十分多,這就是效率不高的根源。我看過香港秘書的工作,有條有序地一會兒就把事做完了,而我們還要摸摸索索,做完了還不知合格否,又開一個小會審查,你看看這就是高成本。要迅速實現 IT 管理,我們的幹部素質,還必須極大地提高。

推行 IT 的障礙,主要來自公司內部,來自高中級幹部因電子流程管理導致權力喪失的失落。我們是否正確認識了公司的生死存亡必須來自管理體系的進步?這種進步就是快速、正確,端對端,點對點,去除了許多中間環節。面臨大批的高中級幹部隨 IT（管理）的推行而下崗,我們是否做好了準備。為了保住帽子與權杖,是否可以不推行電子商務?這關鍵是,我們得說服我

們的競爭對手也不要上，大家都手工勞動？我看是做不到的。沉舟側畔千帆過，我們不前進必定死路一條。

華為存在的問題不知要多少日日夜夜才數得清楚……

但只要我們不斷地發現問題，不斷地探索，不斷地自我批判，不斷地建設與改進，總會有出路的。就如松下電工昭示的救冰海沉船的唯有本企業員工一樣，能救華為的，也只有華為自己的員工。從來就沒有什麼救世主，也沒有神仙皇帝，要創造美好的明天，全靠我們自己。

冬天總會過去，春天一定來到。我們乘著冬天，養精蓄銳，加強內部的改造，我們和日本企業一道，度過這嚴冬。我們定會迎來殘雪消融，溪流淙淙，華為的春天也一定會來臨。

創業難，守成難，知難不難。

高科技企業以往的成功，往往是失敗之母，在這瞬息萬變的訊息社會，唯有惶者才能生存。

資料來源：任正非．北國之春。

▎3.1 職業階段的劃分

孔子講：「吾十有五而志於學，三十而立，四十而不惑，五十而知天命，六十而耳順，七十而從心所欲，不逾矩。」（《論語·為政》）孔子之所以能夠在七十歲時說話、做事都能夠隨心所欲而不會超過規矩，達到人生的最高境界，關鍵就在於他從十五歲開始學習，奠定基礎，有了這個基礎，才能夠三十歲時說話做事符合禮節並有所建樹，四十歲能夠看清並明白世上的各種道理，五十歲懂得天命，六十歲時一聽別人的話便能辨其主旨。七十歲時無論說話做事都可以隨心所欲而不超越規矩。這一段話告訴我們，在人生的不同階段，奠定基礎是非常重要的。隨著閱歷和經驗的不斷豐富，年齡的增長和知識的累積，人們在每一人生階段中職業選擇的目標、任務、活動以及關係都會發生變化，人們所具有的特徵和能力也有所不同。這也就是瞭解和掌握職業發展不同階段特點的重要性。

總體而言，一個人的職業生涯發展大致可以分為五個階段，即職業準備階段、職業探索階段、立業階段、維持階段和離職階段。每個階段中，年齡、職業特徵、目標及任務都是不同的。

(1) 職業準備階段

年齡特徵：職業準備階段大體上可以界定為從國中到大學畢業，即 12～22 歲這一年齡段。

職業特徵：這一階段是個人人生觀、價值觀以及職業傾向形成的重要階段，對於那些即將進入勞動力市場的年輕人來講，在這個階段已經開始逐步形成了對自己能力和興趣的一些基本的觀點和看法，特別是那些能夠接受高等教育的年輕人尤其如此。對他們來講，大學（或大專）階段的學習和實踐鍛煉是進入職場前最重要的時期。

目標及任務：在這一階段中的主要任務包括兩個方面，一方面是努力學習，掌握必需的工作和勞動技能，這也是這一年齡段的人們所能夠擁有的最重要的資源；另一方面，由於缺乏實踐的體驗，是否能夠得到社會的認同，關鍵取決於適應社會的能力和自身心態的調整。因此，應在保證學業的基礎上，盡可能多的參與一些社會實踐活動，比如參加有關工作實習，在社會實踐中去檢驗自己的能力和興趣。此外，還可以透過擔任學生會幹部、兼職等方式，鍛煉自己的人際交往和溝通能力，增加社會體驗，為今後的發展做好準備。

(2) 摸索階段

年齡特徵：這是人們進入職場的第一個階段，年齡大致是從開始參加工作到 25 歲左右，工作年限在 5 年以內。

就業趨勢及特徵：初入職場的年輕人往往對自己的能力、專業知識過於自信，卻往往忽略自己的弱點和不足。由於剛剛參加工作，對於什麼是自己真正喜歡的事情和最適合自己的工作還缺乏十分明確的認識和判斷。因此在職業目標的選擇上，表現出盲目性和單一性的特點。盲目性主要表現為很多人認為能夠很容易地在工作中獲得成功，單一性則表現為追求較高的薪資待

遇。加上現實與預期的差距，是導致在這一階段求職者高跳槽比例的主要原因。根據專家的研究，在美國，18～25歲之間已工作的人已經開始評估自己對所從事工作的滿意程度，並開始考慮第一份工作以外的選擇。18～32歲之間的美國工作者平均換過8.6份工作。根據一項調查的統計，40%的美國人認為，只要有機會，他們會立即更換工作，有50%的美國人到2010年將會選擇自主經營的方式。中國的一些調查也表明，剛剛參加工作1～3年的人的離職率是最高的，即使在外資企業也同樣如此。有人對1996—2003年間外資企業在北京地區的員工離職情況進行了調查，發現本科學歷的離職率最高，其次為碩士學歷；在年齡結構上，26～30歲之間的離職率最高，在公司任期1年以下的員工離職率最高。

出現這種狀況的原因不外乎兩個方面，一方面是個人的原因，另一方面是組織的原因。在個人原因方面，剛剛參加工作的年輕人雖然善於思考，不拘常規，敢想敢幹，具有較強的靈活性；但是，由於年輕，缺乏經驗，工作有盲目性，加上過高估計自己的能力以及對未來過高的預期等，在遇到困難或未能實現自己的預期目標時，很容易產生畏難抵觸情緒，承受挫折和自我控制的能力較差。專家們將這種狀況稱之為「現實衝擊」，剛剛開始參加工作的新員工都可能面臨的一種階段性結果，具體表現為新員工較高的工作預期面對的卻是枯燥無味和毫無挑戰性可言的工作現實。加上組織內部錯綜複雜的人際關係和政治行為的影響，這種落差往往會導致新員工的離職。從組織的角度看，則可能由於缺乏規範的工作要求以及建立在此基礎上的績效指標體系和激勵措施，都會造成員工的角色模糊和工作滿意度降低。

目標及任務：要解決這一階段可能發生的問題，同樣需要從個人和組織兩個方面著手。個人方面，首先要做的工作是檢驗在職業準備階段初步形成的對自己能力和興趣的觀點和看法的準確性，以及個人的興趣、技能、所學知識與工作職位要求之間的適應性，以提高自己的控制能力。如在組織的安排下參加各種脫產或在職學習，掌握現有工作的知識和技能。其次，在明確了自己的目標後，初步建立起自己的資源和權力優勢，為今後的發展奠定基礎。其中，除了專業和技術方面的優勢外，更重要的是適應工作環境和建立良好的人際關係，包括熟悉本員工作，在部門建立良好的個人信譽，與部門

主管和同事發展關係等。這是在這一階段最重要的一項工作。作為新人,這一階段的主要任務是「播種」而不是「收穫」,因此,一定要牢記八個字,即「多做、多聽、多看、少說」,這是初入職場者必須遵守的基本處世原則。從組織的角度看,除了要建立完善規範的工作要求以及建立在此基礎上的績效指標體系和激勵措施外,還要針對組織成員存在的問題,創造良好的工作氛圍,提供必要的培訓,幫助其盡快適應組織的環境,提高組織成員的自信心。

(3) 立業階段

年齡特徵:這一階段的年齡大致是 25～45 歲,工作年限在 20 年左右。

就業趨勢及特徵:這一階段是人生中最重要的一個階段,因為在這個階段中,人們開始由「播種」進入了「收穫」的季節,實現或調整自己的職業目標成為這一階段最重要的工作,並不斷嘗試與自己最初的職業選擇所不同的各種能力和理想。在這個階段中,人們的靈活性和控制能力達到了一個較高的水準,具體表現為人們對自己所需要的以及如何實現目標有了更清醒的認識。有專家將這一階段劃分為三個子階段,即嘗試子階段、穩定子階段和職業中期危機階段。嘗試子階段的年齡大致在 25～30 歲,在這個時期,人們會進一步審視自己當初的職業或目標選擇。穩定子階段的年齡在 30～40 歲之間,這時人們已經有了比較清晰和堅定的職業目標選擇,在為組織做出貢獻的同時,開始在組織中尋求自己的位置,形成了較明確的發展思路,開始做相應的準備。在職業中期危機階段,人們會根據自己已經取得的成就重新評價原來制定的職業目標,儘管這一階段已經是「不惑」的年齡,但並不意味著人們就會安分守己。至少有三種情況會影響人們的決策:

一是沒有實現自己原來制定的目標,或當自己的計劃或想法與組織的考慮或組織提供的機會有衝突時,仍然可能作出新的選擇;

二是雖然實現了自己的目標,但卻發現已有的成就可能並不是自己最需要或者最看重的;

三是不滿足現狀和迎接新的挑戰的慾望使其難以「安分守己」。

專欄 3 − 2 所講述的就是這樣的一類人。由於這些原因，在這個年齡段仍然有較高的跳槽記錄。此外，對於那些具有較強的成就動機、追求自我價值實現以及希望自己創業的人，還有四個原因會影響他（她）們作出自我就業的選擇，這四個原因是：不喜歡自己的老板、認為自己在其他地方會幹得更好、願意為自己工作以及喜歡下達指示而不是接受命令。無論是以上哪一種情況，都可能促使人們調整甚至改變自己原來的目標和職業選擇。

專欄 3 − 2H. 韋恩·赫伊岑格和他的大明星娛樂公司

h. 韋恩·赫伊岑格使他的第一家企業———垃圾管理公司（waste management iNC.）成為美國最大的垃圾轉運公司。在他 46 歲時，他離開了公司，嘗試進入新的領域。他透過觀察當時近 20000 家小型錄像店的經營狀況，利用在原來公司學到的出租業務知識，開始考慮投資錄像製品業務，決定建立一家規模至少 2 倍於大多數錄像商店的超級連鎖店。1987 年，他買下了達拉斯連鎖店的 20 家錄像商店，將其改名為「大明星」連鎖店並作為其根據地；1988 年，他將商店擴張為 130 家；3 年後他已擁有 1200 家商店，並且每天都有一家新商店開張。由於他的努力，「大明星」錄像連鎖店成為了錄像製品產業中最大的公司。該產業的年營業額為 100 億美元，相當於好萊塢票房收入的 2 倍。現在，大明星娛樂公司的年銷售額超過 10 億美元，他也因此成為美國最富有的人之一。

目標及任務：經過摸索階段對自己興趣和能力的檢驗，人們已經具備了比較清晰的職業發展目標並開始為之奮鬥。進入立業階段後，收穫自己的工作成果和實現職業目標就成為一項最重要的工作。這個階段的主要任務包括：

一是體現出自己的能力。要取得一個良好的職業發展開端，就需要在工作中要表現出較高的工作勝任能力和良好的績效水準，如果在立業階段的前期能夠取得一些階段性的成果，或利用自己的知識、能力以及資源條件，為組織辦成幾件有影響的工作，對今後的發展往往具有決定性的影響。即使今後跳槽，也有一個良好的工作履歷和業績證明。

二是使自己的業績得到認可。要使自己的業績得到認可，就必須改變所謂「謙讓」、「光說不練」的傳統思維習慣，要透過適當的機會，採用恰當的方法，使組織認識到你的價值，在此基礎上建立其自己的專業和技術優勢，同時表現出良好的人際關係能力，提高自己的資源和權利影響，增強和提高自己的不可替代性。

三是要將個人的發展與組織的要求相匹配，任何一個人的職業發展都是在具體的組織環境中進行的，因此個人的職業發展計劃一定要體現組織發展策略的要求，並與組織經營管理要求的能力以及可能提供的機會相吻合，在這個基礎上制訂的職業計劃才具有可行性。為了做到這一點，需要投入大量的時間和精力，以及有針對性地加強組織可能提供的機會所需要的新的知識和技能的培訓，透過知識、技能的更新，發展和鞏固自己的資源和權利基礎。

四是要對自己所從事的工作進行滿意度分析，如果滿意度較高，則繼續實施自己的職業計劃；反之則需要考慮調換工作的可能性和必要性。如果有調換工作的可能性，在可能的情況下應根據組織的主要業務特點及其發展趨勢，選擇到關鍵部門或具有重要性的部門去工作，這樣就有可能成為影響主要業務或控制事態發展的關鍵人物。

從組織的角度講，對處於這個階段的員工要保持高度的關注，由於他們在組織中有較長的工作經歷，因而具有豐富的工作經驗和較高的工作技能，其中的很多人也曾為組織創造過良好的效益，因此組織的一個重要任務是從這部分人中分辨出高績效員工，以及能夠成為接班人培養對象的人群，並制定有效的培養和開發方法，如職位輪替、職務輪換等，保證他們能夠按照組織的要求逐步成長為能夠挑承擔重任和打硬仗的管理和業務骨幹。在這一點上，中國很多成功的企業都有明確的規定。如華為公司在原《華為基本法》第四章第七十二條就規定：對中高級主管實行職務輪換政策。沒有周邊工作經驗的人，不能擔任部門主管。沒有基層工作經驗的人，不能擔任科以上幹部。正是由於這些政策，有效地保證了公司的經營和管理工作始終保持在一個較高的水準，為公司的可持續發展奠定了堅實的基礎。

（4）維持階段

年齡特徵：處於維持階段的年齡段大約是 45～60 歲，工作年限 15 年左右。

就業趨勢及特徵：這一階段是人一生中最成熟的時期，即「知天命」和「耳順」的階段，無論是工作經驗、閱歷，還是業績或成就，都達到了個人職業生涯的高峰，要麼獲得了提升，要麼成為某一個專業領域的專家，或者在自己的本員工作中維持著一個較高的效率和效益水準，或者由於其具備良好的人際關係而受到人們的尊敬。不論從哪個角度看，他們都屬於「功成名就」的一代。隨著年齡的增長，他們愈發老練和穩重，控制能力進一步提高，但另一方面，維持已有的成就或地位成為他們首要考慮的問題，因此創新精神和靈活性都呈現降低的趨勢。

處於這一年齡段的人群中，仍然有一些不甘寂寞、不滿足現狀的人，不斷迎接新的挑戰已成為他們工作和生活的中心。這一類人具有的共同特徵是，在原來的組織中一般都具有較高的地位，比如高層管理團隊的一員，或者在專業技術方面非常優秀，從而具備了跳槽以另謀高就的本錢。如果他們不滿意組織的工作氛圍，或與某些同樣具有較大權力的管理者的人際關係緊張，或由於「天花板」的限制使其不能晉升到組織的更高層，或者出於積極的職業性格需要接受新的挑戰的原因，都可能促使他們作出新的職業選擇。

目標及任務：對於處於維持階段的人來講，最主要的職業目標和任務是在自己的工作職位上繼續做出應有的貢獻。作為領導者和管理者，為組織挑選和培養接班人是這一階段的一個重要工作，以教練、導師的身分向自己的下屬傳授一個合格的領導人和管理者應具備的知識、能力和技能，並對新員工進行輔導。其次，做好本員工作，鞏固、提高和運用已有的知識、技能，以維持已有的地位和榮譽，保障現有職業的穩定性，同時考慮家庭的幸福和自己的身體健康情況。最後，如有可能，也可以重新選擇一份具有挑戰性的工作。

鑑於處於維持階段的人群即將面臨退休等一系列的問題，作為組織來講，首先要考慮的就是接班人的培養和選拔，包括管理者的接替和專業技術人員

的接替兩個方面。而要完成這項任務，就要求組織建立一個比較完善的培訓開發體系和接班人培養制度，並將這些制度落實到各級管理者的績效考評指標體系中去，使之成為一項日常性的工作。如華為公司的原《華為基本法》第六章第一百零一條就規定：進賢與盡力是領袖與模範的區別。只有進賢和不斷培養接班人的人，才能成為領袖，成為公司各級職務的接班人。高、中級幹部任職資格的最重要一條，是能否舉薦和培養出合格的接班人。不能培養接班人的主管，在下一輪任期時應該主動引退。僅僅使自己優秀是不夠的，還必須使自己的接班人更優秀。

（5）準備離職階段

年齡特徵：60歲以上。

職業目標：到這個階段，就意味著人生已經到了一個歷史的轉折點，退休或再次工作、發揮餘熱，成為處於這一階段中的人們的主要任務和目標。首先，組織應做好工作移交的準備，包括明確接替人；提前告知退休人的退休時間；部門主管和高層管理者與退休者的溝通和交流，以表達對其所做工作或貢獻的感謝；對有傑出貢獻的員工授予榮譽稱號；與退休人員就退休後的福利待遇問題進行溝通等。對於組織來講，如果能夠正確妥善地處理這些問題，就會創造一個彰顯先進、鼓舞士氣和提高凝聚力的大好時機。

對於那些組織所需要的、具有一技之長的核心員工，在徵求其同意的基礎上，可以考慮推遲退休，但要有嚴格的制度規定。對於退休者個人來講，首要的工作是根據退休後的意向制訂個人的退休計劃，包括心態的調整、工作的移交、瞭解自己退休後的福利待遇等問題。其中最重要的是心態的調整，因為退休意味著原有權力和責任的減少，原來很多由下屬完成的工作，現在則不得不由自己來做。此外，如果身體條件允許，自己所掌握的專業知識仍有用武之地，也可以考慮延遲自己的退休時間。

3.2 個人職業生涯規劃與組織生命週期的適應性

個人職業發展規劃與組織的發展要求是密切聯繫在一起的。組織在不同的發展階段,對人的能力也有不同的要求。因此,從有組織的員工職業發展的角度出發,一方面組織應明確對組織成員的要求;另一方面,組織成員應隨著組織的成長而成長。因此,瞭解組織在不同發展階段的特點和要求,並根據這些特點學習和掌握所需要的知識和技能,才能夠為自己的職業發展奠定基礎。

3.2.1 企業創業階段人才需求特徵

(1) 企業創業階段的特徵

在創業階段,企業在經營管理方面具有以下典型的特徵:由於創業期的企業面臨現金流出大於流入以及生存的壓力,因此行動導向和機會驅動成為企業一切工作的指導方針。表 3－1 對這些特徵進行了逐一的說明。這時的企業還處於「埋個地雷、端個炮樓」的工作方法,一旦有機會,就會不顧一切地去獲取現金。在這種情況下,嚴格的規章制度和政策往往會成為限制企業靈活性和抓住機會的障礙。所以企業缺乏明確的規章制度和正規的辦事程序;由於對自己的優勢和缺陷沒有明確的認識,不清楚企業的產品或服務是否真正能夠為市場和消費者接受,因而缺乏長遠的計劃和目標,還在摸索什麼才是自己或者企業真正應當做的事情;由於缺乏經驗和資源,必須依靠企業創業者的洞察力、想像力以及直覺,如果授權,企業就會失去控制,因此權利高度集中在一個人手中。創業期的企業所有的這些「壞習慣」,代價不大,但卻收益不小。總體而言,這一階段的企業正處於試驗和尋求成功含義的過程中,一旦明確了什麼是成功,就會透過規章制度和政策來保證今後能夠取得同樣的成功。在用人方面,強調以工作為重,但對人員的招聘、選拔和使用並沒有明確的要求和嚴格的標準,也沒有規範的工作分工。那種拼命工作、反應敏捷、對其他事不聞不問的人往往成為企業選擇的對象。

表 3-1　　　　　　　　　　　創業期的企業特徵

正常現象	不正常現象
所承擔的義務沒有因風險而喪失	風險使所承擔的義務喪失
現金支出大於收入	現金支出長期大於收入
辛勤的工作加強了承擔的義務	所承擔的義務喪失
缺乏管理深度	過早授權
缺乏制度	過早制定規章制度和工作程序
缺乏授權	創業者喪失控制權
集權，但願意聽取不同意見	剛愎自用，不聽取意見
出差錯	不容忍出差錯
家庭支持	缺乏家庭支持
外部支持	由於外部干預使創業者產生疏遠感

資料來源：[美] 依查克·愛迪思. 企業生命週期. 趙睿，譯. 北京：中國社會科學出版社，1997：40.

（2）個人目標

　　創業階段企業所具有的特徵也就決定了其對所需人員的要求。首先，如果選擇到一個創業期的企業工作，或自己與他人共同創業，最重要的一點就是需要具備艱苦奮鬥、同甘共苦以及樂於奉獻的精神。成為企業的創業者實在是一件很幸運的事情，並不是每個人都有這種機會和運氣。因此，不要過分短視，你要立足未來，將自己的職業發展建立在一個長遠的規劃上。因為凡是能夠在企業創業階段堅持下來的人，所得到的不僅僅是創業者的地位和影響，而且還有創業的經驗，對自己今後的發展將會產生重要影響。其次，在創業期的企業工作需要具備較強的綜合素質、適應能力以及靈活性，因為在這一時期，往往會出現一人多崗或身兼數職的現象，專業知識的重要性有時顯得並不重要，你所做的工作與你的專業或你想像的工作之間往往存在巨大的差距，有時甚至是風馬牛不相及。因此，如果一個 MBA 或其他受過正規高等教育的畢業生在這類企業工作，首先要表現出來的並不是所具有的專業知識和技能，而是一種能夠迅速適應複雜環境以及處理和解決各種非專業問題的能力。最後，業績導向是創業期企業的一個重要特點，由於創業期的企業人數少，因而政治活動和政治行為相對也較少。因此，業績水準往往成為影響個人職業發展的非常重要的因素。如果能夠在這一階段初步完成自己

能力、業績和人際關係的「原始累積」，再充分利用身兼數職累積的工作經驗和客戶資源，就能夠建立起自己的權力和影響力，當企業度過創業期而進入成長階段後，獲得提拔、晉升或成為企業中舉足輕重的人物就是一件很正常的事情。

3.2.2 企業成長階段人才需求特徵

（1）企業成長階段的特徵

如果企業能夠克服創業期的各種困難，就能獲得成長的空間。企業在成長階段面臨的困難更大，正如本章專欄3－1中華為公司總裁任正非在評價華為時講到的：華為還沒有成功，只是在成長。華為是一群從青紗帳裡出來的土八路，還習慣於埋個地雷、端個炮樓的工作方法；還不習慣於職業化、表格化、模板化、規範化的管理。重複勞動、重疊的管理還十分多，這就是效率不高的根源。公司初創時期饑寒交迫，等米下鍋。因此企業創立初期重視研發、行銷以快速適應市場的做法是正確的。活不下去，哪來的科學管理？但是，隨著創業初期的過去，這種偏向並沒有向科學合理轉變，因為晉升到高層的幹部很多來自研發、行銷部門，他們在處理問題、價值評價時，有不自覺的習慣傾向，以使強的部門更強，弱的部門更弱，形成瓶頸。職業化、表格化、模板化、規範化的管理還十分欠缺。任正非講到的這些情況並非僅僅存在於華為公司，絕大多數處於成長期的公司都具有這些特徵。

企業進入成長階段後，一個最典型的特徵就是面臨著因業務和組織擴張帶來的管理和人力資源的瓶頸以及市場競爭壓力帶來的規範的要求。所謂成長，意味著企業的產品或服務逐漸得到了市場和消費者的認同，有了一個初步的比較穩定的市場份額和顧客群。這時，企業在創業階段的特徵開始發生變化，其中一個重要的方面就是由原來主要關注企業的外部環境逐漸轉向企業內部，這就導致原來能夠有效發揮作用的做法逐漸變得不適應形勢發展的要求。首先，進入成長期的企業，目標逐漸明晰，計劃性不斷增強，策略制定和規範管理提上了議事日程。其次，由於成長期的企業人員大大增加，為了有效地劃分權利，明確責任和義務，專業化分工的重要性日益顯現出來，創業者個人作用的重要性逐漸讓位於科學規範的管理。企業開始強調對成功

3.2 個人職業生涯規劃與組織生命週期的適應性

經驗的總結,並注重系統化、規範化和制度化的要求。最後,開始探索授權、組織架構設計和職位設置安排等問題,原來一個人身兼數職、從事不同工作的情況開始被職能部門和專業職位代替,受過專業訓練和有經驗的職業經理人開始進入企業並發揮重要作用。

企業的績效標準也開始由主要關注業績指標而逐漸向業績與管理能力並重轉移。但從另外一個角度看,成長期的企業也存在明顯的弱點,如控制力還處於一個相對較低的水準,往往經受不起市場的誘惑,具體表現就是存在較明顯的多元化衝動,特別是那些成長得比較快的企業,總認為沒有什麼是自己幹不了的事情,因此四面出擊,希望在所涉及的各個領域都能獲得成功,其結果往往造成企業的資源分散使用,不僅未能達到目標,甚至累及核心業務,發生資金流斷裂,造成企業的危機。成長期的企業的組織機構也處於擴張狀態,對各級管理人員有較大的需求,為了爭取這些職位,人們會採用各種方法和手段,以獲得權利和影響。因此窩裡鬥的現象比較普遍。

(2) 個人目標

機會始終青睞那些有準備的人。在這一階段,職場人士如果對處於成長期的企業特徵有正確的認識,並做好相應的準備,就能保證自己的工作和職業目標不至於偏離方向。在這個階段中,個人的目標也要由主要關注企業外部向內部轉移,規制、組織、協調、溝通以及領導能力是這一階段中企業最需要和最重要的素質和能力。因此,對於經歷了企業創業階段的人來講,應當做好以下幾方面的工作:第一是適應變化,調整風格。要能夠敏銳地識別企業發展階段的變化,並根據這種變化重新對自己的能力和管理風格進行評價,看看是否存在在創業期形成的不良習慣和傾向。如果發現這類問題,應立即糾正。第二是展示自我,發揮人際關係影響。這一階段正值企業用人之機,同時也是個人人際關係發揮作用和影響的重要階段。在這個階段中,應充分利用已建立的人際關係,同時在各種場合和機會展示自己的經驗、資源、業績以及管理的能力和水準,鞏固自己已有的地位和影響,並爭取得到企業高層管理人員的重視,避免成為權利鬥爭的犧牲品。第三是幫助企業解決幾個重要或關鍵問題。如果在這一時期能夠敏銳地發現企業存在的問題,抓住

機會並透過創造性的工作成功解決，將會對職業發展產生重要影響，獲得晉升也是遲早的事情。第四是由技術導向向管理導向轉變。對於那些技術和銷售出生的管理者或從事這方面工作的人來講，要保證自己職業的順利發展，就必須適應企業策略的變化。在創業階段，依靠自己的技術就能夠有一個好的發展機會，但進入成長期後，由於企業面臨的環境日益複雜，工作的重心開始發生變化，因此再僅僅依靠或保持自己的技術專業優勢就遠遠不夠了，還必須具備管理方面的專業背景。

要獲得這一方面的能力，一方面要在工作中累積經驗，爭取成為企業領導人和管理人員的朋友；另一方面需要透過參加正式的學習和培訓，以便系統地掌握現代企業管理的知識和技能。近年來有很多技術出身的企業各級管理人員選擇就讀 MBA 以及各種類型的工商管理專業研究生課程班，某種程度上也反應了這種需求和傾向。第五是對於那些接受過 MBA 正規教育並將進入企業的新人來講，首先需要對自己是否具備這一階段企業所要求的管理能力進行評價，如果具備了基本的要求，這時可能正是體現其專業能力和專業水準的大好時機。與企業創業階段人員招聘和使用的情況不同，這時企業人員的招聘、選拔和使用的目的是比較明確的，有詳細的工作分析，對任職資格和應達到的績效目標也有明確要求。如果新人們的能力與企業的要求能夠匹配，並迅速地適應企業的工作氛圍，同時按照工作職責的要求高質量地完成自己的工作，就能夠比較快的得到企業的認同。此外，新人如果要想盡快地使自己的成績得到企業領導人或管理人員的認同，就不能放過任何能夠引起別人注意的機會，比如，在有關會議上主動發言，獻計獻策，等等。

很多優秀企業的領導人都對成長期企業存在的問題有非常清醒的認識，如華為。這從一個方面說明，要取得個人職業的發展，首先應當具備規範化管理的理念，其次是規範化的能力，如制定制度和實施的能力、適應變革的能力等。

3.2.3 企業成熟階段人才需求特徵

（1）企業成熟階段的特徵

企業如果能夠順利成長，下一個階段就進入了成熟階段。與成長期的企業相比，成熟期的企業在經營管理工作中已經有了質的飛躍，控制能力和靈活性達到了理想的均衡狀態，具體表現在：首先，企業的制度建設和組織結構日趨完善，管理和決策的科學化、程序化達到了較高的水準，分工也更加明確。對於較大型的企業來講，隨著產品和服務種類的增加，經營範圍的擴大，人員也大大增加，組織結構日趨龐大，並呈現高度規範化、集權化和複雜性的特徵。其次，企業的產品和服務專案逐漸形成體系，質量更加可靠，得到了市場和消費者的廣泛認同，並獲得了穩定的市場份額和顧客群體。這既增強了企業進一步發展的信心和基礎，同時也帶來了更大的壓力和挑戰，因為眾多的競爭對手對市場虎視眈眈，企業要保持和鞏固自己的市場份額，就必須具備勝人一籌的決策能力、領先能力和創新精神。因此在這一階段中，企業對領導力和管理水準的關注達到了空前的階段。最後，企業的控制能力增強，知道自己能做什麼和不能夠做什麼，成長階段所具有的那種衝動已經逐漸消失，未來的策略規劃也非常明確，特別注重核心業務的鞏固和加強。

這一階段企業存在的問題主要表現在：

第一，由於已經取得相當的成就，因此企業的變革和創新精神開始下降，自滿情緒開始滋生和蔓延。

第二，由於沒有了創業階段的艱辛和成長階段的壓力，工作上的衝突開始減少，人們有了更多的時間鞏固和發展自己的關係網路，公司政治活動開始增加。

（2）個人目標

如前所述，人們在企業的成熟階段最容易出現的問題是失去進取心，「辛苦了這麼久，終於可以歇口氣了」的想法在企業中蔓延，這種自滿情緒如果不能夠得到控制，很容易產生惰性，進而為危機的出現埋下伏筆。當出現銷售人員不再關心消費者、研發人員不再有新的創意、企業不再有新的產品和

服務滿足市場需求、管理者不再關心員工的學習與成長、企業領導人沉浸在過去的成就等情況時，就意味著企業離危機已經不遠了。因此，當企業進入成熟階段後，同時也就意味著企業進入了一個最危險的階段。盲目地自豪和以井底之蛙的眼光看世界，不僅是年輕、幼稚和不成熟的表現，而且最終會導致企業冬天的提前來臨。

　　具備創新的觀念、變革的思維和可持續發展的能力，是處於成熟期的企業對人的素質和能力最重要的要求。因此，個人的職業目標就是要體現出倡導與實施變革和創新的能力。對於職場人士來講，在這個階段要表現出高度的冷靜，體現出「眾人皆醉我獨醒」的氣質和胸懷，並找到變革的動力和方法。如果具備了這種要求，並透過各種有效的途徑幫助企業保持持續的增長，其職業生涯就能夠上一個新的臺階。另外，職場人士對企業的發展策略和規劃的瞭解和預測程度也是影響其職業發展的重要方面。由於成熟期的企業在自己主要的業務領域達到了鼎盛時期，為了保證持續的增長，往往會進行某些策略的調整，比如透過外部擴張的方式進入新的領域，這就給人們提供了新的機會。如果能夠事先做好充分的準備，或者具備了相應的能力和業績水準，仍然可能進入事業的春天。

3.2.4　企業衰退期的特徵及人才需求特徵

　　如果企業能夠克服和糾正存在的問題，重新找回創業階段那種無拘無束和敢想敢幹的感覺和創新謹慎，就能夠保持持續和穩定的增長；反之則可能進入衰退和老化階段。在這一階段中，企業存在的問題突出表現在進取心逐漸喪失，可控性和靈活性的平衡被打破，尤其是靈活性大大降低，對外界的反應越來越遲鈍，處理和解決問題的能力也不斷下降，產品銷售一路下滑，成本居高不下，資金枯竭等。在人員方面，員工士氣受到打擊，凝聚力下降，人們更多考慮的是自己的出路而不是企業的生存和發展。

　　企業存在這些問題並非就意味著不可救藥，如果能夠及時地進行改革和重組，仍有可能獲得新生的機會，這時的企業就進入了新一輪的創新階段。在這種情況下，職場人士有兩種選擇，第一種是離開企業，尋求新的發展機會和發展空間。從對個人職業發展負責的角度講，這種選擇無可厚非，特別

是當企業的衰敗是源於策略決策失誤時，作為個人更是沒有理由承擔實質性的責任。第二種是留下來，成為新一代的創業者。作出這樣的選擇對職場人士來說需要勇氣和魄力，因為這意味著一次職業的冒險，當然同樣也可能是一次非常值得的冒險。要達到這個目的，就需要積極地參與企業的改革和重組，對存在的問題進行深入仔細的分析，找到問題的癥結所在，透過創造性的工作，尋求解決問題的突破口。如果能夠幫助企業起死回生，並有所貢獻，將會對職業發展產生積極影響。

3.3 職業生涯管理與開發規劃系統的設計和實施步驟

3.3.1 確定志向和選擇職業

古人雲：志不立，天下無可成之事。一個人要取得職業生涯的成功，首先必須要有一個明確的目標。在職業生涯的早期，需要考慮兩個最基本的問題：

一是自己的志向與所要從事的工作之間的關係；

二是如何建立自己的競爭優勢或不可替代性。這兩方面都是建立個人權利和資源優勢的重要基礎。

其中，性格特徵及愛好、職業動機取向、發展空間、薪酬待遇、社會資源等都是要重點考慮的因素。

吉姆·科林斯在其《從優秀到卓越》一書中，曾以衣賽亞·伯林的《刺猬與狐狸》中兩種人的劃分為例，提出了「刺猬理念的三環圖」，並以此作為區分從優秀到卓越的公司的標準。吉姆·科林斯認為，那些能夠成功實現從優秀到卓越的公司，都是把策略建立在對三個方面的深刻理解以及將這種理解轉化為一個簡單明確的理念來指導所有的工作的公司，這就是「刺猬理念」。這三個方面是：

①你能夠在哪方面成為世界最優秀的？你不能在哪方面成為世界最優秀的？永遠做你擅長的事情和你有潛能比其他公司做得更好的事。

②什麼是驅動你的經濟引擎？

③你對什麼充滿熱情？

「刺猬理念」同樣可以作為個人職業生涯設計的基本思路並加以應用。吉姆·科林斯指出，刺猬理念並不是一個要成為最優秀的目標、一種要成為最優秀的策略、一種要成為最優秀的意圖或者一個要成為最優秀的計劃，而是對你能夠在哪些方面成為最優秀的一種理解。在進行個人職業生涯設計時，也需要具備這種理解力。首先，要認真思考「我是誰」的問題？比如：「我具有哪些與生俱來的天賦和能力？」，「我現在所從事的工作是不是我能夠做得最好的工作？」，等等。透過這些思考，發現自己的優勢和不足，在此基礎上決定做自己最擅長的事情和有潛能比其他人做得更好的事情。專欄3－5展示了通用電氣公司前首席執行官傑克·威爾許的職業發展歷程，他在自己職業發展的早期就已經可以肯定什麼是他最喜歡和最想做的，什麼是自己不擅長的。既然不能夠成為最出色的科學家，因此一份既涉及技術、又涉及商業的工作是最適合的。這一定位對他的職業發展的影響無疑是相當重要的。其次，要認真思考「我工作的動力是什麼？」的問題，自己所從事的工作是否能夠得到相應的回報？在現代社會，這仍然還是決定和影響人們工作動機的一個重要原因。這種回報既包括物質的或經濟的，如與其績效水準相當的薪酬福利，也包括精神的和非經濟的，如良好的工作氛圍和人際關係。最後，要考慮是否喜歡自己所從事的工作，這主要反應的是職業認同感和工作滿意度的問題。如果對這三個方面的問題有比較明確的認識和答案，就能夠為職業的發展奠定一個比較紮實的基礎。

在確定職業目標時，個性特徵是一個必須要考慮的問題。人們可以根據對自己「膽」（企業家精神）和「識」（專業能力或技能）的判斷來給自己定位並選擇職業目標，同時組織也可以據此進行人員的合理搭配。比如，那些有「膽」有「識」的人，通常比較適合做領導人，或者透過自己創業來實現自己的職業目標。對於那些「識」多但「膽」小的人來講，一方面比較適

合做財務、保密或管理人員的工作，另一方面可以作為參謀人員輔佐那些「膽」大但「識」少的人。

專欄 3－3 你是刺蝟，還是狐狸呢？

　　衣賽亞·伯林在他著名的小品文中，把人分為刺蝟和狐狸兩種類型。他依據的是古希臘的一則寓言：狐狸知道很多事情，但是刺蝟知道一件大事。狐狸是一種狡猾的動物，能夠設計無數複雜的策略偷偷向刺蝟發動進攻。狐狸從早到晚在刺蝟的巢穴四周徘徊，等待最佳襲擊時間。狐狸行動迅速，皮毛光滑，腳步飛快，陰險狡猾，看上去準是贏家。而刺蝟則毫不起眼，遺傳基因上就像豪豬和犰狳的雜交品種。它走起路來一搖一擺，整天到處走動，尋覓食物和照料它的家。

　　狐狸在小路的岔口不動聲色地等待著。刺蝟只想著自己的事情，一不留神瞎轉到狐狸所在的小道上。「啊，我抓住你啦！」狐狸暗自想著。它向前撲去，跳過路面，如閃電般迅速。小刺蝟意識到了危險，抬起頭，想著：「我們真是冤家路窄，又碰上了，它就不能吸取教訓嗎？」它立刻蜷縮成一個圓球，渾身的尖刺，指向四面八方。狐狸正向它的獵物撲過去，看見了刺蝟的防禦工事，只好停止了進攻。撤回森林後，狐狸開始策劃新一輪的進攻。刺蝟和狐狸之間的這種戰鬥每天都以各種形式發生，但是儘管狐狸比刺蝟聰明，刺蝟總是屢戰屢勝。

　　伯林從這則寓言中得到啟發，把人劃分為兩個基本的類型：狐狸和刺蝟。狐狸同時追求很多目標，把世界當做一個複雜的整體來看待。伯林認為狐狸的思維是「凌亂或是擴散的，在很多層次上發展」，從來沒有使它的思想集中成為一個總體理論或統一觀點。而刺蝟則把複雜的世界簡化成單個有組織性的規定，一條基本原則或一個基本理念，發揮統帥和指導作用。不管世界多麼複雜，刺蝟都會把所有的挑戰和進退維谷的局面壓縮為簡單的──實際上幾乎是過於簡單的───刺蝟理念。對於刺蝟，任何與刺蝟理念無關的觀點都毫無意義。

普林斯頓大學教授馬文·布萊斯勒指出了刺猬的威力：「你想知道是什麼把那些產生重大影響的人和其他那些和他們同樣聰明的人區別開來嗎？是刺猬。」弗洛伊德之於潛意識，達爾文之於自然選擇，馬克思之於階級鬥爭，愛因斯坦之於相對論，亞當·史密斯之於勞動分工———他們都是刺猬。他們把複雜的世界簡化了。

要明白一點，刺猬並不愚蠢。恰好相反，它們懂得深刻思想的本質是簡單。有什麼比愛因斯坦的 $E=MC^2$ 更簡單的呢？難道有比把無意識的觀點總結為本我、自我和超我更單純的嗎？什麼比亞當·史密斯的大頭針工廠（pin factory）和「看不見的手」更明確的呢？不，刺猬絕不是傻瓜；它們擁有穿透性的洞察力，能夠看透複雜事物並且識別隱藏的模式。刺猬注重本質，而忽略其他。

那麼，談論刺猬和狐狸與探討從優秀到卓越有什麼關係呢？關係非常密切。

那些實現跨越的公司的精英，在某種程度上都是刺猬。他們運用自己的刺猬本性，為公司努力建立我們今天所稱的「刺猬理念。」相反，那些與之相對照的公司的主管卻傾向於做狐狸，從來沒有獲得刺猬理念的優勢。他們的思想是分散的、不集中的、不連貫的。

3.3.2 自我評價

個人職業生涯規劃設計的第二個步驟是進行自我評價。在「刺猬理念」的相關論述中已經涉及了其中的部分內容。當人們能夠對什麼是自己最喜歡的和最擅長的、工作的動力以及工作的熱情有比較清醒的認識後，下一步就要對你現在所從事的工作與下列目標之間的關係進行更為微觀和細緻的評價，這些目標包括：對企業的產品和服務等方面的知識的掌握情況、對工作氛圍和工作關係的認可度和滿意度、工作履歷和績效記錄、薪酬福利待遇、人際關係狀況、個人在組織和團體中的信譽等。

在進行自我評價時，要注意以下幾個方面的問題：

第一，不要高估自己的能力和水準，這是人們在對自己進行評價時最容易犯的錯誤。過高估計自己的能力可能帶來兩種結果：一是盲目樂觀，喜歡誇耀，看不起別人，脫離團隊；二是導致過高的預期和目標。當因種種原因沒有達到這些預期或目標時，就很容易產生挫折感，而且得不到周圍人們的同情和幫助。因此在自我評價時，寧可低估自己的能力，這樣不僅能夠得到謙遜的好名聲，而且在工作中也容易得到團隊成員的幫助。特別是在職業生涯的初期，目標一定不能太高，因為不高的目標才容易實現，而這種成功的鼓勵對初入職場者來講是非常重要的。

第二，如果你將要從事的是一項管理方面的工作，至少需要在三個方面作出評價和判斷，即個人的人際關係情況、管理的意向以及管理他人的經驗。如果你具有管理的意向，有良好的人際關係，雖然還缺乏管理他人的經驗，但這份工作是值得一試的，因為經驗的缺乏可以透過良好的人際關係來彌補，而且經驗還可以累積。但如果以上三個方面的條件都不具備，而你應聘的工作又對此有嚴格的要求時，你就要考慮這份工作對你的適應性，因為這樣的冒險代價太大。

第三，對自己在不同階段所具備的優勢和劣勢進行分析評估，在此基礎上制定有針對性的應對措施和培訓開發計劃。隨著環境的變化、個人閱歷和經驗的增加以及不斷地學習，人們在不同時期所具有的優勢和存在的不足處於一個相對變化的狀態當中。在前一個時期行之有效的經驗和方法，在下一個階段可能就不合適了。因此在進行自我評價時，一定要結合具體的環境以及所在組織的具體情況和要求進行，這樣才不至於脫離實際，並能夠有針對性地培養和加強自己的競爭優勢。

第四，有策略地處理自己的劣勢，並將其轉變為優勢。無論一個人怎麼優秀，都可能存在這樣或那樣的缺點和不足。因此，如何揚長避短，有策略地處理自己的不足，使之能夠錦上添花，就成為影響個人職業發展的一個重要因素。大多數的人在看待和處理這類問題時都習慣於隱瞞，但隱瞞並沒有使問題得到解決，反而可能使問題更加複雜化。聰明的做法是「自曝其短」，因為當你這樣做的時候，你所表達和傳遞的是你的誠實和可信度，因此你不

僅能夠獲得人們的諒解和同情，更重要的是你找到了一個與團隊成員合作的基礎和途徑。正如專家指出的那樣：承認你的過失非常重要，這樣做不是為了要接近你的敵人，而是要把你的麻煩拋在身後。在你承認了你的過失和對手的強項後，剩下的就只有你自己的強項和對手的缺點了。

其次，如果你做了一件你的上司或老闆不喜歡的事，最好的辦法就是你親自把這個壞消息告訴他。中國有句古話，叫做「好事不出門，壞事傳千里」，試圖隱瞞自己的過錯只會給那些好事者帶來攻擊你的機會，當你在第一時間將此訊息報告給你的上司時，你既承擔了應該承擔的責任，同時也避免了各種小道消息的流傳。最後，要善於將別人的注意力從自己的不足轉移到自己的強項上來。專欄3－4中美國前總統卡特和道格拉斯·貝內特的經歷，為職業人士提供了這方面的思路和建議。

專欄3－4 如何將別人的注意力從自己的不足轉移到自己的強項上來

一、卡特

卡特1974年競選美國總統時認為自己擁有的財富是：不是一個律師；南方人；農場主；一年有300天的時間參與競選；有道德操守；不屬於華盛頓熟面孔中的一部分；虔誠信教。雖然在卡特的工作班子裡的其他核心成員把這些看做是他的弱點。但卡特認為可以把它們轉變成強項。

按常人的標準來看，這些因素是不利於卡特競選的，但是他沒有遮遮掩掩，而是選擇了自曝其短，在通往白宮之路的兩年的競選過程中，他的陳述越來越完美：我並不是一個律師，儘管我對他們懷著極大的敬意，並且我的兒子就是一名律師。我從來沒有在華盛頓工作過，我既沒有當選過參議員也沒有當選過眾議員。我從來沒有和一位民主黨總統會過面。

卡特完全知道傳統美國總統候選人的標準：律師，擔任過參議員或者州長，對外政策方法富有經驗。他同時也認識到，公眾的態度有很大的靈活性，人們完全可能接受一個在內政外交上與前任有著截然不同主張的候選人。重要的是候選人本人如何向公眾解釋他那不是那麼符合普遍看法的履歷。

二、道格拉斯·貝內特

在申請位高權重的工作時，道格拉斯·貝內特的經驗是值得職業人士借鑑的。

道格拉斯·貝內特在 20 世紀 70 年代曾經先後當過美國兩個州參議員的高級助理，由於他展示自身缺陷的功夫是如此之高明，以至於很多時候人們都低估了他的實力。

當美國參議院預算委員會於 1974 年創建時，貝內特申請競選該預算委員會主管一職。他在寫給委員會主席的信中，坦率地承認自己既沒有經濟學方面的學位，也沒有預算管理方面的經驗。但他繼續解釋道，新成立的委員會尤其是它的主席所面臨的最大挑戰，是如何說服其他參議員接受該委員會的存在並支持其工作。委員會要有效展開工作，將雇傭管理和預算辦公室的大量經濟學家和數字專家。但是，主席班子裡最需要的並不是這些專家，而是一個清楚地知道如何在參議院內部尋求和培養一批委員會的支持者的主管。委員會需要這樣一個人，他與參議員們熟悉並掌握有關他們的傾向偏好的第一手資料。曾經擔任過參議員高級私人助理的人就是恰當的人選。

貝內特如願以償地得到了這份工作，並且表現出色，遊刃有餘。

幾年之後，美國國內公用無線電臺在經歷了一段時間的混亂的財務管理後，宣布聘請了一個新的總裁，《華盛頓郵報》對這個千挑萬選出來的佼佼者進行專訪，貝內特解釋了自己能夠榮任這個職位的原因。他承認沒有廣播或新聞方法的背景，但電臺有大量有著豐富廣播經驗的人才和眾多的資深新聞記者。電臺總裁的職位需要的是一個精通預算管理並能夠在國會很好地發揮作用從而爭取到足夠財政資助的人。

3.3.3 組織評價

在個人職業發展規劃中，個人評價只是反應個人對自己能力和水準情況的一種判斷，這種判斷是否能夠得到組織的認可，還需要組織作出評價。組織評價反應的是組織對其成員的要求，個人的知識、能力和技能只有為組織所需要時，這種評價才有意義。因此，對於職場人士來說，當完成了自己的

某個時期的個人評價後，還要透過各種途徑徵求所在單位的意見。組織評價主要包括兩方面的內容，即正式的評價和非正式的評價。正式的評價主要是以員工個人的績效水準為依據的，而且絕大多數的正式評價都有可以量化的標準，包括職位工作勝任能力、績效和業績水準、人際關係和協作精神、培養和發展前途等，這些構成了組織對成員進行評價的最基本和最重要的部分。如果希望在組織中得到好的發展機會或獲得晉升，就必須達到和超過規定的績效目標。非正式評價則很難被準確地描述，包括對工作的興趣、與同事合作的態度等，這些評價大多都取決於你的上級主管的判斷。因此專家們建議，迎接這些挑戰的最佳辦法就是觀察那些在你的部門或團隊中最成功的人，並仿效他們的做法。在瞭解和聽取組織評價時，要充分聽取部門同事、上級主管以及與其工作有關的各業務單位的意見，盡可能地做到全面和公正。為了爭取得到一個比較客觀和公正的組織評價，除了要表現出自己的能力和業績水準外，與組織中的高層人物建立良好的關係並得到他們的支持是一個非常重要的因素。專欄3－5中傑克·威爾許的職業經歷充分地說明了這一點。可以這樣講，如果沒有通用電氣公司原董事長雷吉·瓊斯的賞識，可能就沒有傑克·威爾許在通用電氣公司的成功。組織要為其成員的發展創造條件並提供資源支持，具體包括各級管理者的評價、培訓、開發支持、組織提供的機會、評價結果反饋等，有關這方面的內容將在後面「員工職業生涯管理」中作詳細說明。

專欄3－5 傑克·威爾許的成長經歷和職業生涯

傑克·威爾許1935年11月19日出生於美國馬薩諸塞州，由於在通用電氣公司的出色工作，獲得了「全球薪水最高的首席執行官」和「全球第一首席執行官」的評價。他在通用電氣公司工作20年，使通用電氣公司的市場價值達到45億美元，增長30多倍，排名從世界第十位提高到第二位。

在傑克·威爾許的自傳中，他對自己做了如下的評價：我是一個愛爾蘭裔列車員的獨生子，不是最聰明的學生；粗俗，大嗓門，性格外向和急躁，容易激動；口音重，言辭笨拙不清；在政策方面沒有任何經驗；出了通用電氣

公司，沒有人認識自己；最喜歡分析、數學和做家庭作業；而且喜歡人勝過喜歡書；喜歡運動勝過喜歡科技發展。

傑克·威爾許對自己的定位也非常明確，在 1960 年博士畢業後，就已經可以肯定什麼是自己最喜歡的，什麼是自己想做的，什麼東西是自己不擅長的。雖然專業技術還可以，但無論如何都不是最出色的科學家。因此一份既涉及技術，又涉及商業的工作是最適合的。

對在通用電氣公司工作的評價：傑克·威爾許認為，在通用電氣公司的工作是一份 75% 與人相關、25% 與其他因素相關的工作。他總是相信最直接、最簡單的辦法，不喜歡坐在那裡聽預先準備好的演講，也不喜歡讀報告，喜歡面對面的交談，喜歡「積極的衝突」。

同事及企業界領袖的評價（組織評價）：出言不遜，舉止與眾不同，像一顆時刻準備去補一個大窟窿的螺絲釘；瘋狂野蠻的人；中子彈傑克、數一數二傑克、服務傑克、全球化傑克、六西格瑪傑克、電子商務傑克、老不死傑克；傑出的商業魔術師、管理界的「老虎」伍茲、美國國粹。

時任董事長的雷吉·瓊斯的評價：有改變通用電氣公司的智慧和激情。

通用電氣公司人力資源部主管的評價：「任命將會帶來比一般情況下更大的危險。儘管傑克有很大的勇氣，但他尚有很多重大的缺陷。一方面，他有很強的驅動力去發展一項業務，有著天生的企業家的素質，富有創新精神和進取心，是一個天生的領導者和組織者，而且他還有著高學位的技術背景。另一方面，他多少有些武斷，容易情緒化，對於複雜的情況，他更傾向於他那快速的思維和直覺，而不考慮團隊的合作和員工的支持來走出困境。」（註：這是 1971 年通用電氣公司人力資源部主管給公司副董事長的一份備忘錄，對公司準備提升傑克·威爾許為公司主管化學和冶金部門的副董事長的評價意見。）

傑克·威爾許的職業目標及實現過程：

24 歲進入通用電氣公司，初級工程師，年薪 10050 美元。希望 30 歲時年薪達到 30000 美元。

1968年32歲即加入通用電氣公司8年後，被提升為主管塑料業務的總經理，同時也是公司最年輕的總經理，每年1月可以參加公司的高層管理會議，第一次得到期權。

1971年（36歲）成為主管公司化學和冶金部門的副董事長；1973年被提拔為集團執行官（39歲），成為一個年銷售額超過20億美元、管理46000名員工、在美國就有44家工廠的負責人。

20世紀70年代中期，開始思考運作整個通用電氣公司的可能性，1973年公開職業生涯目標是當首席執行官。

1977年（42歲）成為消費品業務部（通用電氣公司的5大事業部之一）執行官，年銷售額為42億美元，佔通用電氣公司的20%。通用電氣公司的層級制度共有29層，而該部門執行官居於第27層，離董事長只有兩層的距離，標誌著進入了董事長繼任者的競爭。

1980年12月19日，董事會正式選舉威爾許為通用電氣公司的董事長和首席執行官。

1981年4月1日，威爾許正式上任，成為通用電氣公司的董事長。

2001年退休。

3.3.4 職業生涯路徑選擇及目標設定

在完成自我評價和組織評價後，下一步要做的工作就是在此基礎上選擇職業生涯路徑和設定目標。路徑選擇主要是指確定自己的專業志向，它需要考慮以下三個方面的問題：

第一，自己希望向哪一個領域或方向發展？比如，是希望做一個成功的管理者或經理人，還是專注於成為一個在自己的專業技術領域的帶頭人。它強調的是對自己的志向的評價和判斷。

第二，能夠向哪一個方向發展？要成為一個成功的經理人或技術帶頭人，自己具有哪些優勢和不足？這是在上一步的基礎上對自己能力的評價和判斷。

第三，可以向哪個方向發展？僅僅有個人的意願是不夠的，還必須考慮個人目標與組織目標的適應性，以及組織是否有足夠的位置、是否能夠提供相應的資源支持。以上三個方面的內容反應了有組織的員工職業生涯規劃的基本要求，即強調組織的要求和員工的條件相互吻合，以及相互之間需要的彼此滿足。

在進行職業路徑選擇後，還需要進行目標的設定。設定目標時要注意兩個問題，一是目標的高低，二是目標的長短。首先，在確定目標的高低時，需要考慮實現目標的可能性。在職業生涯的初期，目標與實現目標的可能性之間往往存在反比的關係。即目標設定越高，實現目標的可能性越低；反之，設定的目標越低，實現目標的可能性越大。考慮到在職業生涯初期建立個人影響力的重要性和所取得成就的激勵作用，制定一個不是太高的目標是比較合適的。其次，在確定實現目標的時間時要考慮環境的變化和影響。隨著競爭的加劇，企業的生命週期越來越短，企業適應環境變化進行調整的頻率也越來越快，這些都大大增加了實現目標的難度，因此，制定一個適度的短期目標可能是比較明智的。

3.3.5 制定行動規劃及時間表

在路徑和目標確定後，就需要制定一個具體的行動規劃和時間表。行動規劃是指在綜合個人評價和組織評價結果的基礎上，為提高個人競爭能力和達到職業目標所要採取的措施，包括：工作體驗、培訓、職位輪替、申請空缺職位等。透過這些方式，可以彌補個人的能力缺陷，同時增進對不同工作職位的體驗。行動規劃制定以後，還需要有一個實現職業目標的時間表，比如，用 2 年的時間取得相應的技術職稱，用 3～5 年的時間成為某項技術開發專案的主持人，等等。

3.3.6 評估與回饋

任何一個人的職業發展都不可能是一帆風順的，即使為自己制訂了一個非常完善的規劃，也會受到環境和組織條件等因素的影響而不得不隨時進行調整。在現代社會，這種調整的頻率會隨著組織間競爭的加劇而越來越快。

因此，在實施規劃的過程中，首先要隨時注意對各種影響要素進行評估，並在此基礎上有針對性的調整自己職業規劃的目標。其次，要隨時把握組織業務調整的動向，對能夠得到的職位、職務訊息及選擇機會進行評估，看看是否符合自己的職業目標，是否符合個人發展需要，以及自己是否有能力做好。最後，如果明顯感覺在組織中難以獲得上升空間或發展的機會，在時機成熟時可以考慮變換工作單位，在這種情況下，就需要重新考慮職業的選擇和目標的確定，並制訂相應的實施措施與計劃。

3.4 員工職業生涯管理

對員工的職業生涯進行有效的管理，能夠預測組織的職位空缺情況和接班人需求，培養和提供員工的工作能力和獻身精神，在滿足組織和個人雙方利益的基礎上，保證組織策略目標的實現。對組織來講，要使這一工作的展開取得應有的效果，需要把握以下三個方面：適應組織策略的需要、掌握展開員工職業生涯規劃的途徑和方法以及建立和完善組織的培訓開發體系。本節將結合這三個方面著重介紹三家公司的具體做法。

3.4.1 適應組織策略的需要

根據組織的策略要求展開員工職業生涯規劃，是職業管理的第一個重要內容。在這方面，美國波音公司的職業生涯系統可謂是一個成功的典範。

（1）公司面臨的形勢及使命

在航空業，保持市場份額的重要性遠遠超過具備完整機群系列的重要性。雖然波音公司1992年的年度報告稱航空業務處於一個艱難環境，然而時任總裁弗蘭克·舒恩茨仍然對公司的發展充滿信心，並提出了公司的使命是「要成為全世界首屈一指的航空公司」。

公司為了實現這一目標，波音公司特別強調「合作」的精神，並將其作為落實公司策略計劃的一個意義重大的概念。公司主管認為，新的設計與生產過程不僅要求廣泛的技能，而且還需要一個全新的、參與性更強的、鼓勵全體員工對自己的個人職業生涯前途負責的企業文化。針對這一目標，公司

為員工、管理人員和公司規定了相應的責任：員工是「管理工作的合作者」，管理人員是「創造條件的合作者」，而公司本身則是「資源性合作者」。

波音公司的員工職業生涯開發工作是建立在以團隊精神為主的參與方法基礎之上的，20世紀80年代公司就開始從「直接和控制」風格逐步向這一方向轉移。此外，1987年的一次員工態度調查也使波音公司管理層進一步認識到為員工提供一個更好的職業生涯開發運作程序和繼續沿著參與性企業文化的道路走下去的必要性。

然而，參與性企業文化的道路上也充滿著困難，特別是在工程設計人員中，工程監理人員的平均就職年限遠遠超過他們所監管的員工的平均就職年限，新老員工的態度和預期形成了巨大的差異，從而影響到工作團隊的動力。除此之外，如何填補監理職位空職問題也越來越突出。資歷比較淺的員工要求培訓，以便自己不斷進步。然而提供培訓本身就要求管理人員接受過良好的培訓。

在20世紀80年代的後半期，波音公司高級管理層決定著手解決這些問題。他們舉行了一系列專門會議，討論和提煉他們對波音公司未來的看法。公司的主管認為，這些會議的結果透過傳單、海報和簡報向全公司傳達，有助於公司的營運部門將自己的具體業務計劃與明確提出的公司目標結合起來，而後者的許多重點更偏重於人力資源而不是物質資源。

（2）方法和手段

為了支持公司的使命和目標，公司在1988年推出了一套名為「職業生涯」的多方位員工職業生涯開發專案，並由公司的總體策略目標所推動。這些公司目標不僅透過對「職業生涯」計劃的內部宣傳得以闡述，同時也透過公司的員工簡報及管理人員雜誌得到倡導。公司反覆提醒每一個員工和管理人員自己所處的工作大環境，鼓勵他們思考在這一大環境中如何應用自己的能力，是否需要開發自己的能力。因此，訊息成為「職業生涯」計劃的關鍵。

該計劃包括以下內容：向展開「職業生涯」計劃的部門的全體員工通報情況；透過小冊子、幻燈片和影片宣傳本專案；在公司開辦教學中心，包括

一個命名為「職業生涯焦點」的一套自我評估與規劃系統，該系統引導使用者完成自選進度的電腦專案；以及公司訊息、職位描述、職位就職人數數據、培訓選修內容、個人職業生涯資源目錄以及本地教育資源目錄等。「職業生涯」系統還包括多樣化的工具和技術，可以滿足各員工的需要及學習風格。各教學中心提供與職位、薪金、業績系統和培訓有關的訊息。

為了保證「職業生涯」計劃實施的質量，公司制定了相應的措施，一是提供諮詢顧問的支持，而且在全面推廣該計劃之前，預先實施、評價和修改了一個試行版本。二是加強了該計劃與其他人力資源職能之間以及與公司業務之間的聯繫，將績效管理系統、部門性的操作計劃和員工職業生涯開發運作程序綜合在一起，支持具體行動計劃的創意和實施。員工參加「職業生涯」計劃的入門教育，並可以選擇參加某期自願的、為期3小時、佔用業餘時間的「概況」學習班。新員工的入職教育按計劃進行，內容包括對本「職業生涯」計劃的介紹。員工們還可以有多種選擇，例如一些人可以安排自己的工作倒班，另一些人可以在自己的專業領域之外選修一些課程，但仍舊與公司的使命保持一致。

(3) 目的和意義

「職業生涯」計劃所提供的工具旨在幫助員工對自己的技能、興趣和價值觀進行評估，並在此基礎上建立和提高個人和職位之間的相互適應性。該計劃還幫助員工在現有職位上發現並追求使工作更加豐富和有意義的機會，或幫助他們發現在波音公司進行內部調動的可能性，以幫助人們建立和實施個人的職業生涯目標規劃。此外，「職業生涯」計劃是一個自願性專案。公司管理層堅定地認為，個人應該確定自己事業成功的目標，而且應該對實現這些目標負責。公司透過「職業生涯」計劃提供各種教學手段，並鼓勵員工將自己的技能發展成自己的競爭優勢。

(4) 責任

波音公司的「職業生涯」計劃主要由這些受過培訓的一線管理人員負責貫徹執行，他們提出創意，安排和劃分公開研討班與培訓班，同時解決各種實施方面的問題。公司特別強調在員工開發工作過程中管理人員的責任，所

有管理人員，其中包括總裁和各位總監，都必須具備培養自己手下人員的能力。公司的許多管理人員已經接受過員工職業生涯開發、員工輔導與諮詢方面的培訓，使他們有能力幫助人們去處理與個人職業生涯有關的問題，同時也提高了他們的信心。這一計劃的終極目標是使波音公司的每一個人都可以接觸到豐富的現有職業生涯開發資源，從而顯示了人力資源管理工作與公司業務單元相結合的發展趨勢。

參加「職業生涯」計劃使一線管理人員的工作風格發生了明顯變化。許多管理人員反應說，他們現在掌握有自己所需的訊息，更清楚公司在人才開發方面對自己的期待。許多中層管理人員志願作為員工的顧問，講解公司的全球性目標，並起到一個諮詢網路的作用。透過這種方式，他們有機會使用這些技巧。由於這些管理人員與波音公司的外界有良好的聯繫，因此可以為諮詢性的面談、職位輪換等創造條件。

（5）成果

波音公司利用在員工中間展開的士氣和民意調查，成立專題小組，進行課程評估，同時還在活動展開之前和之後進行調查，從而對這一系統的效果有充分的瞭解。

首先，在為期一年的時間裡（從 1990 年 6 月到 1991 年 7 月），「職業生涯」計劃的軟體使用率超過了 60%，這些軟體使用者的總使用時間翻了一番。在展開「職業生涯」計劃的各個部門中，有近一半的員工使用本系統的時間在兩年以上。約 60% 的人使用了自我評估與開發的軟體「職業生涯諮詢點」，約 40% 的人使用了類似於《事業計劃》手冊的教材。

其次，從總體上講，評估的結果表明，在員工和管理人員之間已經開闢出許多新的溝通管道。由大約 80 個問題組成的波音公司最新的員工民意調查表明，員工對以下兩個方面的改進感受最深，即培訓和職業生涯開發。在實施「職業生涯」計劃的一個部門中，1991 年的調查顯示，自 1989 年以來，主管對員工職業生涯開發的指導和鼓勵顯著加強。

培訓對於波音公司的員工來說也非常重要，公司的進修報銷制度被認為是非常成功的。許多「職業生涯」計劃問卷調查的接受者都表示希望參加在職培訓，以便有更多的時間發展自己的個人職業生涯，獲得更多的與個人前途有關的訊息。問卷調查接受者還聲稱，管理人員的關注、參與和追蹤是成功展開員工職業生涯開發計劃的主要因素。這是一個清晰的信號，說明波音公司鼓勵自己的管理人員花更多的時間過問員工發展問題是一條正確的道路。

　　特別具有意義的是，問卷調查接受者們表示，他們尋求的是職位的輪換，熱衷於體驗不同的工作和任務，在工作職位上學習更多的適用於自己技能與興趣的又是波音公司需求的東西。這表明了大多數人並沒有將職業規劃理解為單純的組織晉升，表明現代職業生涯的理念逐漸深入人心。

　　(6) 前景

　　在航空工業的總體環境中，有關「職業生涯」的計劃與其業務活動相去甚遠。波音公司仍舊面臨著大量的挑戰。公司的管理層認識到，真正的考驗在於業務方面的變革。他們希望透過展開各種開發專案，使更多的人可以掌握多種技能，可以在公司內部流動。這樣做既可以避免裁員又可以使業務水準得到提高。

　　目前，波音公司正在努力穩定自己的員工隊伍，避免大量或突然的裁員。「職業生涯」計劃成功與否的長期標誌是該系統實現這一穩定過程的能力。隨著「職業生涯」計劃的進一步實施，波音公司把重點放在了培訓有真才實學的人才方面，即重點培訓主動進取並願意承擔重任的工作人員。誠然，培訓工作是重要的，「成功」的定義亦如此，它應該不僅包括晉升，同時也包括一個人的專業技能、靈活性和自尊心的增長。

　　公司認為，如果以一種適用的企業文化為基礎，那麼公司的各級管理人員就會掌握多種技巧和資源，去培養一支靈活而多才多藝的員工隊伍。但員工的培訓僅僅是問題的一個方面，因為管理人員也需要進行開發。與以往相比，教學模式應該更加現實地反應實用的學習風格，因為對於許多員工來說它們是以實際經驗為本的。

3.4 員工職業生涯管理

1990年，波音公司榮膺美國培訓與開發學會頒發的「有組織的職業生涯開發培訓與發展大獎」，但公司並沒有滿足，公司正在制訂一些計劃，以保證持續不斷地改進，在以往員工職業生涯發展工作成功的基礎上，波音公司將繼續努力，以確保自己永不落伍。

(7) 評價

從波音公司成功的推行職業計劃的案例中可以得到以下幾點啟示：

第一，公司高層要具備「以人為本」的觀念，在注重物質資本投資的同時也要高度重視對人力資本的投資，同時對於所展開的活動要有明確的指導思想和思路，並與企業的策略目標和業務需要緊密結合。波音公司的職業計劃就是在「成為全世界首屈一指的航空公司」指導的思想下進行的。

第二，任何改革都必須做到責任明確，措施得力。波音公司為了保證其「職業計劃」開發活動的成功，對管理層、員工以及公司自身的責任都有明確的規定，波音公司要求所有管理人員都必須具備培養自己手下人員的能力。公司對中、高級管理人員提出具體的要求，這不僅有利於管理人員更清楚地認識到自己的責任和義務，促進管理人員工作風格的變化，而且能夠增加管理人員與下屬之間的聯繫，體現了公司對員工關心和幫助。

第三，對於像波音公司「職業計劃」這樣大規模的人力資源開發活動來講，一定要注意它的系統性、完整性和公開性。任何一項人力資源管理和開發活動都會涉及員工的切身利益，因此，要保證活動有質量地順利進行，不僅需要各級管理人員的高度重視，還需要公司為活動提供全方位的支持，包括宣傳、動員、專家諮詢、訊息提供、資源支持等。其中，訊息提供和資源保障是尤其重要的兩個方面。波音公司的職業計劃之所以能夠獲得成功，一個重要的原因就是公司提供了進修報銷制度以及公開、透明的訊息披露制度。這樣，每一個員工都能瞭解活動的內容和意義，從而為自己的選擇提供決策依據。此外，任何一項人力資源開發和管理活動都必須考慮不同專業之間以及人力資源各職能之間的系統性，使之形成一個有機的整體。波音公司就是將其績效管理系統、部門性的操作計劃和員工職業生涯開發運作程序綜合在一起，從而保證了計劃的順利實施。

3.4.2 找一個切入點

波音公司的「職業計劃」的特點在於反應了公司策略與人力資源管理開發工作之間的匹配性，體現了策略性人力資源管理的要求。美國的 3M 公司則採用了另外一種方法，即由點到面，逐步擴展，具體表現是以人力資源管理訊息系統為突破口，在此基礎上為一次較大規模的職業生涯開發行動掃清道路。

（1）背景

3M 公司展開職業生涯發展規劃主要是基於以下三個方面的目的：一是利用現有工具和資源的聯繫並將之綜合；二是內部人才的利用；三是注重發展與平級調動，在此基礎上促進交流，提高工作效率。

多年以來，3M 公司的管理層始終積極對待員工職業生涯開發方面的需求。從 20 世紀 80 年代中期開始，公司的員工職業生涯小組就一直向個人提供職業生涯問題諮詢、測試和評估，並舉辦個人職業生涯問題公開研討班。透過分析，各級主管對自己的下屬進行評估。公司收集了有關職位穩定和個人職業生涯潛力的數據，透過電腦進行處理，然後用於內部人才的選拔。

3M 公司職業生涯系統的組成部分包括以下內容：職位訊息系統、績效評估與開發運作程序、個人職業生涯管理手冊、主管和員工公開研討班、個人職業生涯諮詢、個人職業生涯專案、合作者重新定位、學費補償、調職等。其中，職位訊息系統作為一個特定的工具或措施，起到了帶動和促進的作用。

（2）職位訊息系統的特點

很多年來，3M 公司的全美員工民意測驗顯示，員工要求有更多的有關個人職業生涯機遇的訊息，因此，大環境非常適合於職位訊息系統的應用。為了回應員工調查資料和管理訊息的需求，公司從 1989 年啟動了職位訊息系統。該系統的特點表現在以下幾個方面：職位訊息均以電子郵件方式發布，最高可達總監級；與人力資源分析相聯繫；重視訊息反饋並與發展緊密相連；在試行過程中反覆宣傳；所有申請中近一半與晉升無關；包括充分的員工技能認證和廣泛的個人職業生涯訊息。

(3) 初步目標

3M 公司的職位訊息系統具有反應公司業務多樣性的特點，同時還反應出民意調查特別希望獲得有關職位機遇的訊息，而這種多樣性在過去曾使任何管理人員都很難得到現有的其他職位的訊息。系統的初步目標是使公司負責人員招募和使用的經理可以在內部發現人選，同時幫助員工瞭解競爭不同職位所需的技能和資格。

在建立職位訊息系統之前，公司的職位取向系統要求員工填寫一份表格，註明自己的興趣所在。管理人員再利用這份表格在內部尋找合適的職位和人選，員工個人則無法直接調用空間職位的具體要求。此外，透過對人力資源的分析，管理人員可以根據能力和勝任程度提出某一職位的候選人，無論這些候選人是否申請了這一職位。職位訊息系統和人力資源分析雙管齊下有著明顯的優勢。職位訊息系統只覆蓋毛遂自薦者，人力資源分析則將所有人都包括在內，而且職位訊息系統的數據常常比年度的人力資源數據更加及時。

(4) 系統運行

在職位訊息系統的運行中，管理層的所有職位均在全公司通報，只有 1.5% 的最高層職位不在通告之列。所有經批准的空位均被列出，只有極少數特殊情況，即由總裁或副總裁特許的例外情況，如某人作為接替計劃中的人員正在等候某一位置。

空出職位的通告以電子郵件方式發布，時間為 10 個月。外勤人員可透過一個特定電話獲取職位訊息，同時還開通一條熱線，回答有關問題。員工可以申請自己認為有資格勝任的所列出的任何職位，但在申請前必須在現有職位上工作滿 2 年，除非他的主管放棄這一要求。員工將書面申請交用人經理，後者打電話給自己希望進行面試的申請人的經理，然後再打電話給申請人。該訊息系統特別強調反饋的作用，用人經理對所有候選人均作出是否錄用的回答，未被面試者會收到一份格式化的信函，所有參加面試但未能獲得申請職位的人將收到一份備忘錄或一次電話通知。這一專案由員工職業生涯資源部門協調。

（5）實施

3M 公司的職位訊息系統由一個專項小組啟動，小組包括了人力資源部工作人員和一線工作人員以及普通工作人員。他們花了幾個月的時間收集內部和外部的訊息，在此基礎上進行規劃。專案首先是從一個專業部門即工程設計職能部門開始的，然後擴大到兩個願意加入的營運部門，最後又增加了其他幾個表現出濃厚興趣的部門。1991 年，職位訊息系統開始在美國境內的公司實施。

（6）管理人員的顧慮

職責界定職位訊息系統的實施涉及管理過程的改革，剛開始時，管理人員有很多的擔心，如對自己在用人權限上的影響心存顧慮、擔心員工透過「職位訊息系統」尋求晉升機會、擔心優秀人才流失和員工將大量時間用在系統上等。為打消這些顧慮，人力資源部做了大量解釋工作，比如，強調職位訊息系統的目標在於訊息共享，管理人員仍然有權針對具體的空位任用自己希望的人選。管理人員的唯一職責是對任職資格作出詳細具體的規定，以保證員工能夠做到實事求是的毛遂自薦。

（7）成果評價

3M 公司推出的職位訊息系統總體上講是成功的，員工反應積極，管理人員的顧慮也煙消雲散。比如，一次初步的評估表明，48%的申請是非晉升性的，每位員工調用職位訊息系統訊息時間僅為兩分鐘，員工們更多考慮的是發展等問題，而這正是公司推出這一系統的初衷。很多管理人員找到員工個人職業生涯規劃部門，並帶來了成功的好消息。由於有了這套系統，公司在發現和提供個人職業生涯機遇方面做得越來越好，員工更加清楚和現實地認識到自己的職業生涯選擇。

（8）評價

對於組織來講，任何形式的人力資源管理或開發活動要獲得成功，都必須考慮策略和策略兩個層面的因素。首先，從策略層面講，人力資源管理和開發要支持配合組織的策略或具體的業務工作，特別是在面臨環境變化和策

略調整的情況下，往往需要進行系統和全面的人力資源的調整或重組，從而體現出策略性人力資源管理的基本要求。但從策略的層面看，由於大規模的人力資源開發活動涉及的影響因素很多，協調非常困難，為了保證員工隊伍的穩定和各項業務工作的正常進行，在決定展開活動的手段和方法上尤其需要謹慎，即要體現出策略上的靈活性和可操作性。比如，可以透過試點、尋找突破口等方式，以點到面、逐步推廣。這對於那些在人力資源管理開發方面缺乏經驗的公司來講具有重要意義。即使像 3M 這樣成熟的公司，也是透過選擇突破口的方式來為其系統的和全面的人力資源開發活動奠定基礎，而且其職位訊息系統首先在一個部門實施，然後再逐步推廣的。3M 公司選擇職位訊息系統為突破口的意義還在於，它不僅使公平、公正、公開的原則得到了具體的體現，而且在實施過程中將職位訊息系統與人力資源分析過程相結合，從而保證了系統的成功。

3.4.3 建立完善的培訓、開發和激勵體系

職業管理是一個系統的工程，需要企業各業務單位和人力資源管理各相關職能之間的緊密配合，尤其是對組織的培訓、開發和激勵體系有較高的要求。策略性的培訓和開發不僅有利於公司策略的逐級延伸，而且能夠按照公司的要求和員工個人的特點有針對性的培養和提高員工的技能水準及工作勝任能力，而科學的激勵體系則能夠在員工創造了良好的績效時對其進行激勵和表彰，這又會導致員工新的培訓和開發的需求。在這方面，美國強生公司的培訓、開發和激勵體系是一個成功的樣板。

（1）強生公司的培訓開發體系

強生公司的培訓體系包括兩個不同的內容，第一個叫做「全球發展計劃」（international development program），主要面向強生醫療在美國之外招聘的、並已經為強生服務了一段時間、具備培養前途的員工。他們將被派往美國總部培訓一年，並視培訓業績對其有針對性地進行晉升。第二個叫全球招募計劃（international recruITment development program），主要針對各個國家的子公司在美國院校招聘的 MBA，直接把他們先放在美國各部門進修一年再回國服務。兩套不同的體系分別服務於不同的目的。

在強生公司，員工每年都要做職業發展計劃，員工每年要填寫一張表格，內容有長期計劃、3～5年的目標和今年的目標等欄目。比如，如果一個員工希望若干年後成為總經理，公司則會逐步針對該員工安排銷售、財務和管理技巧等培訓課程。對於管理人員，公司還實行導師制度，每個管理人員擁有一位導師。這位導師一般都是「交叉」的，迴避本部門或本公司的上司。導師輔導員工進行職業規劃等各方面的指導，「學生」則可以向導師傾訴無法向自己上司傾訴的問題和困惑。如果員工被上司推薦並得到管理層認可具有「高潛力」，還可以參加「實現潛力計劃」，參加各種開發潛能的培訓。這些員工通常在公司無論怎樣調動都會盡量被公司用各種辦法留下來。

（2）激勵體系

由副總裁李炳容領航的強生醫療在激勵方面做得尤為出色。李炳容喜歡招聘「精力充沛，不那麼容易認輸」的員工，並善於用美好願景和享受「成長的快樂」來激發員工鬥志並促進公司成長。他將遠景激勵和現實激勵兩種方式有機地結合在一起，極大地調動了下屬的積極性。

在願景激勵方面，主要內容是透過對公司未來遠景的描述，激發員工對自己職業發展的思考和行動。比如，公司副總裁李炳容在公司的週年銷售大會上，就將他夢幻般的構想傳達給了員工。在一次會議上，他關了燈，請大家閉上眼睛，想像一下：「現在是2006年1月1日。我們宣布我們做到10億美元的生意，我們是在臺北舉行我們的週年銷售大會，我們已經成為強生醫療在亞太地區最受敬仰公司。」

2005年強生醫療將會發展成為6家獨立的子公司，將會產生6個總經理。如果你現在希望5年以後坐全國的銷售總監這個位置，就努力工作，5年達到這個目標，自己控制自己的前途命運。

在現實激勵方面，銷售人員基本工資和銷售提成比例為50：50。同時，公司設立兩個銷售指標：基本指標和更高一點的指標。達到更高指標的員工有機會去巴黎、夏威夷等地旅遊。公司負擔基本費用，還給1萬元的旅遊零花錢。全公司600多員工每年有280多人有這樣的機會。此外，在5%的年度加薪之外，優秀員工還可獲得總部的額外加薪獎勵。

3.4 員工職業生涯管理

(3) 強生公司的管理者培養

作為強生（中國）醫療器材有限公司骨科部門總經理，從顧磊敏在強生公司的職業發展中可以看出強生公司是如何利用其培訓、開發和激勵系統來培養管理人員的。

顧磊敏 1987 年畢業於上海醫科大學本科，1990 年取得上海第二醫科大學碩士學位。1991 年，加入財富 500 強之一的巴斯夫，成為一名銷售代表。1992 年，加入另一家公司跨國企業 ICI，並由醫藥銷售代表做到高級銷售代表。1993—1997 年，在 500 強企業施貴寶的子公司 zimmer，用 4 年時間由銷售主管成功升任區域市場經理，登上職業生涯的另一個高地。他所在的華東區域連續 4 年在全國 4 大區域中佔據銷售考核指標第一的位置。

到強生公司後，從心血管產品部市場經理到該部總監，用了 3 年時間；從心血管產品部門總監到骨科總經理則用了 2 年時間。

顧磊敏的職業目標非常明確，即 5 年內要成為總經理，並按照公司的計劃發展自己的業績。在其任內，銷售業績每年都有百分之五六十以上的增長；任心血管產品部門市場經理期間，推動組織框架調整，重組銷售體系；將獨家代理引入競爭，以激活代理商的經銷熱情，糾正部分代理商只想掙錢，不願意培育市場的偏差。經過這些努力，這個部門的銷售業績 3 年內由 1600 萬元達到 1.3 億元。他任心血管產品部門總監後，努力推動對醫生的專業技術教育。透過培訓醫生的使用技術來培育市場，提高了公司產品的認可度。由於顧磊敏為公司創造了優良的業績，因此被董事會確認為骨科總經理人選送往美國參加 IDP 的培訓。

實際技能培訓：

第一站，在邁阿密學習怎樣進行新產品的推廣。

第二站，在波士頓學習供應鏈和市場、分銷等環節。考察美國的分銷體系怎樣運轉、怎樣把貨分銷到代理商、代理商怎樣進行調度。根據「現在的美國經營分銷體系，就是中國將來的模式」的思路，要求必須借用美國比較

正規的系統運用到對中國的銷售管理上。學習期間，還參加在總部新澤西的有關培訓。

美國文化熏陶、背景訓練：2～3天。

領導力訓練：在美國參加包括市場、六西格瑪、財務等針對如何做總經理的培訓。在國內參加「領導力過渡培訓」以及公司總裁會議，學習關於如何做總經理的管理理念、業務和技能培訓。

總費用：150萬元人民幣，全部由公司承擔。

(4) 評價

首先，強生公司的培訓、開發和激勵體系充分體現了企業各職能部門之間密切配合的強大功能作用，以及員工個人目標與企業目標之間的有機結合。從系統性的角度來看，雖然企業各業務單元以及不同的專業職能之間在工作性質上存在差異，但就其本質來講，都是價值創造的主體。因此，各業務單元專業職能作用的發揮，都必須把握住這一基本原則，並在此基礎上統一認識和工作的思路。其次，培訓、開發和激勵體系要發揮作用，必須與訊息的公開和透明緊密結合起來，當員工能夠瞭解和掌握公司未來的發展與人力資源需求時，就會有明確的目標追求。強生公司在這方面達到了非常理想的境界，成為平衡公司的需求與員工個人發展之間的典範。再次，對員工來講，要獲得一個好的個人職業發展機會，必須要有良好的業績支撐。強生公司之所以願意花費150萬元培養一個部門總經理，就在於這種投資能夠帶來更高的回報。因此，人們應根據自己的職業週期和組織的發展階段，制定有針對性的培訓開發目標，以幫助自己提高價值創造的能力。最後，強生公司完善的職業管理體系體現了企業全方位競爭的理念。雖然現在越來越多的中國企業已經開始認識到了企業間的競爭是人才的競爭，但在具體思路和方法上卻鮮有作為，除了少數具有實力的大型企業外，大多數中國企業特別是民營企業缺乏系統和完善的培訓、開發和激勵體系，注重外部招聘，卻忽略或不善於從企業內部發現和培養人才。長此以往，不僅會形成一種短視的人才培養觀，而且也使留住人才的工作變得很困難。

3.5 管理者繼承計劃

3.5.1 管理者繼承計劃的定義及特點

管理者繼承計劃又稱接班人計劃,主要指企業的中、高級管理人員培養開發以及持續追蹤具有勝任管理工作的潛質的人員的過程,它是一種具有前瞻性和策略性的管理人才儲備的手段和措施。

人們在不同的職業階段,有不同的職業目標。正常情況下,當進入個人職業的第四個階段時,面臨退休的選擇,這時就需要有合格的人來接替退休者的工作。此外,人員的流動、低層職位晉升到高一層職位後,也會導致職位的空缺,管理者繼承計劃就是要保證在出現類似情況時能夠有合格的人員來接替。

組織中對一般人員的培養主要注重的是職位勝任能力,而中高級管理人員的開發主要注重的是領導能力的培養和提升。組織管理者繼承計劃的人員主要來自兩個方面,一是從內部培養,即主要從組織內部發現那些對於組織的發展具有重要意義的人才,然後對其進行有針對性的開發,從中識別和培養那些能夠充當管理者接班人的人。二是外部培養,透過吸引和招募已具備管理能力和管理經驗的人員,找出能夠適應組織文化和業務要求的能夠作為接班人的人,並在此基礎上建立起組織的人力資源競爭優勢。

3.5.2 管理者繼承計劃的階段和程序

組織中、高級管理人員的培養大致可以分為三個階段:

第一階段:確定標準

要培養和造就合格的領導人或管理者,首先必須要有一個明確的標準體系,其內容主要包括:

能力標準:它主要衡量和反應培訓開發對象的領導水準和職位勝任能力是否符合組織的要求,組織可以根據這一標準對其進行管理潛質的評估。

業績標準：這一標準主要反應培訓開發對象的專業技能水準及創造價值的實際能力。要成為一個合格的領導人或管理者，必須要有自己的專業優勢和競爭能力，透過專業技能水準和業績標準，可以建立和提升領導人或管理者的權力，以此達到影響組織成員的目的。

文化及價值標準：它主要反應接受培訓開發對象與組織文化和價值是否吻合及其吻合的程度，由於接班人計劃往往也意味著組織文化和價值觀的傳遞和交接，因此接班人是否具備相同的文化傾向和價值觀就顯得非常重要，特別是那些將由中層晉升為高層的人選，按照組織的標準對其進行文化和價值的評價是十分重要的。

人際交往標準：在傳統的領導人或管理者評價標準中，人際交往及處理人際關係的能力並未得到足夠的重視。隨著團隊組織形式的廣泛使用、對核心競爭力理解的逐步深入，無論是組織還是個人都越來越認識到良好的人際交往能力和溝通能力的重要性，特別是那些技術出身的領導人或管理者，其培養計劃中必須具備這方面的標準和要求。

第二階段：識別和挑選合適的人員

有了具體的標準，就可以按照標準識別和挑選符合組織要求和適應組織文化的人選。需要強調的是：在識別和挑選人員時，對以上標準的掌握不可能都面面俱到，或要求達到最高標準；最重要的是發現候選人是否具有領導或管理的潛力，特別是與可能任職的職位要求匹配的能力。在此基礎上再根據績效水準標準、人際關係標準等進行淘汰選拔，最終確定具有培養前途的人選。

第三階段：根據標準和培養對象的實際情況設計相應的開發活動

在這一階段，主要是確定對中、高級管理人員的開發方法，重點考察候選人的溝通、組織、領導、人際交往等方面的能力和表現是否與未來的職位要求相適應，具體的方法在前面已作了詳細的介紹，這些方法包括：有針對性的培訓和訓練，如相關部門和職位的工作輪換，對於那些準備晉升的候選人，可以實行逐級的職位輪換，即只有在前一個職位輪換達到要求後才能進

入下一輪的輪換。對於集團性公司,還可以採用在集團範圍內大面積輪換的方式,在集團的不同子公司任職,以獲得不同業務單位的綜合工作經驗;實行「導師制」,由現職的高級管理人員充當培養對象的導師或顧問,透過傳、幫、帶的方式,幫助培養對象取得實際領導工作經驗;重點考察培養對象是否瞭解和適應公司的文化、是否具備代表公司形象的個人特徵以及是否在員工中有認同感等。公司的決策者們應隨時和他們保持密切的聯繫,透過讓他們參加公司的各種高層會議,發言、解決一些具體問題等方式,對他們進行最後的考察。

在這一階段中,領導人的重視和傳、幫、帶是非常重要的環節。前述強生(中國)公司的培訓開發體系中,為了增加顧磊敏的實際工作經驗,除參加公司的 transITional leadership 培訓外,還經常參加他的上司主持的會議,學習關於如何做總經理的管理理念、業務和技能培訓。在通用公司,原總裁雷吉·瓊斯為了找到合格的接班人,進行了長達六年的挑選準備工作。他和董事會成員共同確定候選人,並確保他們得到很好的培養和試用職位安排。他和每位主管候選人進行深入交談,瞭解情況,分析原因,最終選擇了傑克·威爾許這位和他在經歷、教育程度和領導風格上迥然不同的人作為繼承人。中國的企業也逐漸開始重視接班人培養問題,如華為公司在原《華為基本法》第一百零二條中就規定,公司的各級委員會和各級部門首長辦公會議,既是公司高層民主生活制度的具體形式,也是培養接班人的溫床,這就從制度上保證了接班人的培養。

專欄 3－6 通用電氣公司的接班人計劃

在通用電氣公司接班人的選擇中,1974 年最初的 19 人名單中並沒有威爾許,1975 年的 10 人名單中仍然沒有。1977 年,威爾許才作為通用電氣公司五大部門的執行官之一,與通用電氣公司首席財政官、負責策劃的高級副總裁等一起首次被確認為董事長候選人。

1979 年 1 月,通用電氣公司董事長雷吉·瓊斯與威爾許進行了著名的「飛機面試」的談話。隨後,在持續幾個月的時間裡又與其他候選人談話,最後根據所有人的意見,共同列出了所有候選人的優點和缺點,包括智力、領導

能力、合作能力和公眾形象等，最後產生九種不同的組合，但沒有人把最高的職位給威爾許。

1979年6月，雷吉·瓊斯與威爾許進行了第二次「飛機面試」，經過第二輪的談話和篩選，除一名候選人全票外，威爾許和另外1人各得到6票。

1979年8月2日，董事會提出了最後的三人候選人名單，包括威爾許，這一年他44歲。同年8月3日，這3人成為通用電氣公司的副董事長。

1980年12月19日，董事會正式選舉威爾許為通用電氣公司的董事長和首席執行官。

1981年4月1日，威爾許正式上任，成為通用電氣公司的董事長。

2001年退休。新任董事長和首席執行官杰夫·伊梅爾特接任。

資料來源：傑克·威爾許．傑克·威爾許自傳．曹彥博，孫立明，丁浩，譯．北京：中信出版社，2001.

3.5.3 影響管理者繼承計劃的主要因素

管理者繼承計劃在很大程度上受到組織晉升決策的影響，加里·德斯勒指出，有三種因素影響組織的晉升決策，而作出這些決策的方式又會影響員工的工作動力、工作績效以及獻身精神。

第一個因素是以資歷為依據還是以能力為依據，或者以兩者某種程度的結合為依據。雖然現在很多企業都強調以能力為依據，但以資歷為依據的也不少。即使是在美國這樣的先進國家，以資歷為依據也會受到一些制度的支持，在工會合同中通常就有在晉升時強調資歷的條款，如「在需要提升雇員到工資更高的工作職位上時，如果雇員的工作能力、工作績效以及合格性是相同的時候，應當優先考慮具有較高資歷的雇員」。而且只有當資歷較淺者在能力上明顯高出資歷較深的雇員時，企業才能忽略資歷因素。許多受美國公務員委員會規定管轄的公共企業，也強調將資歷而不是能力作為晉升的依據。這種做法並非毫無道理，因為在一般情況下，那些具備晉升資格的資歷較深的雇員，往往在專業能力、技術水準或管理才能等方面具有優勢，而且

對組織文化、價值觀以及各種潛規則有更深刻的理解，更少跳槽。有學者甚至將「牢牢抓住老員工」作為組織贏得競爭優勢的重要途徑。因為資深員工往往是最高產的，他們經驗豐富，知道任何更好地完成工作，並且能夠找到捷徑或其他節約成本的方法來提高產出。這些都使得他們能夠在各種場合成為組織所依賴的重要對象。此外，資歷較深的雇員也意味著他們在企業中工作的時間較長，有的人甚至將他們一生中最寶貴的時間都貢獻給了企業。因此，如果他們能夠獲得晉升，既是對其業績的激勵和忠誠度的表彰，同時還會對資歷較淺者形成一種潛在的影響，即只有那些具有職業道德、認真為企業服務、對企業做出貢獻的員工才會獲得晉升或好的發展機會。這就要求企業要有清晰明確的晉升依據和原則，透過宣傳，使員工都能夠瞭解這些內容並遵守這些規則。

第二個因素是對能力進行衡量。雖然以資歷作為晉升依據有其合理的原因和理由，但這並沒有否定能力的作用，因為能力畢竟是價值創造的重要源泉。因此，即使企業要想表達對資歷的某種程度的偏愛，也絕對不能夠忽略對能力的重視。在能力的衡量上，重要的是對候選人的潛在能力進行評價。因為對過去的工作績效很容易作出判斷，組織的績效系統可以提供這些具體的數據，而對於領導能力和管理潛質的評估就沒有那麼簡單，組織應預先制定一套評價標準以及方法和程序，以便預測候選人的未來績效水準。關於這些方法可以參見前面的有關內容。

第三個因素是晉升過程的正規化或非正規化。正規化是晉升決策訊息的公開性，包括制定並頒布規範的晉升政策、晉升程序以及空勤職位的訊息公布。與之相反的就是非正規化，即不公開相關的訊息，而是由管理者們根據自己的印象和瞭解程度掌握和決定。對於建立有正式的管理者繼承計劃的組織，一般來講應具備正規化的要求，即做到訊息公開。但在那些沒有建立或根本就沒有考慮接班人選拔標準和程序的組織中，晉升決策大多是由組織的高級主管們作出的。在這種決策過程中，能力就不再是主要的和唯一的影響因素，候選人的人際關係往往會成為決定性的因素。

以上所列舉的三種因素對組織的管理者繼承計劃有著重要的影響，但並不是說在建立和實施這個計劃時要完全照搬這些要求；也不能說正規化就一定好，非正規化就一定不好，這需要結合企業的實際才能作出判斷。由於各種因素的影響，大多數企業的規範化程度本身並不高，建立有正規晉升決策程序的企業可能也不多，在這種情況下就需要具體情況具體分析，靈活運用。首先，在晉升決策上，應倡導「能力優先，兼顧資歷」，能力是對價值創造的認可，而資歷是對職業道德和職業信譽的認可，兩者缺一不可。其次，組織的接班人培養一定要有基本的原則和要求，在接班人培養的制度建設中要循序漸進，逐步完善。再次，在兩者的關係上保持適當程度的平衡，能力、責任、貢獻、工作態度和程序都是要考慮的因素。比如華為公司的晉升政策規定了晉升不拘泥於資歷與級別，而是按公司組織目標與事業機會的要求，依據制度性甄別程序，對有突出才幹和突出貢獻者可以破格晉升，但是公司同時仍然強調和提倡要循序漸進。

最後，將管理人員對接班人的培養職責納入組織的正式規章制度。通用汽車公司在20世紀70年代中期就突出了管理人員培養的宗旨，第一條就明確提出公司主管的最主要責任就是保證公司優秀管理人才的培養。如表3－2所示，華為公司則透過企業典章的形式將管理人員對接班人的培養制度化，在原《華為基本法》中明確指出：領袖的作用在於進賢，只有進賢和不斷培養接班人的人，才能成為領袖，成為公司各級職務的接班人；公司高、中級幹部任職資格的最重要一條，是能否舉薦和培養出合格的接班人；不能培養接班人的主管，在下一輪任期時應該主動引退；僅僅使自己優秀是不夠的，還必須使自己的接班人更優秀。

表 3-2　　　　　　　　　通用汽車公司管理人員培養的宗旨

1. 公司主管的最主要責任就是保證公司優秀管理人才的培養。
2. 各級管理人員也必須承擔相似的責任，必須有自己的培養方法。
3. 管理人員必須從公司內部提拔——因為它有激勵價值。這是一個原則，沒有例外。
4. 公司管理人員培養計劃的關鍵步驟是個人能力的考察過程。
5. 管理能力主要在管理過程中掌握。其他只是有價值的輔助措施。
6. 為了能促進發展地利用職位空缺，有必要控制選拔過程。
7. 公司可以容忍，而且也需要有多樣化的管理風格、個性和能力。
8. 公司需要有與公司規模、經營多樣化和權力分散化相適應的幾種不同的管理潮流和培養計劃制度。
9. 可能必要偶爾調整一下，為達到培養目的而實行合理的物質補償。可能也有必要偶爾改變一下公司機構來達到培養目的。
10. 在上述制度的執行過程中，人事部門必須發揮重要作用。但其作用相對於公司管理人員來講，是次要的。

資料來源：約翰・科特. 企業領導藝術. 史向東，譯. 北京：華夏出版社，1997：115.

3.5.4 中國企業管理者接班人培養現狀

　　針對「21世紀的中國企業領袖機遇和挑戰」這一題目，北大國際MBA和美國光輝國際公司對160名企業高管人員作了一次調查。被調查者職務包括董事長、董事長兼首席執行官、總裁、副總裁、部門經理等。53%的被調查者的年齡是35～40歲，25%大於40歲，22%小於34歲。其中，來自國有企業的佔30%，來自外資企業的佔33%，來自股份制企業的佔23%，來自私營企業的佔14%。調查結果顯示：在這160名高管人員中，70%還沒有國際性的企業管理經驗，90%以上的人認為他們的企業在今後3年內，仍將不具備足夠的管理人才儲備。當調查中問到「在今後兩年內可能不可能離開公司」時，9%的人認為很可能，45%的人說有可能，而傾向於「堅守陣地」的還不足半數。高管人員心理的不穩定性讓人震驚。在54%恐怕要離開企業的人當中，66%的人是部門經理；60%的副總裁和企業的執行官要離開企業；27%的總裁、總經理恐怕要離開；14%的首席執行官和董事會主席要離開，這個數字都比國外大得多。

　　關於這些中高層為何出走的原因，大致可以分為兩個層面。首先，部門主管和經理是當前企業人才流失的最主要的一部分人，這表明他們缺乏歸屬

感。從調查結果看，在部門主管和經理看來，企業高層管理人員的個人因素雖然重要，但還不是最突出的，最重要的在於企業普遍缺乏經理人職業長期發展計劃。其次，有60%的副總裁要離開的主要原因在於中國國有企業第一把手的任命制，第二把手和其他高級管理人員感覺自己難以被「扶正」；而在民營企業裡，老板往往只把權力移交給他信任的人，如家族成員或好朋友。而那些真正有能力的經理人，會發現自己在這個企業裡沒有希望，所以他也會選擇走掉。

　　以上調查與作者的調查結論大致相似。2004—2005年，作者以「你的單位是否制定了員工職業生涯規劃」為題對近100戶企業作了一次調查，共收到有效問卷152份，其中，選擇「已制定」的企業只有10%，選擇「沒有制定」的企業為52%，「今後可能制定」的為33%，選擇「不會制定」的為5%。從所有制看，外資企業16份有效答卷中，分別有6人選擇「已制定」和「沒有制定」，分別佔38%；選擇「今後可能制定」的有3人，佔19%；選擇「不會制定」的1人，佔6%。在國有企業中，88份有效答卷中僅有5人選擇了「已制定」，佔國有企業總數的6%；45人選擇「沒有制定」，佔51%；32人選擇「今後可能制定」，佔36%；6人選擇「不會制定」，佔7%。在民營企業的中，26人沒有一人選擇「已制定」，表明在這些企業中沒有展開任何職業規劃活動；有21人選擇「沒有制定」，佔所調查民營企業總數的81%，有4人認為「今後可能制定」，佔15%；1人認為「不會制定」，佔4%。從調查結論看，總體情況非常差，只有不到10%的企業制定有正式的員工職業生涯規劃，外資企業稍好，國有企業次之，民營企業最差，這與中國企業目前的現實基本上是吻合的。

3.6 中國企業接班人的培養及模式探討

　　接班人培養不僅反應企業人力資源管理開發的水準，更重要的是關係到企業可持續發展的能力。因此應引起企業領導人和高級管理人員的足夠重視，從制度上保證這一計劃的貫徹和落實。

　　在企業接班人的制度安排上，目前大致有以下三種模式：

3.6.1 內部晉升

　　所謂內部晉升，就是各級經營管理人員全部或大部分都從企業內部提拔。內部晉升的意義在於：首先，由於遵循「逐級晉升」原則，從而能夠保證培養對象瞭解和掌握企業的生產、工作流程、不同部門和不同職務之間在權利、責任、義務上的關係，以及對企業文化和價值觀的認同。其次，當把內部晉升作為基本的晉升決策依據時，不僅是對那些能力突出、業績優秀的員工的貢獻的一種承認和獎賞，而且對新員工也具有重要的激勵和導向作用。內部晉升不僅能夠在相當程度上滿足員工的預期和職業發展的需要，而且還能夠提高工作滿意度。正因如此，內部晉升政策成為組織人力資源管理政策的重要組成部分。世界上很多著名的跨國公司大多都採用內部晉升政策，如美國 jc penneygs 公司規定，當公司的某一部門內部出現了職位空缺而又有一個相關的內部候選人符合填補職位空缺的條件的話，我們就願意搞內部晉升。federal express 則只要有可能，就從企業現有的雇員隊伍中尋找合適的人選來填補職位空缺。在 IBM 公司，晉升者都是基於業績從內部提升。日本豐田公司規定，工作小組組長職位以及工作群體班長職位是工廠中所有擔任管理職位的人都必須經過的一個階梯。當這些職位出現空缺時，應當考慮從現有雇員中挑選合適的人來填補。如果辦公室中的某項職務出現了空缺，也盡可能從內部提升。只有在找不到內部合適人選的情況下，才從外部招聘。

　　根據作者對企業人力資源管理現狀的調查，企業在晉升政策上也同樣表現出了較強的內部晉升傾向，也就是說，內部晉升仍然是各級管理職位主要的接班人來源。調查顯示，在全部 189 份有效答卷中，認為全部從內部提拔或大部分從內部提拔的比例分別為 13%和 59%，總比例達到了 72%，認為內部提拔和外部調動大約各佔一半的佔 15%，一些高級職位和技術性職位從外部選拔的為 13%。從所有制性質看，收到的國有企業的有效答卷為 100 份，其中，認為全部從內部提拔或大部分從內部提拔的比例分別為 16%和 62%，兩者合計的比例為 78%，14%的調查對象認為內部提拔和外部調動大約各佔一半，8%的人認為一些高級職位和技術性職位主要是從外部選拔。在外資企業的 20 份有效答卷中，認為全部從內部提拔或大部分從內部提拔的比

例分別為 1%和 50%，有 14%的調查對象認為內部提拔和外部調動大約各佔一半，25%的人認為一些高級職位和技術性職位主要是從外部選拔。民營企業的有效答卷為 36 份，其中，認為全部從內部提拔或大部分從內部提拔的比例分別為 8%和 50%，認為內部提拔和外部調動大約各佔一半的佔 23%，19%的人認為所在單位的一些高級職位和技術性職位主要是從外部選拔。在股份制企業的 33 份有效答卷中，全部從內部提拔或大部分從內部提拔的比例分別為 9%和 67%，內部提拔和外部調動大約各佔一半的為 9%，一些高級職位和技術性職位主要是從外部選拔的比例為 15%。

從調查結果可以看出，中國企業內部晉升的比例比較高，這也證明了內部晉升的普遍性。一些高級職位和技術性職位從外部選拔的比例也是合理的和可以理解的。值得分析的是有 15%的調查對象認為所在單位「內部提拔和外部調動大約各佔一半」的比例，此次調查雖然未能涉及其原因，但可以從三個方面加以判斷，一是這一類企業可能正處於創業或高速成長階段，對管理人員的需求比較急迫，當企業內部難以找到合適人選時，不得不透過外部招聘的方式補充職位空缺。二是與企業所處的產業或行業以及專業職位有關係，比如在房地產行業、新興電子技術行業，人員的流動比例就高於一些傳統行業，從事銷售、研發等緊俏專業職位的人也很容易跳槽，以至企業不得不透過外部招聘保證企業工作的展開。三是企業人力資源的數量和質量存在缺陷，難以滿足企業的要求，需要從外部大量招聘。

要保證內部晉升的可行性，首先要從招聘環節下手，國外很多大公司都確立了「以價值觀為基礎的」雇傭理念，即所招聘的新員工應該具備與企業所倡導和要求的文化、價值觀相吻合併具有發展潛力的人。因此，從招聘環節著手，選擇那些具有晉升潛力並且具有與企業同步的價值觀的人是任何內部晉升政策的先決條件。

3.6.2 外部招聘

儘管內部晉升是激勵企業員工和提升凝聚力的重要途徑，但很少有企業保證他們永不對外招聘管理人員。這一方面是因為企業不能保證他們能夠從組織內部獲得合格的繼承者；另一方面，企業也需要透過適當的外部人員的

補充來引進和吸收新的思想和觀念。這對於保證企業的活力,加強企業與外界的瞭解和溝通有重要的影響和作用。此外,隨著企業股份制形式的廣泛普及,董事會、股東會以及董事、股東權利的不斷擴大導致公司的社會化程度越來越高,在一定程度上擴大了外部招聘的比例,特別是高層管理人員和一些核心技術職位,往往會透過外部招聘解決。

外部招聘有很多優點,比如可以擴大企業各級管理職位的接班人選擇範圍,但這種方式也存在問題,其中最主要的是企業與招聘對象之間在企業文化和價值觀層面上的認同。尤其是一些高層管理職位和核心技術職位,由於外部招聘對象大多都有比較豐富的經驗和閱歷,有自己的一套文化準則和價值觀,在策略定位、經營模式、管理方式等方面有自己的觀點和看法,要使兩者之間的目標達成一致,不僅需要時間,而且比較困難。在這種磨合的過程中如果處理不當,就會產生內耗甚至是內訌,最終發展成為與企業「老人」之間的權利爭奪,這方面的例子舉不勝舉。「本章案例」所描述的就是這樣一個發生在企業當家人和職業經理人之間的故事。何經華這位以500萬年薪空降用友的經理人,由於在一些重大問題上與王文京存在難以解決的分歧,在用友待了兩年後,黯然離去。文中的兩位主角都是業界響噹噹的人物,一個是溫和重義、國際化意識超強的創業者,一個是貨真價實、高度職業化的海外經理人。但即使是這樣絕佳的「配對」,仍難以打破中國式分手的宿命。據稱,何經華離開用友後,將成為美國SIEBEL副總裁、大中華區和東亞區總經理,SIEBEL公司不僅滿足了何經華全部的福利要求,甚至將亞太區總部從新加坡搬至上海,何經華只需坐鎮北京即可。從這個事件中,可以看出中國企業與先進國家企業之間的差距,其中的經驗值得我們總結和深思。

外部招聘的第二個問題是,如果外部招聘的管理者超過一定比例,就可能引起組織現有員工情緒的波動,造成核心員工或關鍵職位人才的流失。即使在兼併重組中,企業也大多是更換高級管理人員,中層管理職位和核心技術職位一般都不宜做較大變動。在很多企業兼併的案例中,在人事安排上往往奉行「斜著裁員」的原則,即從組織「金字塔」的頂部開始按一定比例進行裁員,裁掉最多的都是高管人員,中層和一般人員比例不大。

3.6.3 家族成員繼承

　　子承父業是一種建立在血緣關係上的權利繼承關係和接班人培養模式，主要為家族企業或私營企業所採用。在企業發展的歷史長河中，家族企業曾經發揮了重要的作用，即使在強調建立現代企業制度的今天，家族企業仍然具有相當強的競爭優勢。與其他兩種培養模式比較，家族企業的優勢在於，財產所有權非常明確，建立在以血緣和親情關係基礎之上的忠誠度較高，管理成本和人際關係成本相對較低，效率也較高。但劣勢在於家族成員對企業成長所需的領導和管理能力可能會不太適應。對於第一代的創業者來講，依靠個人的商業智慧和膽魄就可以獲得成功，但隨著企業的成長和規模的擴大，對綜合協調和管理能力的要求會越來越高，第二代接班人是否能夠像他們的父輩一樣具有這種商業智慧和魄力還是一個未知數。

　　為了解決接班人問題以及滿足企業自身發展的要求，家族企業逐漸開始向現代企業轉變。所謂現代企業，按錢德勒的解釋就是「由一組支薪的中、高級經理人員管理的多單位企業」。其基本特徵就是實現了所有權和經營權的分離，管理企業的不再是所有者，而是職業經理人，錢德勒稱之為「經理式企業」。「職業經理人」的稱謂大概就是從這時開始的。現代公司最早出現於 19 世紀 50 年代的美國鐵路運輸業。根據美國法學家伯利和米恩斯的研究，在美國 200 家大公司中，44% 的公司和 58% 的財產由未掌握公司股份的經理人員所控制。在先進國家，由於很多的企業已經實現了嚴格的公司制和股份制，因此企業的股權結構發生了很大的變化，企業開始並逐步實現了由家族企業向公司制企業的過渡和轉變。以美國杜邦公司為例，在 1917 年時仍然由公司的所有者管理公司，但家族成員只有本身是經驗豐富的經理人員才能參加執委會。20 世紀 30 年代，董事會中高級經理的人數已經超過了杜邦家族成員，杜邦公司逐漸發展成為一家經理式的企業。雖然有很多的杜邦家族成員或杜邦的嫡親都是合格的經理人員，但只有少數人在公司任職，而且只有一名家族成員任職於高層，杜邦家族仍然是所有者，但不再參與管理，也不再作出重要的經營決策。與杜邦公司類似，其他美國企業也開始了這種

轉變。對於那些創業者和家族成員來講，通常只有當他們是管理階層並具有多年經驗的合格經理時，才能留在高層管理中任職。

家族企業向現代企業的轉變，既是企業自身發展的要求，同時也反應了人力資源市場化配置的趨勢。但這並非意味著家族企業都應實行這些轉變，其最根本和最重要的是處理好與職業經理人之間的關係。這方面可以借鑑美國公司的經驗，即只有當家族成員具有商業智慧、有豐富的經營管理工作經驗並擔任過相應的管理職位時，他們作為接班人才可能是合格的。

3.7 管理實踐—經理和人力資源部門的作用和技能

如前所述，職業生涯規劃與管理是一個系統的工程，不僅需要企業各業務單元和不同專業部室之間的密切配合，而且還需要在員工個人、部門主管、人力資源部門以及企業或公司間形成合力。只有具備了這些條件，才能使職業生涯管理不是走過場，以保證職業生涯管理的質量。

（1）員工的角色

正如在討論培訓與開發的區別時曾談到的那樣，培訓具有強制性，而開發則具有自願的性質。作為人力資源開發的一種類型和方法，員工職業生涯規劃同樣也具有自願的特點。因為如果一個人不關心自己未來的發展，任何外力的指導或影響都是徒勞的。波音公司的「職業計劃」就明確提出了自願的原則，員工個人首先應該確定自己事業成功的方向和目標，並且應該對實現這些目標負起責任。

員工個人在職業管理中的角色首先表現在職業定位、自我評估等方面，有關內容強請參見本章第三節的內容。其次是建立業績並獲得持續改進的能力，這是個人職業發展中最重要和最基本的條件。特別是對於那些希望獲得晉升或成為某方面的專家的人來講，只有表現出優良的業績，並對公司做出貢獻，其能力才能夠得到組織的認可。而要獲得持續的業績改進，就需要不斷地學習新的技術和方法，除了參加組織的各種正規培訓外，個人的努力也非常重要，包括瞭解組織的策略目標，以及掌握組織未來發展需要的知識和

技能等。最後是溝通能力，為自己奠定一個良好的人際關係基礎，因為「有效的職業計劃通常不過是認識了正確的人」。

(2) 業務部門主管、經理的角色

部門主管和經理在人力資源管理開發中發揮著十分重要的作用。在職業管理中，這種作用具體表現為充當下屬的顧問、參謀、導師和教練，向下屬準確地傳達組織策略的意圖和要求，為下屬的職業發展提供意見和建議，並創造條件幫助他們實現自己的發展計劃。主管、經理對組織的策略意圖瞭解得更為深刻，同時與下屬在一起工作，熟悉下屬的優點和不足，瞭解他們的需求，因此在員工職業管理上最有發言權。特別是在根據工作分析和職位描述確定對員工的期望績效要求，分析兩者之間存在的差距，提出彌補和改進的方法等方面，主管和經理應發揮更大的作用。在管理者繼承計劃方面，主管們的責任則側重於培養員工達到組織所要求的領導和管理的能力和水準。在波音公司展開「職業計劃」的問卷調查中，接受調查者就認為，管理人員的關注、參與和追蹤是成功展開員工職業生涯開發計劃的主要因素。而管理者自身透過參與職業計劃，促進了其工作作風的改變，使之更清楚自己的責任和義務。其次，主管、經理應將對員工職業發展的指導和管理作為自己的日常性工作，這樣做的好處在於：主管、經理不僅能夠透過自己所掌握的訊息和其他手段幫助員工達到組織的要求和目標，為組織創造更多的價值，而且透過幫助員工，增強了彼此的瞭解和信任，提高了自己的威信。為了鼓勵這種傾向，組織應當將主管、經理展開這方面工作的情況與其激勵體系掛勾，如華為公司的原《華為基本法》第六十二條就規定：人力資源管理不只是人力資源管理部門的工作，也是全體管理者的職責。各部門管理者有責任記錄、指導、支持、激勵與合理評價下屬人員的工作，負有幫助下屬人員成長的責任。下屬人員才幹的發揮與對優秀人才的舉薦，是決定管理者的升遷與人事待遇的重要因素。如果組織能夠形成上級主動關心下屬這樣一種工作氛圍，對於提高員工的工作滿意度和獻身精神無疑具有決定性的影響。

3.7 管理實踐—經理和人力資源部門的作用和技能

（3）人力資源部門的角色

在有組織的員工職業生涯規劃中，人力資源部門的主要作用在於為職業規劃提供人力資源的管理職能支持，具體包括以下方面：提供基礎培訓，如公司文化、歷史、主要的產品和服務、員工和職位設置對完成公司目標的重要性；公司有關人力資源方面的政策和程序；根據業務部門經理的評估要求，並與之合作，制訂詳細的培訓、開發計劃以及符合組織策略要求的員工職業發展總體規劃目標；配合相關部門建立組織的人力資源管理訊息系統（如3M公司的職位訊息系統），使員工能夠獲得與其職業發展有關的各種訊息；向各業務部門提供具體的技術支持，如個人職業傾向評估、職業路徑選擇、培訓課程設計、開發方法設計、職業生涯設計步驟等；負責制定相應的人力資源政策，以支持和幫助職業計劃的實施等。

（4）公司的角色

公司在展開職業計劃中的作用主要表現在兩個方面，首先是公司對員工職業計劃的態度和重視程度，這是展開職業計劃的基礎條件。其次是提供制訂職業生涯計劃所必需的資源和訊息。要保證職業計劃的成功實施，必須要有相應的資源保障，包括培訓機會、培訓開發費用、晉升政策、工作和職位需求狀況分析及訊息披露、對員工職業計劃的承諾以及鼓勵員工將自己的技能發展成自己的競爭優勢等。而這些訊息和資源，只有公司才能夠提供。因此，公司在職業計劃中的作用十分重要，沒有公司的支持，職業計劃就不可能獲得成功。

隨著策略性人力資源管理的理念深入人心，組織在職業計劃中的作用越來越大，範圍也越來越廣。作為職業計劃的一個重要內容，「企業員工輔助計劃」（employee assistaNCe program，EAP）近年來得到了較廣泛的應用。EAP主要包括兩方面的內容，一是組織為員工提供系統的和長期的援助與福利專案；二是用心理學的研究成果，透過專業人員對組織進行診斷和建議，對員工及其親屬提供專業指導、培訓和諮詢，幫助員工及其家庭成員解決心理和行為問題，為其管理者和員工提供管理以及個人心理幫助的專家解決方案，最終達到提高績效及改善組織氣氛和管理水準的目的。

EAP 的出現是企業適應社會經濟發展的必然結果，正如 EAP 國際協會主席 donald g.jorgensen 指出的：在過去的十年中，社會經濟環境發生了翻天覆地的變化。同樣，企業組織也在競爭日益激烈的環境中，面臨著空前的壓力，更多的工作量、更長的工作時間，所有的這一切都需要員工自己來調節。不可避免地，這些持續的壓力對每一個組織和個人都會帶來一定的影響。在這一情況下，EAP 能夠幫助個人、管理人員和組織機構處理那些會對業績產生影響的工作、個人問題及挑戰，可以提高生產力和工作效率，減少工作事故，降低缺勤率和員工週轉率，提升工作間的合作關係，為業績分析和改進提供管理工具等等。所有這些問題都是企業管理中面臨的現實問題。EAP 不僅僅是員工的一種福利，同時也是對管理層提供的福利，也應該說這是對整個組織的福利，是基於工作場所的福利措施。EAP 的焦點是改善組織福利，提高整個組織的生產率。

美國是最早採用 EAP 的國家，大約在 20 世紀 50 年代就開始實施這一計劃。最早主要是針對退伍老兵，20 世紀 70 年代開始應用於企業。由於它對企業提高勞動生產率以及形成健康積極的企業文化的突出作用，EAP 已為世界各知名企業所廣泛接受，成為現代企業人力資源管理的重要手段。有關資料顯示，在美國《財富》雜誌評選的世界 500 強企業中，近 75% 的企業都聘請有 EAP 專業公司為自己企業的管理者和員工服務。不僅如此，EAP 的投資回報率也很可觀，在美國，對 EAP 每投資 1 美元，將有 5～7 美元的回報。1994 年 marsh & mclennon 公司對 50 家企業做過調查，在引進 EAP 之後，員工的缺勤率降低了 21%，工作的事故率降低了 17%，而生產率提高了 14%；美國一家擁有 7 萬員工的信託銀行引進 EAP 之後，僅僅一年，它們在病假的花費上就節約了 739870 美元的成本；MOTOROLA 日本公司在引進 EAP 之後，平均降低了 40% 的病假率（2002）。

台灣積體電路製造股份有限公司（以下簡稱「台積電」）的「員工幫助計劃」也比較成功，台積電的 EAP 目標是追求物質與心靈並重，努力塑造工作與生活融合的舒適環境。表 3－3 就是台積電 EAP 的具體內容

3.7 管理實踐—經理和人力資源部門的作用和技能

表3-3　　　　　　　　　臺積電員工幫助計劃工具和主要內容

員工服務	健康中心	福委會
全天候供應美食街	門診服務	各類員工社團活動
駐廠洗衣服務部	健康促進網站	員工季刊
員工宿舍與保全服務	健康檢查	急救救助
員工交通車與廠區專車	健康促進活動	電影院與文藝節目
員工休閒活動中心	健康講座	家庭日
陽光藝廊	辦公室健康操	運動園藝會
網上商城	體能活動營	員工子女夏令營
員工休息室	婦女保健教室	托兒所
咖啡吧	哺乳室	特約廠商駐廠服務
書店	心理諮詢	百貨公司特惠禮券
便利商店	諮詢服務（法律、婚姻、家庭）	福委會網站

資料來源：陳基國．用心做員工關係．人力資源開發與管理，2003（3）：48.

　　從EAP的定義和台積電的「員工幫助計劃」中，我們可以得到很多啟發，其中之一就是如何對待員工福利的問題。

　　以上內容除了個人的角色外，其餘三個方面都屬於組織在職業規劃中扮演的角色。需要再次強調的是，組織的態度和資源支持在進行職業生涯管理系統的設計和實施過程中的作用十分重要，為了有效地履行組織的職責，需要注意以下幾個方面的問題：

　　一是組織應有明確的策略目標或經營業務的範圍，並透過各種途徑將其傳達給組織的每個成員，以便個人職業生涯規劃與組織的經營管理目標和需求相適應。

　　二是組織的主要領導人和高層管理團隊對展開此項工作的認識要統一，態度要明確，支持的力度要大，特別是要保證足夠的資源，以向員工表明組織的決心。

　　三是在自願的前提下，透過宣傳動員，爭取盡可能多的員工參與，鼓勵員工在職業管理中扮演積極的角色。

四是責任要明確，特別要注意組織的中層一級管理者在職業管理中的態度和影響。鑑於職業管理的重要性，有必要將其納入部門主管、經理的績效考評指標，並使之成為組織的一項日常性工作。

五是要注重員工能力和業績評估的連續性，以及根據環境變化做好職業管理系統的動態管理和持續改進。這就需要保證組織資源訊息的公開化和透明化，讓員工能及時瞭解組織關於職位空缺、加薪、培訓、職位輪替等方面的訊息。各業務部門要能夠根據自己的需要對系統進行適當的調整，使之更適合部門的實際需要。

六是組織的職業生涯管理系統要與培訓、勝任能力培養、績效管理、接班人計劃等人力資源職能相聯繫，使之能夠發揮整體效應。

本章案例 「500萬先生」棄主

自2002年4月以500萬年薪的身價空降至用友，何經華可謂鞠躬盡瘁：未帶任何親信，他只身進入公司，並在兩年間使用友的收入翻了一倍。而他的搭檔、公司董事長王文京，多年來以風格沉穩嚴謹和重感情著稱。

2004年11月2日下午的員工大會上，何經華向用友員工做了最後一次演講，當天，何經華與王文京攜手召開了新聞發布會，何經華向外界公布了其離開的標準答案，「我真的感到累了，需要好好休息休息」，並高調接受了王文京親手頒發的顧問證書。

從友好分手到暗度陳倉，是什麼讓分別在技術與銷售領域本領不俗的這一對「中國版比爾·蓋茨和史蒂夫·巴爾默」分道揚鑣？

「感覺不在了」，這是何經華對自己與王文京合作關係的結論。儘管用友各方人士均對何經華離任之事三緘其口，甚至在用友內部，也幾乎無人見過兩人正面發生口角。但何經華與王文京之「道不同」是無法掩藏的：在對公司是否應當國際化、產品應當選擇高端路線還是中低端路線兩個策略性問題上，兩人無法達成共識。

「感覺不在了」表現在以下方面：

首先是策略定位上的不和諧。隨著用友逐漸在國內確立管理軟體領域的領袖地位，王文京認為公司應當走上高端路線。投入4億元研發資金後，面向大型集團用戶和高成長性企業的NC被推上市場。何經華並非不支持公司拓展第二條產品線，但他並不贊成公司將過多精力投註於NC這款屬於未來的產品上。目前，NC僅佔公司收入中的20%，而面向中小企業的U8系列軟體則為公司提供70%的收入。作為公司總裁，需要對財務報表負責的何經華並不希望看到公司在「大躍進」中喪失根基，2003年用友利潤較前一年減少，一定程度上正源於對NC研發和銷售的投入驟增。

在對用友國際化策略的看法上，兩人的觀點也不相同。王文京寄希望於帶領用友進行國際化的何經華，正是公司內最反對國際化策略者。王文京認定：國際化對用友來說不是發展的問題，而是生存的問題。但相對於如此宏大的「歷史使命」，何經華則指出，用友公司3000多名員工，一年的銷售收入不過7個億，平均的生產率是20餘萬元，這不是一個高科技公司的勞動生產率。他曾公開提問：用友真的有了國際化的產品嗎？難道我們在中國的錢賺完了嗎？何經華認為，比立刻走出去更重要的，是具備國際競爭力。在不止一個公開場合，何經華都對國內企業匆忙的國際化表示否定：「設立海外辦事處很容易，收購一家美國矽谷的公司很容易。但問題是，收購完畢後你的董事會能不能給這個美國公司做業務指導，你能告訴美國總經理他能幹什麼嗎？你公司的董事會能不能用英文開？你有沒有國際營運的能力？收購也好，擴張也好，完全是跟你公司的策略有關係的，你要考慮的不是今天要去哪裡，而是三五年你往哪裡去。這是一個策略是否需要、能力是否匹配的問題。」在公司內部，他也發表過更為尖銳的質疑：「今天我們關上門說實話。SAP、甲骨文的一個客戶經理一年就能拿到500萬美元的單子，上海分公司是用友最大的分公司，一年不過六七千萬的收入。一定要去掙美元、日元了嗎？」由於難以統一意見，後來用友只能將增強國際競爭力和國際化同時提出，作為策略的兩個層面。

其次是權力的分配,這是根本的不和諧原因,雖然王文京為人溫和開明,但和國內不少創業者一樣,他對控制權極度看重,儘管對何經華以禮相待,但他從未真正實現放權,這讓何經華始終在公司內外扮演著首席營運官和公司內最高層銷售員的角色。何經華並非不想改變這一局面,但結果是,雖然談話時總是一團和氣,但總是笑容可親的王文京內心無比堅定,很難改變。無人能夠否認王文京的勤奮好學,但他一旦打定主意就堅持到底的性格——一位熟悉IT業的風險投資商因此將王文京比喻為「烏龜」——既成就了他以往的勝利,也讓他難以足夠開明地與何經華這樣工作背景與思考習慣大相徑庭者達成共識。

在用友內部,王文京的絕對權力無法被挑戰。據用友高層透露,雖然外界一貫認為文京與何經華分工明確,王文京主管策略和抓產品,何經華主抓執行、營運和外界形象。其實,總裁會和董事會的分工,兩年半來從來沒有分清楚過。沒有過白紙黑字的職位責任書,這使習慣在管理規範的跨國公司工作的何經華十分難受:一個公司再簡單,也有三樣基本的因素,人、財、物,但是何經華在用人、預算、費用、產品等涉及經營的層面,都沒有足夠大的自主權。另外,王文京的多元化安排可能是讓何經華灰心的一個原因。和不少中國民營企業一樣,多年發展下來,用友內部已有權力派系,公司員工將此戲稱為:大郭(郭新平)、小郭(郭延生)、大吳(吳政平)、小吳(吳曉冬)、高(高少義)、李(李友)、邵(邵凱)。對於重感情的王文京,如何安置合作多年的手下成為一個問題。

得不到充分授權,何經華只能透過行動獲得公司內部的權威。他之所以不帶任何舊部進入用友,原因在於他有充分的自信在新團隊中建立威信。出差時,他不僅會約見各地客戶,也會跟分公司的部門經理長談,幫助解決他們的各種問題。據參加過這種長談的人表示:「經常吃一頓飯要四五個小時。」到了晚上,他還會對分公司全員培訓,「問題問完為止」。

最後是管理風格的差異。何經華為人嚴厲,其名言是「我的耐心只有5句、30秒」,如果對方向其匯報時不能迅速闡明重點,他就讓對方出去,想清楚再進來。在開會時,他希望管理層言無不盡。據一高層透露,在一次總

裁會上，何經華曾十分氣憤地不點名批評：「開了一整天的會，一句話都沒吭，是什麼意思？你是沒想法，總裁會談的問題，你一個都不懂？或者你是不屑發言，這些東西太低級了，你瞧不上？」這與王文京多年來富於耐心的傾聽與溝通截然不同。雖然眾人無不服膺何經華的才幹，但抵觸情緒日益加重——據稱，王文京沒有適時站出來支持何經華，而是以很委婉的方式提醒過何經華要發揮總裁會團隊的力量。最終妥協的結果是，何經華讓一位副總裁做會議主持，自己少講話。

不可否認，王文京和何經華都是當今企業界的傑出人物。王文京是他同代人中最卓越的創業者與企業家之一。他將其全部精力投注於工作，幾乎毫無業餘生活。24歲開始創業的他在15年間打造出國內軟體業第一品牌，且在上市後因超過50億元的個人身家，而成為國內富豪排行榜上前十名的常客。他對人極為仁義，對老員工仗義相助，但他卻始終堅持對用友的高度控制。在對手金蝶已經發放了8次期權時，用友的大部分副總裁級別的人物還沒有股權。王文京本人也希望借助外力改變用友，當他經人介紹，幾次與何經華在飯桌上討教從公司向ERP轉型到「員工休假天數合理不合理」等大小問題，他似乎找到了合適的「助推器」。何經華在剛到用友時即明確告訴王文京：「我在用友要完全按你原來的思路來，我就不用來了。要照我的思路做，你會痛，而且會有風險。」王文京對此表示認同。但由於缺乏共同的理念、經歷和認識，當在工作中具體實施時，矛盾的產生就不可避免了。

何經華也非常有能力，他清楚他想要什麼。他在公司內反覆表示：「做一個偉大的公司需要一個偉大的產品。」而他對好產品的要求包括四方面，時間長了，幾乎所有用友人都知道何經華的「LCSE」標準：L是liceNCe，指有好的軟體；C是consult，透過諮詢服務幫助客戶把系統運行好；S是support，上線後服務；E是education，貫穿整個全過程的培訓。針對9個月內考察發現的用友的種種最薄弱環節，何經華繼而提出用友的五大工程，涉及產品、管道、人才、實施、售前等方面——幾乎算得上用友的完整升級。何經華上任時，ERP軟體收入佔用友總收入38%，當他離開時，用友的ERP軟體收益已佔到公司收入的90%，可謂轉型成功。

但說一不二的何經華很快意識到，他工作的最大掣肘是：他與王文京的合作看似順暢，實則艱難。王文京不愛直接發表意見，但他並非沒有看法。據說，在何經華空降用友後不久，王文京曾與何經華極盡坦誠地長談過一番，把用友總裁會上的每一個成員的特點為何經華作了極為通透的分析，但這種交談在何、王共事的兩年半中，也相當有限。而在關鍵決策上，何經華更是無法說服王文京：心裡早已有答案的他總是笑容可掬，卻不做太多許諾。

「我認識你，也不認識你」，何經華曾如此當面評價王文京。在對王文京的一片褒獎之辭中，何經華也認為對方胸襟上略有不足，雖然較多數國內企業家已算很好，但「糟糕的是有這個特性卻不自知」，王文京雖好學，但只是不停地出國考察，仍對許多事情的理解深度不夠———他固執己見的要實踐一些舶來的創意，在旁觀者看來是用友發展的最大瓶頸。

而在離職的新聞發布會上，何經華將自己比喻成中國男足前任教練博拉·米盧蒂諾維奇：「米盧負責把中國足球隊帶進世界杯。」這種說法多少帶有無奈：如果能夠給何經華更大的空間與更多的時間，用友仍不乏改變的餘地。據悉，離任後，公司內部員工發給何經華以示挽留的短信就超過百條———誰來把中國隊帶入16強呢？離開用友之前，何經華在公司對手下說：「在你們的腦子裡，有兩個東西永遠改不掉了。第一，何經華是外來的，怎麼看他都長得不像用友人，再幹八年還是個外邊的人。第二個改不掉的是，何經華是暫時的，這個暫時可能是兩年半，也可能是五年而已。」

王文京與何經華均愛閱讀世界商業史。王文京最推崇的是福特、洛克菲勒等19世紀末20世紀初美國的那一批極富創新精神的工商巨子，而何經華欣賞的是IBM、HP、沃爾瑪等告別「獨角戲」的成熟企業，標準化的商業能力使它們基業常青。「IBM是誰的企業？」何經常問道。但在用友公司，沒有人回答他。

案例討論：

1. 你認為何經華用「感覺不在了」來評價自己與王文京的合作關係說明了什麼？

2. 比較美國 SIEBEL 公司的做法，你認為中國企業與國外企業的差距在什麼地方？

3. 為什麼說企業一把手的風格往往決定企業的風格？

4. 你認為何經華是否應該適當改變自己的風格以適應用友？

5. 你認為王文京和何經華這樣的「絕配」仍難以打破中國式分手的宿命的原因是什麼？

第四章 公司政治與職業發展

第四章 公司政治與職業發展

　　公司政治，又稱組織政治、職場政治、辦公室政治，它主要是指在一個組織內各種潛規則的綜合體現。公司政治行為是一種客觀存在，它與組織的文化和價值觀有非常密切的關係。積極向上的價值觀會產生積極的公司政治行為，激勵和促進組織成員努力工作以實現組織的目標；消極的公司政治則會影響組織成員的心態並進而影響其工作動機和工作效果。從某種角度講，領導人的價值觀往往是決定公司政治行為性質的重要因素。因此，領導人應當認識到，組織成員為達到自己的職業目標，會想方設法地透過權術或政治手腕的使用，以追逐權力，並在此基礎上獲得影響或左右別人的能力。這是在任何一個組織中都存在的比較普遍的現象。有研究指出，權力是對他人的影響，儘管權力鬥爭有損於組織效率，但是這種鬥爭仍是群體間不可避免的一種行為。一個群體遲早會試圖透過多種行為來獲得對其他群體的權力。如果引導得當，這種影響和左右的企圖可以取得一個好的效果；反之則會導致組織中人員的鉤心鬥角和混亂，組織的領導者對此要能夠準確地識別，並在此基礎上建立其一套能夠為組織中大多數人所能共同遵守的、並為組織帶來良好效果的價值觀和行為規範。

　　本章將研究討論以下幾個方面的問題：

1. 公司政治的定義和表現形式。

2. 權力和政治之間的關係。

3. 瞭解掌握積極的公司政治行為的意義。

4. 為什麼資源的有限性是造成公司政治行為的主要原因？

5. 如何理解組織的多樣性和相互依賴性之間的關係？

第四章 公司政治與職業發展

專欄 4－1 一個關於公司政治的故事

「富蘭克林新近被任命為公司的主管。」公司的人們聚集在公司的公告欄前細讀著這則通知。通知的內容是：富蘭克林已由樸茨茅夫的工廠廠長一職調任為負責公司新設的安全專案的公司總監。

公司主管馬什先生對此次任命發表了個人意見。「在過去的幾年裡，我自始至終地認為我們有必要開發一個全面的、有力的安全計劃。我個人非常支持此次本·富蘭克林就任公司總監，負責公司新組建的安全專案。他多年來在公司製造部門的多個職位任職，其卓有成效的工作經歷為他推動公司安全計劃的實施提供了有力的保障。」

「即將接替富蘭克林先生出任樸茨茅夫工廠廠長一職的是愛德華·威爾遜·謝爾比。謝爾比曾任公司總裁助理，負責公司財務控制。他將作為工廠代廠長，特別致力於我公司新開發的膨化材料計劃。」

人群當中發出喃喃的咕嚕聲，顯然，他們在反覆消化著這一通知，這其中有認可、有嫉妒，還有疑問。

「可是，關於安全，他懂多少？」一個年輕人問他的夥伴。「我看這事不對頭。應該讓某個真正有專業經驗的人來承擔起公司總監的責任。在我看來，他們這次的推薦一點道理也沒有。」

一個頭髮泛著灰色，但仍很年輕，叫史丹利的人在一旁搖著頭。「可憐的本，」他在想，「看他這次怎麼辦？」

「你怎麼看這事，史丹利？」一個叫吉米的年輕人問道。「對於本這樣一個沒有任何真正『安全』專業背景的人來說，那樣的責任是不是太重了？」「我想，你是新來的吧，吉米？那麼，別擔心，馬什先生和公司的其他高管們知道他們在做些什麼。如果他們不知道自己在做些什麼的話，他們哪裡到得了今天的位置呢？」

很顯然，史丹利只給了吉米一個禮節性的答覆。因為，事實上，史丹利能夠把事情的來龍去脈一五一十地解釋給吉米聽，但是，那可不是公司的遊戲規則。首先要注意，通知的內容是「調任到」而不是「提升到」，而且那

是個「新設的」部門。那也很重要。為什麼是現在？當然，我們還沒有揭開這道謎底的必要。

現在，接著往下讀。謝爾比被任命為「工廠代廠長」。你應該多想一想人們在措辭時使用語言的巧妙。當然，公司也有可能急需一名主管安全的總監，以至於他們都來不及等著找到一個長期固定的工廠廠長人選。但是，或許，你已經有一點開竅了。還有，「特別致力於……」因為，那一行字可以這樣理解「新的膨化材料計劃是一場天翻地覆的混亂」。

很顯然，謝爾比是馬什的心腹和親信。財務管理人員總是充當那一類角色，並且，謝爾比就是從馬什的辦公室裡提拔起來的。關於製造，他當然是什麼都不懂，並且永遠也不會懂。因為他只是種子選手之一。而且，你也千萬別被公司總監之類的頭銜唬住。公司的總監們來來走走，工廠廠長卻很關鍵，儘管那個職務光環上不帶任何神奇色彩。

以下就是史丹利要告訴吉米的故事。

「看，富蘭克林從 16 歲作為技工學徒起，已經忠心耿耿地為公司服務多年了。他是個強硬的角色，而且才能突出；但是，他被捨棄了。」在我看來，就膨化材料新的生產線一事，本似乎與公司那些大員們發生了某種形式的口角。而富蘭克林堅持己見，不準備讓步。

「這一次，馬什是受夠了。本還有三四年就該退休了，因此，馬什為了保存他的體面，將其安置到某個公司總監的位置上———一個讓富蘭克林不可能產生任何破壞力量的位置上。富蘭克林除了搞製造以外什麼也不懂，因此，你也不用擔心他在其他什麼領域能夠闖下什麼禍端。」

「但是，樸茨茅夫剩下的那群可憐的家伙可就真的倒霉了。馬什希望那條膨化材料的產品線能夠及時上馬，謝爾比前去任職就是揮斧頭的。換句話說，有人要被調整。那就是代廠長要發揮的作用。你不可能到了工廠以後，粗暴地對待員工，還指望著他們愛戴你。因此，一旦那些棘手的問題處理完以後，謝爾比就會得到提升了。而後，公司就會新任命一個常任的廠長，以期獲得工廠的和平。」

4.1 公司政治的定義

雖然關於政治的理解有各種不同的表述,但一個基本的事實是不可否認的,這就是政治存在於我們工作和生活的每一個方面。什麼是政治?政治就是一種交易,在這種交易中,沒有商業交易的公平原則可以遵循。大至國家,小到個人,我們每時每刻無不在考慮政治和玩弄政治。本章將要討論的並非國家之間的政治問題,只是組織中的政治行為。

專欄4－1所涉及的內容,是公司政治的研究專家理查德·瑞提和史蒂夫·利維在其《公司政治》一書中向我們展示的一幅關於公司政治的活生生的畫卷。我們中國人以前流行一句話:學好數理化,走遍天下都不怕。看完這個故事後,可能很多人會改變對這個問題的看法。專欄4－1有四個主要人物:富蘭克林、謝爾比、史丹利和吉米。富蘭克林是個悲劇性的角色,他原本是廠長,對公司忠心耿耿,才能突出,但由於過於強硬,最後被「捨棄」了,由老闆馬什的心腹謝爾比替代。富蘭克林職位的變化,對那個工廠的生產效率和效益來講,一定是個損失,但撤換是一個必然。因為富蘭克林違反了規則。這就是作者所講的:在由人構成的組織以及由組織構成的人類社會中,有他們自己的行事規則,而且是與技術所關心的效率和效果毫無關係的行事準則。謝爾比作為老闆的心腹,是一個非常具有典型意義和代表性的角色。他的工作就是嚴格貫徹執行老闆的意圖,為了解決棘手的問題,不惜「揮斧頭」,雖然會得罪人,但最後仍然會得到升遷。從這個意義上講,他的職業生涯是成功的。史丹利是一個老員工,故事對他的描寫也非常有意思,「頭髮泛著灰色,但仍很年輕」,作者想以此表明這是一個懂得公司政治的角色。而吉米則是個新人,可以說對公司政治完全不懂。史丹利與吉米的對話以及所講的故事,不僅完全切中了公司政治活動的要害,而且史丹利所具有的解讀公司「茶渣」的能力,更是一種難能可貴的經驗。正因如此,瑞提和利維才把《公司政治》作為一本關於組織生活的教科書推薦給讀者。作者認為,對於那些初涉職場的人、那些初級管理人員和那些在職業生涯中正處於收穫季節的人們來說,它是一本指導型的手冊。

初涉職場的人學習應該期盼什麼、如何解釋一件普通事件中的新的承諾。初級管理人員應該從早期的觀察中證實自己的判斷，外加一些未來行動的經驗。對於那些處於職業生涯黃金階段的人們來說，在此書中，他們找到的要麼是對他們想法給予肯定的安慰；要麼是對他們所採用的手段不夠優雅的揭示。對於那些職業生涯初展長卷的人，透過本書的學習，會理解眼前發生的事情，並且能夠理解象徵符號的內涵。正如該書作者指出的，本書以一種無痛苦的並且可以說是相當愉快的方式讓你「熟悉組織內幕」。

4.1.1 權力與政治

權力與政治是構成公司政治的兩個主要內容，因此，要研究公司政治，首先需要瞭解這兩個基本概念的內容，在此基礎上才能夠回答：為什麼會存在公司政治、為什麼人們對此有那麼多的誤解、職業人士為什麼要關注公司政治等一系列的問題。

（1）權力

權力是與公司政治關係最為密切的一個重要概念。因此，要談論公司政治，首先需要瞭解權力是什麼。著名社會學家馬克斯·韋伯將權力定義為：社會關係中的一個行動者扮演某種角色以排除阻力達成自己意願的可能性。還有的研究認為，權力是指不管他人的意願和阻力而完成事情的能力，或者贏得政治鬥爭和掃除反對勢力的能力。作為與權力研究最緊密的組織行為理論家費伏爾，則把權力定義為潛在的力量，即影響行為、改變事情的進程、克服阻力和讓人們進行他們本不會做的事情的潛在力量。

斯蒂芬·羅賓斯將權力定義為一個人用以影響另一個人的能力，或者一個人影響決策的能力。他認為權力的關鍵是依賴，依賴是權力的核心。依賴產生的根源包括重要性、稀缺性和不可替代性。如果你能夠透過控制訊息、尊嚴或其他別人渴望的東西而形成壟斷，那麼，對此有需求的人將依賴於你。同樣，如果組織能夠控制更多而不是只有一家經銷商或供貨商，那些組織在談判時就有更大的回旋餘地。

達夫特和諾依認為，權力是一個人潛在地影響他人的行為或拒絕他人的影響的能力。臺灣學者黃光國認為，權力是社會交往過程中，一方以社會道德的說服或群體的壓力加諸另一方，使其改變態度、動機或行為而表現出順從的力量。個人之所以會用權力來影響別人，主要是這樣做可以讓他獲得對方所能支配的某種社會資源來滿足自己的需要。在以上觀點中，都談到了「影響」這個概念。本書第二部第二章第一節在討論組織結構設計原則時，曾提到關於職權、職責和權力的問題，也提到「影響」這一概念，而且指出，職權並非是組織中影響力的唯一源泉，組織中有的人並無正式的職權，但卻擁有一定程度的影響力。因此，職權只是更為廣泛的權力系列中的一個要素。權力可以與職位無關，沒有職務的人同樣具有某種權力。之所以人們需要這種「影響力」，是因為無論是有正式職權還是沒有正式職權的人，都有自己的所謂職業或人生目標，並且需要透過某種方式達到自己的目的。這也就是人們追逐權力的最重要的原因。這裡談論「影響力」的意義還在於，下面將要涉及的政治和公司政治的概念和內容，既與正式組織中的具有職權的人有關，也與那些沒有正式職權的人有關。對組織的領導人來講，需要擴大自己的視覺，不要只看到硬幣的一面，還要學會關注硬幣的另外一面。

有研究指出，權力與領導之間有著非常密切的關係，但也有不同的特點。這種差別主要表現在以下三個方面：

一是目標的相容性，權力不要求構成權力關係的雙方有一致的目標，而只需要依賴性。這種依賴性是與可替代的資源成反比的，如果一個人掌握了大量的稀有資源，就表明他（她）權力越大，而其他人的權力也就越小。這是構成權力關係最重要的一個方面，如果在組織中，乙對甲的依賴性越強，則在他們兩人的關係中，甲的權力就越大。最終的結果可能是導致人們對資源和權力的追逐。而主管不一樣，它要求領導者和被領導者雙方的目標具有高度的一致性。

二是兩者影響的方向不同，領導權一般側重於向下屬施加影響，而較少橫向和向上地影響，而權力則不然。

三是研究的重點不同。對於主管的研究大多強調領導的方式,而權力的研究則包含更廣泛的領域,主要集中在贏得服從的權術方面。

根據以上定義,本書認為,權力就是一種影響力,即影響或左右他人做某事或不做某事的能力。這種影響力既可以以個體的形式出現,如上文中的甲對乙的影響;也可以以一個群體(大多為非正式群體)的形式出現。特別是這種非正式群體的影響力應該引起組織領導者的高度關注,因為它們往往能夠超越組織中正式權力的影響。由於組織中非正式群體具有難以把握的特點,對組織中非正群體的關注已經成為保持組織穩定和提高凝聚力的重要途徑和方法。

(2) 權力的分類

權力分類的研究很多,本書主要介紹約翰·弗雷奇和伯特倫·雷文的分類研究。作為組織行為學的經典的權力分類,約翰·弗雷奇和伯特倫·雷文把權力分為五類。瞭解掌握這些內容,對於指導職業人士的管理實踐具有重要意義。

獎賞權力。這種權力源於個人控制和獎賞他人的能力。而且,這種權力的目標必須重視這些獎賞。獎賞的內容包括加薪、晉升、有價值的訊息、好的工作安排、更大的責任、新的設備、反饋、讚揚等。理解這種權力類型的關鍵是接受方或下屬的知覺,即管理者或某人對下屬或接受方的獎賞一定是他們真正需要的。這種權力類型對管理者的啟示在於,獎賞的針對性很重要,因此管理者要準確掌握接受方或下屬的真正需求。如果忽略了接受方或下屬的知覺,那麼就會出現兩種情況:第一,管理者認為是在獎賞,接受方或下屬並不認為是獎賞。比如,剛參加工作的員工和工作了較長時間並有了一定經濟基礎的員工,他們的需求就有差別。剛工作的員工缺乏經濟基礎,經濟壓力較大,且不說日常的休閒娛樂消費,僅每月支付的房租、水、電、氣等一大筆帳單,就佔了其收入的很大部分,因此他們十分看重每個月的直接現金收入。而工作了一段時間且有一定經濟基礎的員工,由於已經有了一定的累積,他們更看重的是良好的工作氛圍、個人的發展空間以及退休後的福利保障。如果不考慮這種差異,以老員工為基準對所有不同年齡段的員工實行

統一的薪資福利政策，那麼這種福利政策對剛參加工作的新員工就會產生不利影響，這樣的結果是，組織支付了成本，但卻沒有滿足剛參加工作的新員工的需要。也就是說對這部分人的獎賞沒有起到作用。第二，管理者不認為是獎賞，而接受方或下屬認為是獎賞。比如，良好的溝通、傾聽接受方或下屬的意見和建議，讓對方感覺到自己的意見受重視。在這種情況下，管理者自己可能並沒有意識到自己對對方產生了激勵，但對方的確感到自己受到了獎賞。當然還有另外一種狀況，管理者或某人並無實際的獎賞權力，只要下屬認為他有，獎賞權力就存在。比如，如果一個人和組織上層有良好的關係，那麼他（她）對組織成員來講就具有獎賞權力，因為他（她）對那些希望得到重視或提拔的人來講，顯然具有重要的影響力。

強制權力。這種權力主要源於人們的恐懼，擔心由於自己的行為不當而受到懲罰或對自己的未來產生消極影響。在組織中，具有強制權力的通常是管理者，他們可以透過採取名義或事實上的開除、降級、減薪等手段對另一人進行懲罰或帶來不利後果。這種權力類型與強化理論中的負強化有關，即體現了對不服從權力所有者的意願就會被懲罰的期望。支持這種權力的通常是組織的文化和正式的規章制度。

法定權力。法定權力源於正式組織中職位及價值觀的影響力，權威通常就是這種能力的代名詞。它包括了獎賞性權力和強制性權力，但往往又超越這兩種權力，形成一種接受和被影響的義務。這種權力來源於三個方面：

第一，由社會、組織或團隊的價值觀來決定其法定權力。比如，管理者對被管理者具有法定權利；在技術領域，工程師具有法定權利；在財務領域，會計師具有法定權利。

第二，透過被接受的社會結構來獲得，如被管理者對組織等級制度的服從。一個新人進入一家公司，就意味著必須接受這家公司的文化和行為準則，儘管他（她）有自己的價值標準。

第三，源於被指定成為一個強有力的個人或團體的代表。這就是我們通常講的，當「官」的人自然具有法定權力。

參照權力。這種權力源於對於擁有理想的資源或個人特質的人的認同，即由於對他人的崇拜以及希望自己成為那樣的人，類似於人格魅力。影星、歌星、體育明星或政治人物、企業領袖等，大都具有這種權力。如果你崇拜某個人而模仿他的行為和態度，那麼這個人就對你具有參照性權力的影響。從管理的角度講，要擁有這種權力，管理者必須對下屬或接受方具有個人吸引力；如果一個管理者具有能言善辯、形象良好、極富主見、極具魅力的特點，那麼就能夠影響他人去做你想做的事。

專家權力。顧名思義，這種權力主要源於專長、技能和知識。這種權力對知覺對象的依賴性可能更強，即接受方必須知覺到權力的代表者是可靠、值得信賴和相關的。可靠性是指專家性權力必須基於某種被廣泛認可的資格，如中國第一個進入太空飛行的宇航員楊利偉，在太空飛行實踐方面就具有絕對的專家權力；可依賴性是指具有專家權力的人必須具有誠實和率直的聲響；相關性是指專家權力一般僅限於某一職能領域，對其他領域的事情就不具備這種權力。

（3）如何確定組織的權力所在

在組織中，通常按照專業分工原則進行組織設計，管理者的職權也由其職位決定。一般來講，同級的管理職位，具有大致相同的職權，但他們的權力卻可能是不相同的。因為職權只是權力的一個範疇。權力作為一種影響力，其作用遠遠超過了組織中正式的職權。因此，在組織中，權力的分佈並不是均衡的，也並非每個管理者都具有相等的權力水準和影響力。在這種情況下，判斷組織的權力所在就是一個十分重要的問題。通常可以根據對部門和部門主管的觀察來判斷組織的權力所在。

部門水準：部門有多少人被提拔；部門在重要的跨部門團隊或委員會中代表的數量；部門經理的薪酬水準與其他同級的比較；部門的辦公地點和面積與其他部門的比較；部門分配的預算資金與其他部門的比較；部門的員工人數與其他部門相比增加的比例。

部門經理水準：部門經理為某人求情成功的比率；超出預算的開支被批准的次數；在重要會議上有專門的議程安排；接近組織高層的機會。

（4）政治

與公司政治關係密切的第二個概念是「政治」本身。根據《韋伯新世界辭典》（the webster.s new world dictionary）的說法，「政治」一詞來源於希臘語中的polITikos，意思是「公民的」。它的最基本的含義是：具有講究實際的智慧，審慎的、明智的和具備交際手腕的。它的另外一個含義是：老奸巨猾的，不講道德的。這兩種不同的含義預示了有關公司政治行為的不同內容。

所謂政治，是指人們獲得並使用權力的活動。權力的使用又可以稱為權術或政治手腕。權術是說明人們是如何使用權力的，或表示使用權力的方法和手段，政治手腕則描述了一個人正式工作責任以外的活動。如為員工安排工作進度是工作責任的範圍，而說服員工在節日加班則包括了政治手腕。這兩者之間並無太嚴格的區別，都是表示手段或方法。這裡需要說明和介紹的一個問題是，在中國的傳統觀念中，一談到「權術」和「政治手腕」，馬上會使人聯想到「爾虞我詐」、「阿諛奉承」、「陽奉陰違」、「口是心非」等貶義的字眼，其實根據上述對政治的解釋，政治既然有兩種，那麼政治行為也就有兩種。因此，我們把「權術」和「政治手腕」看做是一個中性詞可能更現實一點。這樣有助於我們更好地理解公司政治行為。

研究表明，權力擁有者為到達他們的目的而採取的行為有一定的標準模式。這項研究總結出了七種權力的運用策略，包括：

合理化：即用事實或數據使要表達的想法符合邏輯或顯得合理。

友情：提出請求之前，先進行吹捧，表現得友好而謙恭。

結盟：爭取組織中其他人的擁護以使他人支持自己的要求。

談判：透過談判使雙方都受益。

硬性的指示：直接使用強制的方式，如要求服從、重複提醒、命令，並指出制度要求服從。

高層權威：從上級那裡獲得支持來強化要求。

規範的約束力：運用組織制定的獎懲規定，如工資增長與否，是否能獲得良好的績效評估或停止晉升等。

在以上七種權術的使用上，最常用的手段是合理化。管理者影響其上級的手段按使用頻率排列分別是：合理化、結盟、友情、談判、硬性指標、高層權威。而管理者影響其下屬的手段則分別是：合理化、硬性指標、友情、結盟、談判、高層權威和規範的約束力。其中，合理化都排在第一位，這表明了用事實或數據說話在影響他人的過程中以及權力使用中的重要作用。

此研究還表明，管理者對權術的使用還會受到使用對象、使用目的、對成功的期望以及文化等因素的影響和制約。首先，有兩種方式影響權術的使用，一是掌握了有價值的資源的管理者或被認為佔據支配地位的管理者，運用的權術多於那些權力較小的管理者；二是有權力的管理者比權力小的管理者更頻繁地使用硬性指標。其次，管理者會根據不同的目的或對象選擇不同的權術。比如，當管理者希望促進與上級的友好關係時，往往採用友情的方式；當希望說服其上級接受新的建議時，往往採用合理化的策略；同樣，管理者也會採用合理化的方法向下屬灌輸自己的思想並運用情感的手段來贏得下屬的好感。再次，管理者對成功的期望也會影響對權術的選擇。經驗表明，當成功率很高時，管理者常常採用簡單的要求或方法來取得別人的服從；反之，則傾向於採用硬性指標和規制的力量來達到目的。最後，組織文化對管理者權術的採用也會有影響。有的組織鼓勵良好的人際關係和友情策略，有的則講究合理化，還有的可能傾向於規範的約束和硬性指標。管理者在決定採用的權術手段時，必須考慮這些因素的影響。

另外一項關於政治手腕的研究發現，政治手腕主要包括九個方面的策略：

合理疏導：使用邏輯性論據和事實上的證據。

給予靈感的要求：理念、價值觀和渴望的吸引。

諮詢：尋求參與決策過程。

逢迎：在提出需求前，努力讓某人保持好心情。

交換：提供交易優惠、共同的利益或事後返點。

個人請求：吸引一個人的忠誠或友誼。

聯合：讓其他人支持某項事業或活動。

使合法化：聲稱權威主張或者將某一個需求與組織的政策、行為規範或程序相聯繫。

施壓：做出需求或欺騙，發表一致的看法。

這兩項研究的結果在很多方面都有共性。比如，合理疏導與合理化，交換和結盟、聯合與談判、合法化與硬性指標、逢迎與請求等，其內容基本上是相同的，這表明了組織中的人們為達到他們的目的而採取的行為的確有比較固定的標準模式。

瞭解和掌握權力與政治的意義和目的在於為理解公司政治奠定基礎，任何類型的組織都應當認識到，人們為達到自己的職業目標，會想方設法地透過權術或政治手腕的使用，以追逐權力，並在此基礎上獲得影響或左右別人的能力。這是在任何一個組織中都存在的比較普遍的現象。

（5）組織政治的維度

對於組織政治的研究，已經確定了幾個與組織的政治化而非理想化程度相關的維度，包括：

資源：政治的程度與資源的關鍵性和稀缺性直接相關。

決策：模糊性決策、不確定決策、難以統一的決策、長期決策等將導致更多的政治行為。

目標：目標的模糊性和複雜性越高，政治就越多。

技術和外部環境：一般而言，組織的內部技術越複雜，外部環境越混亂，政治就越多。

變革：組織重組通常會導致更多的政治行為。

這些相關的研究表明，大多數的組織都符合上述特徵，因而表現出更多的政治行為。有研究甚至指出，在當今高科技、高創新性的組織的政治環境

中，中世紀的宮廷寵兒、君臣支配關係、封地制定結構可能比我們所熟悉的理性結構更適應。

4.1.2 公司政治的定義

公司政治又稱組織政治、職場政治、辦公室政治。關於什麼是公司政治，專家和學者們有各種不同的觀點和看法，因此要想準確地定義公司政治是比較困難的，不過我們仍然能夠從這些觀點和看法中領悟到這一問題的精髓。羅賓斯認為，組織政治就是那些不是由組織正式角色所要求的，但又影響或試圖影響組織中利害分配的活動，包括影響決策目標、準則或過程的行為，甚至包括或表現為把持決策者所需的訊息，揭發、散發謠言，向新聞界洩露組織活動的機密，為了私利而與組織中的其他成員進行交易，遊說他人以使其支持或反對某人並影響決策方案的選擇等。理查德·瑞提和史蒂夫·利維在其《公司政治》一書中，將公司政治歸結為在一個組織內不同利益系統和價值系統的競爭，公司內各種人際關係的總和，以及公司內部各種潛規則的綜合體現。這本被認為是第一本專題討論公司政治的書籍中，作者透過一個個虛構或真實的故事和案例，詳細地向讀者描繪和勾畫出了公司政治的內容、作用以及對個人職業發展的影響。為了進一步澄清有關公司政治的不同觀點，研究公司政治的學者和專家們還將公司政治區分為積極的公司政治和消極的公司政治兩種形式，他們指出，傳統意義上的消極的公司政治是指在某個特定的組織中以陰謀詭計獲取權力和個人優勢，積極的公司政治則相反，主張透過充實的、真實的、可靠的行為方式獲取競爭優勢。

如前所述，雖然關於公司政治的討論越來越多，但到目前為止尚存在兩個問題：

一是理論研究還落後於實踐的需要，缺乏具有指導性的應對公司政治行為的方法和措施；

二是很多身在職場的人士還沒有充分意識到它的影響，或意識到了但卻不知應當如何處理。

職業人士尚且如此，對於那些尚未進入職場、對未來有美好憧憬、認為只要憑藉個人的努力奮鬥就可以取得成功的年輕人來講，對這一問題能夠改變人生的作用更是一無所知。因此，關於公司政治的內容，應當引起人們的高度關注。

4.2 公司政治存在的原因

為什麼會產生公司政治？要想準確地回答這個問題具有很大的難度。這主要是因為公司政治所涉及的關係十分複雜，而且公司政治的始作俑者是人，人的社會屬性決定了瞭解和掌握人的動機以及與人之間關係是一件非常複雜和難以琢磨的事情。不過鑑於公司政治對職業發展的影響，我們還是試圖找出個中的由來，以便為人們在工作中採用正確的對策提供借鑑或建議。

產生公司政治的原因主要包括個人因素、組織因素和社會因素三個方面：

（1）個人因素

人的性格特性會影響個人的職業發展，同時也與公司政治行為有關。研究發現，具有高度自我監控、內控型和高馬基雅維利主義的人更容易捲入政治鬥爭。

第一，那些自我監控能力較強的人對社會線索比較敏感，並表現出較強的社會從眾傾向，比自我監控較差的人更擅長政治手腕的運用。

第二，內控型的人由於總是相信他們能夠控制所處的環境，因此更趨勢於長期主動的態度，按他們希望的目標操縱事態的發展進程。

第三，高馬基雅維利主義特徵所具有的控制願望和權利需要的心態，使他們為了達到自己的目的，往往不擇手段，並且在玩弄政治手腕時心安理得。

第四，個人對組織的投資越大，政治行為可能就越多。因為當他要離開組織的時候，就意味著損失也越大，因此就越有可能採用非法或消極的政治手腕來達到其目的。一個人可供選擇的工作機會越多，也就越有可能冒一定的風險採取非法或消極的政治手腕，以達到獲得對自己而言最佳工作機會的目的。

第五，一個人如果對採用消極的政治行為獲得成功的期望不高，一般來講，不顧後果的貿然行事的可能性也比較小。

儘管個人性格特徵會影響政治行為的頻率和性質，但政治行為更多地起因於組織特徵而非個人特徵，這是因為特定的情景和文化更有助於政治行為的產生。如果組織具有以下特徵———低信任度、角色模糊、不明確的績效評估系統、零總和報酬分配體系、民主化決策、以高壓為手段追求高績效、自私自利的高層管理者，則意味著這樣的組織往往會成為政治行為的溫床。

（2）組織因素

產生公司政治的組織因素主要包括組織資源的有限性、金字塔形組織結構中對權力的爭奪、組織社會系統的複雜性導致的高多樣性和相互依賴性、組織文化的影響、管理人員的評估誤差、管理的不規範性等方面。

組織資源的有限性。對任何一個組織來講，所擁有的資源都是有限的。無論是組織還是個人，要獲得成功，在很大程度上取決於組織和個人所佔有的資源。這裡講的資源，既包括財力、物力和人力資源，也包括權力、組織晉升、加薪、培訓機會等。財力和物力資源大多是有形的，取決於組織的實力以及與組織成長有關的外部環境因素。而晉升、加薪等則更多地與組織的文化、制度、組織所能夠提供的機會有關，更多地取決於組織內部的因素。在既定的資源分配條件下，人們的利益處於一種平衡的狀態，但一旦涉及資源的再分配或重新分配，平衡就會被破壞，政治行為就會產生。為了爭取這些有限的資源，如爭取更多的部門經費、10%的加薪、一個重要的職位任命、培訓的機會等，組織成員會展開激烈的競爭。在競爭的過程中，人們會採用不同的手段或方法以達到預期的工作目標。由於資源的有限性，一部分人或某些部門獲得的利益，往往意味著是以另外一部分人或部門利益的犧牲為代價的。這種因資源的競爭所導致的人們為達到目的所採取的手段及所引起的人與人之間關係的變化，是公司政治產生的一個重要原因。

金字塔形組織結構中對權力的追求。就絕大多數的組織來講，其權力結構基本都是金字塔形的，在金字塔形的組織中，一個人由低職位向高職位發展的可能性一般都呈越來越小的趨勢。人們為了獲得這種稀缺的權力資源，

第四章 公司政治與職業發展

一定會竭盡所能地去影響他人。每一個人生來都有一種企圖支配別人而不願被別人支配的願望。這種願望促使人們去追求權力，以便能夠影響其他人或改變其決策，最終達到自己的目的。在組織中，人們出於不同考慮和自身條件，追求的權力形式不同，比如有的喜歡正式的領導和管理他人的權力，有的則希望成為某個專業領域的專家，即獲得專家的權力。但不論是哪一種權力，在得到這些權力的過程中，除了自身的努力外，在很大程度上要依靠自身所建立起來的人際關係圈子中的人的幫助和支持。現實中雖然有憑自己的專業和技術就獲得權力的，但也有沒有專業或技術優勢獲得權力的。我們的身邊經常會有這樣的情況發生：

一個在專業方面非常出色的人沒有能夠成為人們所期望的某個專業職位的領導人，反而由一個專業技術並不出眾但卻有著真正領導能力，或與有關的主管和同事有著良好人際關係的人取而代之。有的人對此很不以為然，認為後者是因為與主管關係好才得以升遷，而前者是公司政治和權力鬥爭的犧牲品。其實稍稍瞭解公司政治的人都知曉其中的奧妙所在，這就是人們對權力的羨慕和崇拜，「爭權之心，人皆有之」。

權力的爭奪還產生於由於競爭所導致的權力重新分配的過程之中。隨著競爭的加劇，企業間的合併、重組、精簡和其他一些可能引起混亂的行為導致了個人和團隊為了爭奪職位、金錢、責任和權利正在展開前所未有的競爭，成功往往取決於對這些重要資源的瞭解和掌握程度——尤其是權力。但權力資源也是有限的，聰明的人會為獲得權力而使出渾身解數，有時甚至不惜對競爭對手進行攻擊，只要這種攻擊不違背組織基本的道德原則，或被控制在一個較小的範圍內，就不至於影響攻擊者自身的信譽。職業人士千萬不要天真到認為權力會自動來到你的身邊，機會對每個人都是均等的，你必須付出努力。人們必須認識到，要獲得影響和支配別人的權力，僅僅具有技術或專業優勢是遠遠不夠的，還必須能夠熟練地處理和解決組織中各種錯綜複雜的人際關係。

只有具備了這兩方面才能的人，才能夠獲得真正的影響力和支配力，並在激烈和複雜的商業環境中站穩腳跟，保持住自己的優勢。如果對這種人際

關係不予以高度關注，無視我們身邊形形色色的人的動機和需求，不僅不能夠獲得權力，已有的權力也會喪失。專欄 4－1 中的本·富蘭克林，雖然才能出眾，但是過於強硬，最後被公司從一個工廠廠長調任負責公司新設的安全專案的總監，按照該書主角史丹利的說法，富蘭克林「被捨棄了」。個中的滋味相信身在職場的人們一定有似曾相識的感覺。

組織社會系統的複雜性導致的高多樣性和相互依賴性。企業由兩部分組成，即社會系統和技術系統，兩者共同構成一個複雜的組織形態。其中的社會系統主要指的是企業中的人以及相互之間的關係；技術系統則是指保證企業正常經營的研發、設計、生產、製造、市場、銷售、客戶管理等環節。在社會系統中的人們之間，存在一種複雜的關係，約翰·科特將其稱之為「多樣性和相互依賴」。所謂多樣性，是指組織中的人們在目標、價值觀、利害關係、職責和認識上的分歧；相互依賴則是指兩方或多方彼此對對方有控制權並依賴對方的一種狀態。隨著組織複雜性的增加，專業化分工越來越細，多樣性程度越高，相互依賴性越強，最後導致的是意見分歧也越大。要解決分歧，就必須找到解決辦法。比如可能做出妥協或者退讓，要麼是某一方妥協，要麼是雙方或多方共同的退讓。一方對另一方妥協，意味著對方有較強的權力或影響，或者掌握有妥協者需要的某種資源，因此需要妥協；雙方或多方的退讓則可能意味著作出退讓決定的各方彼此對其他各方的依賴性很強。在這種妥協和退讓中往往伴隨著權力和利益的交換，其表達的方式通常是：這次我聽你的，但下次你就聽我的。

除了妥協和退讓之外，還可能出現利用權力強迫對方同意自己一方的意見；或者遊說有利益關係和彼此相互依賴的各方，證明自己的意見或方案才是對大家都有好處的。不論是哪一種方法，由於衝突各方都代表不同的利益群體，因此最終都可能導致一場「曠日持久的、以鉤心鬥角和大搞本位主義為特徵的權力鬥爭」。這種權利鬥爭既反應了組織中不同利益集團之間爭鬥的現實，同時也告訴我們，應該用一種「強調複雜的社會環境的影響作用的觀點」來看待組織，這種觀點的核心就是組織不僅僅是一個技術系統，同時還是一個極其複雜的社會系統。認識這一點，對於瞭解和掌握有關公司政治的內容大有好處。

組織文化的影響。多樣性由社會的複雜性決定，同時也受制於組織擁有的有限的資源。社會的複雜性和資源的有限性共同影響和決定著組織的文化、價值觀和員工的行為方式。不同的組織文化和價值觀會有不同的遊戲規則，由此產生的對利益的追求方式也就會大相徑庭。在一個崇尚和提倡透過正當競爭贏得權利的組織中，組織重點關注的是員工創造價值的能力和管理的水準，並以此作為晉升、加薪等激勵政策的核心要素，當這種觀念被大多數人所認可和接受時，就會對人們形成一種約束力，不正當的權力遊戲或權利爭奪就會受到一定程度的限制。我們將這種透過正當競爭贏得權利的方式視為一種正當的或積極的公司政治。反之，在一個對權力鬥爭沒有約束的組織中，鉤心鬥角和本位主義就會大行其道。加上我們所生活的這個世界本身就不完美，還有各種各樣的「小人」存在於組織中，多數人所厭惡的消極的公司政治就在所難免，人們就會把工作看做是不得已而為之的事情。

管理人員的評估誤差。管理人員的評估技能和績效標準的確立和認定方面存在問題，也會導致政治行為。這些問題包括：

第一，管理人員（通常是部門負責人或經理）自身的開發與管理技能對績效評估的影響，包括績效衡量誤差和績效訊息反饋兩個方面。績效衡量誤差主要指同類人誤差、對比誤差、寬大誤差、嚴厲誤差和趨中誤差等，後三種情況就被稱之為「績效評價的政治學」。由於這些人為的誤差，導致部分員工的積極性受到挫傷，進而產生對組織的不滿，消極怠工，最終影響組織的效率和效益。此外，還有專家指出，導致組織的政治行為產生的最重要的因素是大多數用以決定有限資源分配的「事實」是值得商榷的。

比如，一個籃球前鋒如果每場比賽能夠投進 15 個球，拿到 30 分，他就是一個優秀的選手。如果每場比賽只能得到 5 分，就是一個糟糕的選手。如果你是教練，在選擇隊員上場時，你的選擇就很容易，因為「事實」（技術水準）是很清楚的。但如果你必須在每場得 15 分和 16 分的兩個選手中選擇，你要作出選擇就比較困難，因為「事實」沒有給你明確的選擇指向。這時，作為教練，在決定應該由誰上場時，考慮的就是其他的「事實」，如比賽經驗、訓練水準、工作態度、應付壓力的能力、發展潛力、對球隊的忠誠以及團隊

合作精神等。現實中,大多數的管理決策是在後一種情況下進行的,由於這種模糊性,使得很難用事實為自己說話,從而導致了政治行為的盛行。另外,在績效訊息反饋上,由於管理人員在績效結果特別是負面績效方面與員工進行溝通存在障礙,使員工難以獲得改進和提高自己績效水準的意見和建議,這種工作環境一方面讓員工疲於應付,另一方面也使員工心灰意懶。

第二,管理人員在員工績效標準的確立和認定方面,重點獎勵的是員工的忠誠而不是工作的業績,因此導致員工將工作的重點放在如何迎合主管上而不是改進和提高自己的工作業績上。如果這成為現實,必然會影響那些努力工作且業績優良的員工的工作動機和積極性。

第三,由於這兩點以及以上幾個方面的原因,使人們所得到的回報在很大程度上並不是由他們的工作業績和工作表現決定的,最終的結果是對組織的認同度降低。

管理的不規範性。組織管理不規範,規章制度不健全,使公司政治的產生和存在成為必然。首先,企業在由小到大的發展過程中,會逐步地建立和完善保證其正常運轉的一套體制和機制。在這種環境中,爭權奪利、爾虞我詐等不良行為會受到一定程度的限制。但任何規章制度都有局限性,這種局限性在一定程度上會被人利用,並導致和產生某些不良行為。其次,建立健全規章制度的過程同時也是公司政治行為形成的過程,尤其是當企業由創業階段向成長階段過渡時,職業經理人強調的管理規範性的要求常常與企業中的「老人」們發生衝突,他們中的很多人習慣按照原來的思維方式行事,不願接受嚴格的工作程序和辦事規則的約束,一旦與規則產生衝突,往往仰仗於創業者之間的關係而不了了之。職業經理人則為了維護管理的尊嚴,不得不透過招聘與其具有相同理念的新人進入企業以同「老人」們對抗。在這個過程中,政治活動和權利爭奪就成為不可避免的事情。最後,隨著環境的變化,企業建立的規章制度又必須進行及時的修改和調整。在新的制度建立前,一些由組織內部的某些人員所共同認可的「潛規則」就成為指導和影響人們思維方式和行為模式的重要力量。其中,既有積極的、可以為組織大多數人

認可的規則，也有消極的不良規則和行為。由於企業自始至終都處於不停地變化狀態中，這些積極或消極的政治行為也會始終存在。

（3）社會因素

中華傳統文化的影響。相互猜忌是公司政治產生的另一個重要原因。中國的傳統文化尤其是儒家思想強調秩序和等級觀念，這種等級和秩序觀念所包含的不可預知性是當今公司政治產生的社會文化和心理背景。孔子在《論語泰伯》中講：「民可使由之，不可使知之。」意思是說，對老百姓而言，只要讓他們按照國君的話做就行了。沒有必要讓他們知道為什麼要這樣做。這種文化傳統在今天也很有市場，很多企業的正常活動都被人為地蒙上了一層神祕的色彩，直接的結果就是導致上下級之間、同級之間的相互猜忌。比如在企業中，你被要求做很多事情，但至於為什麼要這樣，卻不告訴你，全憑你的猜測。如果你的領悟能力高，就可能找到正確的方法並完成任務；反之則會功敗垂成。

中國的人情社會和風俗習慣。中國是一個以人情為基礎的社會，在這個社會中，一個人人際關係的好壞，很可能會影響其職業生涯的發展。臺灣地區學者黃光國教授根據中國文化重視「人情」和「面子」的特點以及不同的價值取向，將中國的人際關係分為三種類型：情感型關係、混合型關係和工具型關係。他指出，在講究人情的中國社會中，混合型關係是個人最可能以人情和面子來影響他人的人際關係範疇。這種影響的過程和結果，顯然伴隨著大量的政治行為。在人情和面子的掩護下，社會關係可以幫助個人達成自己追求的目標。

4.3 為什麼要關注公司政治

瞭解和掌握積極的公司政治的技巧和方法，對個人職業的發展具有重要的意義，它不僅能夠幫助人們有效地融入團隊，而且能夠幫助我們少走彎路，增強信心。

(1) 職業發展的需要

關注公司政治的第一個原因是成功的職業發展的需要。有研究指出，如果我們生活在一個完美的組織，組織中的人們能夠按照工作表現得到公平回報，只要具有了擔當更具挑戰性的工作的能力就會被提升；不必與同事爭奪資源來有效地完成工作；沒有玻璃天花板來限制任何有才華的人的晉升；性別、種族或民族都不會構成事業進步的絆腳石；雇員們在重要的專案上為了公司的共同目標相互合作，滿足客戶的各種要求；沒有造謠中傷，只有善意的內部競爭，團隊精神得到崇尚；每一位工作表現出色的雇員都將得到管理層的承認、欣賞和獎勵；在這種情況下，我們就沒有必要關心公司政治。但非常遺憾的是，我們生活的這個世界以及工作的環境本身並不完美。在我們的周圍，儘管大多數人都在勤勤懇懇、任勞任怨地努力工作，但還有另外一些人，他們將自己大部分的精力和時間用於一味地迎合上級，極盡奉承之事，甚至為達到自己的目的，不惜對同事造謠中傷，肆意誹謗。

雖然大多數人對此都嗤之以鼻，不願與之為伍，任何一個組織也都不會容忍這些所作所為，即使是一些管理不良的組織，至少在公開的場合也會對此進行譴責，但我們卻不能因此而忽略這些行為的客觀存在。我們可以藐視這些不良的行為或消極的職場政治，但卻必須正視它們。如果我們不能夠正視它們，將其限制在一個盡可能小的範圍內，就意味著我們是在逃避，而逃避給我們帶來的要麼是組織原則的喪失，要麼是個人更大的傷害，除此之外，沒有其他任何的好處。

(2) 使公司政治為你所用

聰明的人善於駕馭公司政治而不是被它所左右。公司政治有兩種完全不同性質的表現形式，一種是積極的公司政治，一種是消極的公司政治。消極的公司政治行為是我們要防備和制止的，而積極的公司政治行為則可以為我們所用。因此，職場人士首先應當學會如何合理地利用職場政治達成自己的職業目標。而要做到這一點，就要求組織中的人們具有足夠的勇氣和創造力，透過正確地運用職場政治幫助我們保持誠實正直的稟性，改善你的工作環境，同時增加你對工作的滿意度。只要持之以恒，你會從中得到無窮的樂趣。

(3) 職業成功的影響因素

任何一個人的職業發展都離不開人際關係和公司政治的影響，1997 年 3 月美國《華爾街周刊》有過這樣一項報導：經理們仍然傾向於雇傭和提拔能夠與之相處和諧的人，即那些聰明的、懂得政治的人。一項對 1880 名行政管理人員的調查表明：職場政治而非工作表現影響公司人事方面的決定。儘管這些現象被認為是商界最令人頭疼的事情，但客觀事實就是如此，企業本身就是一個複雜的社會系統，人際關係和公司政治就是這種複雜性的具體體現，對這些惱人的事情大可不必反應過度，而應隨時保持和強調以一種複雜性的觀點來看待我們身邊已經發生或可能發生的事情。還有，員工的評價、加薪、晉升、培訓、開發等個人職業發展，都需要徵求和平衡各方面的意見。其中，上級和同事的意見往往會成為影響個人職業發展最重要的因素，這反應了人際關係對個人職業發展的影響。以上兩個方面尤其應該引起那些技術出身或不善與人交往的職業人士的高度關注。

(4)「兩條腿走路」

人有兩條腿，靠著兩條腿，人類得以不斷地前行，成就了世間一個又一個奇跡。做事業也是如此。而在現實中，我們看到的卻是大多數的職業人士都將他們關注的重點放在技術或專業方面，往往忽略了人際關係和職場政治對工作和職業發展的影響，這不能不說是一個缺陷。正如本書多次強調的一樣，技術和專長固然重要，但這只是「一條腿」，技術和專業的優勢只是一個權力「源」，我們還需要另外「一條腿」，即對由各種形形色色的人所構成的組織複雜性的認識，以及應對和處理複雜人際關係的能力，這是職業人士成功的另外一個權力「源」。特別是對於領導者和管理者以及那些希望以後成為領導者和管理者的人來講，只有具備了「兩條腿走路」的能力，眼觀六路、耳聽八方，才能在錯綜複雜的組織環境中遊刃有餘，並獲得生存和發展的空間。

(5) 減少「績效評價政治學」的消極影響

「績效評價政治學」的存在，極大地挫傷了組織中那些積極主動、任勞任怨且業績優良的員工，並最終影響到組織的效率。為了減少這些負面的影

響，需要在三個層面上做好相應的工作：在組織層面上，應不斷改善和完善績效管理系統，尤其是要建立績效系統的評估反饋機制或投訴管道；在管理人員層面上，應加強各級管理者尤其是部門主管的自身開發和評估技能的培訓；而對於受「績效評價政治學」傷害最多的員工群體來講，要想減少或降低自己受到的影響，應比以前更積極主動地關心所在組織績效系統的內容以及自己的績效指標，清楚地瞭解和掌握組織目標與自己的目標之間的關係，當管理人員出現評估方面的問題時，能夠透過組織的反饋機制或投訴管道進行申訴，以保證自己的權益和利益。

4.4 關於公司政治方面存在的誤區

在關於公司政治的問題上，目前還存在很多的認識誤區，根據專家們的研究成果，大致可以歸納為以下幾個方面：

誤區一：我所在的單位或我的工作環境沒有「公司政治」現象。

你所在的單位或工作環境真的不存在公司政治嗎？回顧一下本書的內容，認真閱讀一下專欄4－1的案例，你可能就會改變你的觀點。首先，現實告訴我們，不論你是否喜歡，公司政治都是客觀存在的事實，只是你可能還沒有意識到，或意識到了但不願承認。我們在前面曾討論了組織資源的問題，任何一個組織的資源都是有限的，而這些有限的資源是保證個人和團隊獲得成功最重要的條件。要獲得這些資源，就需要動用積極的「政治手腕」。當「人們發現獲取和使用權力會幫助其完成目標時，人們就會使用政治」。專家指出，由於作為組織一部分的決策、衝突和知覺創造了個人差別和非理性標準起作用的環境，而這些因素不能僅透過正式的方針、政策和職位權力來處理，所以，沒有政治手腕是不可能的，也可能是不合適的。但遺憾的是，很多人仍然以一種近乎天真的觀點來看待他們遇到的問題，即過分強調他們的技術或專業優勢。他們忘記了組織是由人組成的社會團體，而不是由機器組成的。並且，在一個學習型環境中，在那個強調以理性和技術方法解決問題的環境中，人們特別容易忘記這一切。而在由人構成的組織以及由組織構成的人類社會中，有他們自己的行事規則，而且是與技術所關心的效率和效

果毫無關係的行事準則。殘酷的現實告訴我們，如果你不瞭解這些行事準則，不具備瞭解、研究、適應以及解決這種複雜關係的能力，你就可能被其他選手超過。

其次，職場政治還影響組織的升遷政策。組織面臨的強大的競爭壓力迫使組織提高其靈活性，以團隊合作為基礎的工作形式得到普及和推廣。在這種組織形式中，團隊成員不僅要有技術和專業優勢，更要具備合作和犧牲精神，以及整合團隊資源的能力。在那些強調組織靈活性和團隊合作精神的組織中，當管理階層考慮升職人選的時候，候選人是否具有團隊精神成為最關鍵的條件。因為這些組織認為，走在前面的人永遠是與周圍的人相處和諧的人。

最後，對於組織的各級管理者來講，政治更是一個時常圍繞在身邊的遊戲，因為組織本身就是政治的溫床。在組織的規模與政治出現的頻率之間、組織中的職位高低與政治之間有一種內在的關係，這就是，組織的規模越大，政治也就越多；在組織中你的職位越高，政治就離你越近。這種情況在中國以前的國有企業表現尤其明顯。中國的國有企業管理體制在相當長的時間裡都存在一個弊端，即「婆婆」太多，這些「婆婆」們出於自身部門利益的考慮，都要利用權力在一些有影響的企業裡安插與他們有各種關係的人，這樣就在一些國有企業形成了副總與副總之間互不買帳，甚至總經理都不敢得罪副總的情形。不僅如此，在某些上市公司的董事會也存在類似的情況。2004年第3期《經理人》雜誌上發表了一組關於老闆與「潛規則」和企業十大「潛規則」的系列文章。在企業十大「潛規則」中排在第一的就是「董事會是橡皮圖章」。文章說，經理們要對公司的業績負責，而擁有策略決策和人事決策權的董事們卻置身事外，這種怪事經常發生在各類企業之中。

在中國的部分企業裡面，董事會更多呈現出一種政治實體而非經濟實體的特徵。中國企業董事會通常由企業的股東單位或上級機構所委派，他們代表著各種利益集團資本的意志，成員之間彼此立場各異，在公司的使命、願景、核心價值觀上難以達成共識。董事會越來越成為一個玩弄權術和爭奪控制權的場所。董事會成員個人能力不足，缺乏專業知識與技能，也使他們很

難履行董事會的功能，理想的治理機構中的董事會，應該扮演公司諮詢專家、策略顧問、長期規劃者、投資者、關係協調者及薪酬顧問的角色，這就需要董事會成員具備相關策略、經營管理、法律等方面的知識。但是，在國內的一些企業，卻很少有「懂事」的董事，經常是稀裡糊塗地作為資本的代表參與到企業中來，稀裡糊塗地開會，茫然不知地舉手，人云亦云地表決。就這樣，董事會變成了「橡皮圖章」。這應當是對部分企業公司政治和「潛規則」的真實寫照。

誤區二：憑自己的能力和工作表現就可以獲得發展，沒有必要為了所謂的公司政治而自尋煩惱。

具備專業技術優勢和良好的人際關係能力，只是獲得職業計劃成功的一個要素，另外一個至關重要的條件是你的能力、表現以及業績能否能夠得到組織中你的上級、同事或下屬的認可。為了做到這一點，需要在以下三個方面調整思路：

一是要改變傳統的「謙讓」思維。在中國人的傳統思維中，比較尊崇謙虛和謹慎，人們經常掛在嘴邊的「謙虛使人進步，驕傲使人落後」就是一例。但在職場政治中，這種謙虛和謹慎在很多情況下可能是多餘的。當你在尋求提升的機會或試圖使你的工作成就得到承認和獎賞的時候，謙遜可能並不能夠為你增加砝碼。因為你的謙遜帶來的不僅僅是機會的喪失，而且由於你一貫的謙遜，可能還會在組織的其他人中形成「反正他都不感興趣」的誤會，這種誤會如果長期得不到解釋，人們可能就會漠視你的存在和內在需求，甚至將你的功勞記在其他人的身上。當你看到那些不如你的同事、下屬都跑在你前面的時候，你的信心就會動搖，工作的滿意度也會降低。

二是要改變傳統的「只做不講」的「低調」思維。傳統教育倡導人們要一輩子做好事，而且要默默無聞不留名。但在競爭日益激烈的職場競爭中，組織資源的限制和個人職業發展內在要求之間的矛盾，使「光說不練」在有時候顯得有點不合時宜。人們要得到應得的東西，就必須「既要做，又要講」。這裡的「做」指做好工作，「講」指使自己的業績得到應有的重視，防止別人佔有自己的成果。不僅工作要做得漂亮，講也要講得有水準。這也就是人

們通常講的四個「恰當」的原則：在恰當的時間、恰當的地點、做了一件恰當的事，被恰當的人看見、知曉或認可。

　　三是要改變堅持己見的「固執」思維。首先需要解釋一下「堅持己見」一詞的含義，它既可表示某人堅持原則，據理力爭；也可表示固執己見，頑固不化。這裡所要表達的主要是後一種意思，主要說明個性特徵對職業發展的影響。如果你的性格具有攻擊性或過分張揚，你所取得的成績也會被抹殺。專欄 4－1 中那位富蘭克林先生就是這樣一個人物，儘管他才能出眾，但因過於強硬，最終成為公司政治的犧牲品。因此，如果你是一個具有這種性格的主管，就要注意你的性格對你的未來可能產生的不利影響。我們的建議是，

　　第一，雖然改變性格是非常困難的，但並非意味著束手無策，還可以透過其他方法彌補你的性格缺陷。比如，在你組閣的時候，在你的搭檔中物色一些能夠與你的性格互補的人。如果你是一個非常直率或攻擊性性格的人，在你的搭檔中就應該有一些防禦性性格或慢性子的人。這樣，當因你一時性起引發衝突時就不至於無人收場。如果溝通不是你的強項，你的搭檔中就要有善於傾聽和溝通的人。當需要與各種利益群體討價還價時，就由他們出面來應對，你所要做的就是事先制定好你解決問題的辦法，在「幕後」對事件的進程進行觀察和控制。

　　第二，盡量克制你的性格，特別是在你的上級面前不能過於張揚，並注意你與上級溝通的方式和講話的藝術。有一則短信非常形象的描繪了針對不同的人講話的藝術性：「對下級講話：我強調幾點；對同級講話：我補充幾點；對上級講話：我體會幾點。」這種講話的藝術性其實就是典型的職場語言。它既體現了權利和權威，比如對下級講話就需要體現你的權威，同時也照顧了「面子」；比如對同級的「補充」、對上級的「體會」，都是對對方「面子」的維護。不僅如此，在「補充」和「體會」的同時，還表達了自己的觀點。職業人士必須要學會這種職場語言，千萬不要將此看做是油滑、奉承或拍馬屁等人們通常認為的其他不好的東西。請記住，主管也是人，也有面子，大凡當主管的人，都需要「抬轎子」或者「拍馬屁」的人。只要不違背基本的原則或不至於太「肉麻」，一切都是可以容忍的。

第三，經常和你的上級交換意見和看法，讓他瞭解你所要做的工作的每一個步驟及可能產生的問題，這一點非常重要。

第四，如果你是一個管理者，且你的專業和技術非常棒，當你的下屬向你求助時，千萬不要責怪，因為責怪必然帶來關係的疏遠，而應趁此機會展示你的優勢，幫助他們解決問題，而幫助帶來的是你的權威的建立和下屬對你的高度的承諾。

誤區三：以公平競爭的方式獲得權利和資源是所有人都遵守的遊戲規則。我如此，別人也同樣如此。

我們在討論「為什麼要關注公司政治」時談到，如果組織有非常充足的資源保障，人們努力工作，靠自己的奮鬥和業績就可以得到應有的報酬，靠自己的能力就可以得到晉升，不必看人的眼色行事，人與人之間的關係讓位於技術和專業水準，那麼就不會存在公司政治，也就無所謂遊戲規則，我們也不會犯錯誤。但遺憾的是，這樣的組織在現實中基本上是不存在的。當然我們並不否認現實中的確也有一些管理規範和講究信用的組織。即使公司被認為是一個待人很好、尊重每個人的能力、承認和鼓勵個人的創新精神、一直是一個有才華的人的理想工作單位的公司，也不能夠杜絕這類活動，只是盡量把官僚作風和政治遊戲降到最低限度。在這些組織中也可能存在一些大伙約定俗成並共同遵守的遊戲規則，但這也僅僅是一種「可能」，或者是一種暫時的相關利益集團的「平衡」狀態。當所涉及的資源和權力對不同利益群體的人具有非常重要的作用時，約定俗成的規則也有被破壞的可能。另外，企業中的遊戲規則大多與老板有關，有的老板本身就是這些潛規則的制定者。當老板們意識到已有的規則不適用時或企業的老板更換後，原有的規則就會被修改。由於「優秀的老板都是口是心非的」，因此，「口是心非」的經理人才可能成為好的經理人。美國溝通管理協會的調查也從另外一個層面支持了這種觀點，調查發現，有64%的企業員工通常不相信高層主管所講的話。需要指出的是，我們不應將這種「口是心非」理解為完全不講原則的行為，而應該是「隨機應變」的職場觀念。職業人士需要牢記的是，並不是所有的人都具有與你一樣的品德，在資源、權力和利益面前，人們往往是不會謙讓

的，在你背後穿小鞋、捅刀子的事情可能也是層出不窮的。對此，我們既沒有必要大驚小怪，也不要過於天真。中國有句古話：害人之心不可有，防人之心不可無。要防人害己，就必須能夠隨機應變：一方面以積極正確的態度參加競爭；另一方面也要防止有人在背後「打黑槍」。

誤區四：公司政治就是玩弄權術，是小人才關心的事情。

茫茫人生路，需要有人正確地指引。人生的道路非常漫長，就如同在原始樹林和沼澤中行走，稍有不慎，就可能迷失方向，陷入泥潭。對於那些在職場中拼搏多年的人來說，這種說法一點也不過分。

有的人不喜歡公司政治，對那些擅長玩弄政治手腕的人充滿了不信任。這是可以理解的。因為不良的政治行為會導致某些個人以犧牲他人甚至組織的目標為代價來達到自己的目的。但客觀地講，權力和政治手腕的運用也有積極的一面，現實中有不少人之所以要運用政治手腕以獲得權力，主要還是出於完成自己的目標的目的。我們不應因人們對組織政治行為普遍存在的不認可而忽略了政治行為在組織中存在的必然性。

接下來我們要回答關於公司政治行為的積極方面和消極方面的具體表現形式的問題。在此，作者向讀者推薦專家們的研究結果，根據這些結果，我們可以觀察和瞭解兩者之間的行為模式及其特徵。

威廉·薩蒙和羅斯瑪麗·薩蒙在其《職場政治規則》一書中，從13個方面對積極的公司政治和消極的公司政治進行了區分（見表4－1）。他們認為，積極的政治行為繼承了關於「政治」一詞的基本含義，即講究實際的智慧、審慎的、明智的和具備交際手腕的。而消極的政治行為則體現了「政治」老奸巨猾和不講道理的一面。作者認為，個人的態度、經歷、發展目標、當前的困擾和個人信仰是決定人們是有意排斥還是主動順應公司主流生活的重要因素。他們建議人們應採用一種較寬闊的視野和較客觀的態度來審視和挑戰有關公司政治的荒誕說法，以增強處理各種事務的能力。

4.4 關於公司政治方面存在的誤區

表 4-1　　　　　　　　　積極的政治和消極的政治

積極的政治	消極的政治
直截了當	操縱他人
雙贏	贏/輸
通力協作	堅持己見

表4-1（續）

積極的政治	消極的政治
逐步發展	擊敗他人
集體利益	自我利益
大局觀	眼前
長期策略	短期策略
授權	權利饑渴
注重信譽	引發不滿
富有成效	毀滅性
誠實公正	虛假欺騙
貢獻	索取
接受評判	喜歡奉承

資料來源：威廉·薩蒙，羅斯瑪麗·薩蒙．職場政治規則．蔡堅，譯．北京：中央編譯出版社，2004．

斯蒂芬·P·羅賓斯認為，一個人觀察事物的出發點決定了他把什麼行為看成是政治行為。同樣的一種行為，有的人會認為是「政治行為」，而另外的人則可能認為是「有效的管理行為」。對政治的認識就像去發現美麗，它取決於是否出自情人的眼睛。表 4-2 列舉了 15 種不同的認識。

第四章 公司政治與職業發展

表4-2　　　　　　　　　　人們眼中的政治行為

「有效的管理」標籤	「政治行為」標籤
1. 責備他人	1. 富有責任感
2. 套近乎	2. 建立工作關係
3. 溜須拍馬	3. 表現忠誠
4. 推卸責任	4. 分派職權
5. 不露馬腳	5. 為決策尋找充分證據
6. 製造衝突	6. 鼓勵改革和創新
7. 拉幫結派	7. 實行團隊工作
8. 洩露機密	8. 提高效率
9. 早有預謀	9. 預先計劃安排
10. 出風頭	10. 有才干，有魄力
11. 有野心	11. 事業心強
12. 投機	12. 精明敏銳

表4-2(續)

「有效的管理」標籤	「政治行為」標籤
13. 奸詐狡猾	13. 老練沉穩
14. 妄自尊大	14. 胸有成竹
15. 完美主義者	15. 細心周到

資料來源：斯蒂芬‧P羅賓斯．組織行為學．9版．孫建敏，等，譯．北京：中國人民大學出版社，2003：367-368．

約翰‧科特則從多元化和依賴性的角度，闡述了兩種不同性質的政治行為給組織帶來的不同結果。他認為，影響管理和專業工作的主要變革將會造成形形色色的人員之間錯綜複雜的相互依賴，而這種依賴將產生更多的衝突和可能發生的衝突。如果對這些衝突處理不當，將會產生官僚主義的鉤心鬥角、本位主義以及危害極大的權力鬥爭。這一切又將帶來更大和更消極的差異和更嚴重的相互依賴，進而會降低效率，提高成本，扼殺創新精神，疏遠關係，挫傷積極性。而如果處理得當，則會是另一種情況，在這種狀況下，將會產生具有獨創性的觀點、積極的解決問題的方法以及新的產品和服務。這些又將消除無益的和不必要的分歧，減少相互依賴，從而使企業更具競爭性，能力更具適應性和應變力，企業生活也更富刺激性。

總結我們前面的討論，我們應當學會能夠以一種較寬闊的視野和較客觀的態度來審視和挑戰有關公司政治的荒誕說法，在此基礎上我們就能夠瞭解和掌握如何在積極的公司政治行為和消極的公司行為之間進行區分。這樣我們就具備了一種信念，即玩政治不一定意味著要出賣自己的道德原則，也不用踩著同事的肩膀往上爬，更不是一味地拍老板的馬屁。政治完全可以有別的玩法和贏法。本書「職場規則建議」一章將對此作專門介紹。

本章案例 公司「政治力學」

在某種程度上，公司政治可視為一個企業的「成人儀式」。

就像一個涉世未深的年輕人，出於對「政治」這個概念的不甚瞭解和「複雜」甚至「骯髒」的傳說，往往對所謂「政治」不感興趣而「遠離政治」。但是總有一天，他會發覺自己從來就在一個政治體系中生存遊弋，而政治也只是一種客觀存在———其「政治意識」的覺醒，或可算得一種成熟。

沒有哪個企業家會無所顧忌地公開談論公司內部的政治。但你以為他們的頭腦中整天轉悠的就是他們嘴上經常說的那些策略、市場等東西而別無其他嗎？其實他們中的大多數在治理公司多年後都驚覺自己經常翻閱，而且真正能掩卷沉思的往往是政治類書籍。覺得自己還有更重要的事情要做，或者天真地認為自己的組織當中根本不會有「政治」折騰空間的企業家，顯然還需歷練。而那些抱著蔑視公司內部政治的想法進入一個新的組織的人，注定要為自己犯下的致命錯誤付出代價。

政治是什麼？「政乃眾人之事，治乃管眾人之事。」一位政治學者概括說，「公司政治」還很難準確定義，但可以這樣理解：有些事情或現象，如果從經濟層面看是違背規律、令人費解的，往往就是政治意識在起作用，它要達成的就往往是某種「政治」目的；有些事情如果從政治層面仍然難以解釋，就應該是一個哲學問題———意味著這些問題已經超出了現有的認識水準。公司政治可以籠統地認為是企業內各種經濟關係的總和。所謂「天下熙熙，皆為利來；天下攘攘，皆為利往」，公司政治遊戲中的各方雖然都有著各自冠冕堂皇的理由，但是利益和資源才是他們的最終目標。人與人之間的

第四章 公司政治與職業發展

關係無非是對資源的佔有和分配關係，圍繞資源安排所形成的心理契約、勢力範圍、影響力、指揮鏈、習慣與傳統等，其實都可以歸到公司政治的範疇中。而所有這些與企業的日常事務糾結在一起，使得公司政治的邊界非常模糊。

在各種經濟關係維持基本平衡的狀態下，政治多半是隱蔽而且呈現出積極狀態的。人們一起為某個明確的目標和諧地工作———這自然是最理想的情境，但基本不可能實現。一旦這種平衡因變化而被打破，爭端四起，紊亂發生，政治就成為顯性的意識和手段。公司政治，無非是在各個目標的和諧共處不可能的前提下，建立起一套真正有效用的控制系統。對於正邪相倚的公司政治而言，能否成功駕馭，正是企業家功力高下的指標。

之所以說公司政治是企業的「成人儀式」，是因為在那些初創的公司中，主導一切行為的通常是一元文化，或者是多元密切合作型的文化，其正式與非正式的秩序都非常簡單。但當規模日漸增大的時候，曾經完美的小組織被破壞掉，一種為建立新秩序而進行的博弈自然就開始了。可以說，沒有公司成長帶來的必然變化，就沒有公司政治的真正覺醒。

為什麼有些企業被認為連空氣中都充斥著公司政治的味道？原因也許是無法駕馭的過度的政治已經日常化甚至「制度化」，歸咎他人和尋找替罪羊、誣告和背後捅刀、相互控訴與傾軋、裙帶關係、派系爭鬥、保護人盛行等等隱藏的秩序半公開化或被默許，並完全攪亂了公然存在的那一套價值觀和秩序———而在正常情況下，隱藏秩序只是作為正常秩序的補充而存在。這種公司政治過度的企業，往往犧牲了整個公司的運作秩序。因此，一個企業政治家恰恰應該是抑制這種政治過度化的高手，否則，他就只能被稱做「政客」。所以，公司政治也絕非搬弄權術那麼簡單，真正的「大家」，無論是開創一個新的事業，還是引導一次深刻的變革，都必須對此了然於胸。

英國一家做發電設備的公司 10 年前就希望打開中國的市場，最開始聘請一位技術專家擔任首席代表，毫無建樹，因為他「只懂技術語言」。於是換了一個管理專家，可他雖然精通市場行銷，卻找不到「撬動地球的那個支點」，渾身有勁使不出，仍然無功而返。耐人尋味的是，最後選定一位政治

4.4 關於公司政治方面存在的誤區

學博士做首席代表,很快就打開了局面,因為他「善於在複雜環境中處理複雜的利害關係」。雖然這個例子有偶然性,但我們仍需相信,在「無中生有」的局面下,政治智慧往往能解決在技術和管理層面上看來根本不可能解決的問題。

傑克‧威爾許在自傳中說:「我的長期職業目標是當首席執行官,所以為實現我的夢想,我就一定不能讓運轉中的『風車』發生傾斜。如果我抱怨這個體制,我就會被這個體制拿下。」深刻理解公司內部的政治體系,在這一體系中妥善生存下來,並且因深諳這個體系的運轉規律而在其中獲得成功,這應當是做企業家必備的一種素質。因此我們不難理解為什麼那麼多企業家醉心於禪、儒、兵法。依靠研讀這些充滿了駕馭智慧的哲學體系,他們也許能夠對自己所統御的公司王國參得更透。

一位曾經和幾個朋友創辦了一家相當規模的民營公司的人士說,公司內部人與人之間的關係是以力臂來丈量的,公開的秩序中有一套距離,私下裡人與人的距離感也許完全走樣。當公司變化時,兩套距離秩序都要迅速調整。政治就是要維持運動過程中各種距離關係的平衡———一個企業家,必須看透公司裡的「政治力學」。

今天我們對公司政治的討論既非聲討,也非推崇,而只是一種呈現。怎樣理解自然是仁者見仁,智者見智。

英國學者理查德‧佩廷格將組織原型文化分為四種:權力文化、人物文化、任務文化和角色文化。通常在企業當中,這四種文化都交叉存在。而在中國的企業當中,其組織文化更多地體現出前兩種即權力文化和人物文化的特徵:

(1) 權力文化

這種文化的核心關係是掌握權力和影響力的人與那些為他工作的人之間的關係。權力文化決定於處於中心的人,其他人都要從權力的中心吸取力量、影響力和信心。下級之間的主要關係是和中心的關係。

這種文化大量地存在於強者統領的企業中。處於權力中心的人要始終保證下級對他有信心。其必須面對的挑戰是規模問題:隨著文化的累積日趨多

185

樣化，權力中心者要保持持續的高影響力就越發困難；另外，權力中心的人離開之後，他以前產生過思想、能量、身分和力量的地方就會形成真空。

（2）人物文化

這種文化的核心關係是人與人之間的關係，將他們聯繫在一起的是他們內在的共同利益。偶然可能會出現等級和結構，這也是由於內在的共同利益驅動的。

這種文化在一群朋友創辦的公司中最常見，隨著規模的增大，其穩定性將迅速降低。

案例討論：

1. 為什麼說組織首先是一個政治實體？

2. 什麼是積極的公司政治行為？

3. 應該如何理解傑克·威爾許在自傳中說的：「我的長期職業目標是當首席執行官，所以為實現我的夢想，我就一定不能讓運轉中的『風車』發生傾斜。如果我抱怨這個體制，我就會被這個體制拿下。」

4. 公司政治和職業發展之間有什麼關係？

第五章 人情、面子、關係：中國人權力遊戲的思想和文化基礎

　　和公司政治行為一樣，組織中的人際關係是影響組織成員職業發展的重要因素。人際關係反應的是組織中的人們建立在非正式關係基礎之上的彼此互相依賴、幫助和交往，並以此獲得安全感、所需資源或權利的一種社會關係。這種解釋強調的是一種非正式的關係，因為從本質上講，人際關係涉及的是人類的複雜的思維和行為方式，雖然可以提出若干關於人際關係的技能標準，如良好的溝通能力、化解和正確處理衝突的能力等，但由於人與人之間在人際關係標準和理解方面的差異，很難用一個統一的標準對其進行具體的評價。如果兩個人的標準迥然不同，再怎麼溝通都無濟於事。而且從某種意義上講，最重要的人際關係往往是建立在具有共同興趣、愛好的非正式組織中。因此，對人際關係的關注，需要從正式和非正式的角度兩個層面來看待和認識。在中國人的工作和生活圈子中，存在著非常複雜的人際關係網路，因此人際關係也是一個出現頻率非常高的詞彙。但在實踐中，對人際關係的認識還存在一些不正確或不準確的觀點，比如將人際關係與「攻關」或公共關係聯繫在一起，或將其僅僅看做是一種拉關係的手段。此外，人際關係一詞在很多場合和環境中都以「人情」代替。我們經常說某人「你的關係很廣」，或「別人都買你的帳」等，就是指的這個意思。

　　本章將研究和討論以下幾個方面的問題：

1. 如何認識人際關係對職業發展的意義和作用？

2. 人際關係的類型和特點。

3. 人際關係和領導行為的關係。

4. 人際關係研究的歷史沿革。

5. 搞好人際關係的基本原則。

職場生存規劃必修課
第五章 人情、面子、關係：中國人權力遊戲的思想和文化基礎

專欄 5－1 積極參與才是解決之道

案例：

我剛剛進入職場的時候，就有很多前輩告誡我，在工作中要靈光點，要善於察言觀色，千萬別站錯隊，否則，辛辛苦苦幹多少年都沒有什麼前途。我知道自己不是個八面玲瓏的人，為了避免陷入某個幫派，我總是很努力工作，不過多參與辦公室的議論，也不跟任何一個人親密交往，對所有的主管，我都彬彬有禮。經過幾年的打拼，我的工作業績有目共睹，得到了所有主管的認可。有一天，部門一個副總邀請我一起吃午飯，我不好意思拒絕，就接受了，很快，辦公室就有傳言，我跟那個副總私交很好，很快一部分人對我突然很熱情，還有一部人開始疏遠我，我知道自己遭遇了辦公室政治，我該怎麼辦？

所謂辦公室政治，其實質就是為利益而競爭，表現特徵為拉幫結派攪小圈子，擾亂正常的人際關係。人在職場，上班除了繁忙的工作，同時還要應對複雜的辦公室政治，回家後又要扮演好家庭角色，一天下來體力、心力都消耗巨大，如果不能及時得到休息和調整，時間長了自然影響身心健康，因為長期壓抑的情緒得不到釋放而容易患上焦慮、抑鬱等心理疾病。

職場上，最不能迴避的是人際關係，過分限制自己的人際交往、太多關注他人對自己的評價、個人內心體驗的敏感度過高，都可能產生心理失衡。

辦公室是人學習生存之道的最好地方。如何減少辦公室政治中的人際衝突，良好的溝通是有效的解決辦法。

分析：

原文主人公面對辦公室政治採取的應對策略是獨善其身，「為了避免陷入某個幫派，我總是很努力工作，不過多參與辦公室的議論，也不跟任何一個人親密交往，對所有的主管，我都彬彬有禮」，這是用消極迴避的態度處理事情。事實證明這種應對方式只可能讓你自閉或更被動，並不能消除外界對你的關注，比如「部門一個副總邀請我一起吃午飯，我不好意思拒絕，就接受了，很快，辦公室就有傳言，我跟那個副總私交很好，很快一部分人對

我突然很熱情，還有一部人開始疏遠我」，這說明你最常見的人際交往卻引來人們異常的心理反應，把平常變成不尋常。

如果我們換一種處理方式，也許有不同的效果。首先，主動建立良好的人際關係。因為人際關係是我們在社會實踐中與人產生的交往關係，是從屬於社會關係的，作為社會人怎能迴避呢。其次，主動適應人際環境，人和環境是相互聯動的。環境改變，人際關係也會發生變化，建立良好的人際關係須從個人品德修養做起，再推己及人，擴充於團體之中。最後，扮演好各種角色，因為不同角色會展示不同的功能與態度，人在環境中應認定自己的角色，構建和諧人際關係，消減辦公室政治帶來的負面影響，建議從以下幾方面進行調整：

(1) 深度剖析，加強自我認識，接納自我；

(2) 保持誠懇開放的態度；

(3) 有一顆謙卑寬容的心；

(4) 適度自我表達；

(5) 尊重別人並欣賞自己；

(6) 尋求共同價值觀；

(7) 排除人際障礙；

(8) 遵守團體規則；

(9) 完善人格，融入人際環境。

5.1 人情、面子、關係的定義及其分類

5.1.1 定義及內涵

一代國學大師林語堂先生在其著名的《吾國與吾民》一書中，對人情、面子、關係做過非常深入和全面的分析。他指出：由於社會上的名分原理和分階層的平等概念，某種關於社會行為之規律遂應運而生。它們是中國人經

第五章 人情、面子、關係：中國人權力遊戲的思想和文化基礎

驗思想體系中三大不變的定律……至於它們的名稱便是叫做：面子、關係（命運）和人情（恩典）。林語堂先生的分析，道出了中國社會和中國文化的一個深層次的問題，這就是以前的中國社會是一個人治而非法治的社會，在這種社會裡，中國人的政府和法律的概念常深染著人類情感的色彩。於是，人情、面子才會大行其道，影響中國的政治、經濟、文化乃至社會生活的方方面面。

研究人情問題，首先必須對人情與人際關係做一區分。人情與人際關係這兩個詞既有聯繫，又有區別。從社會學的觀點來看，人情二字應該是指人與人之間的關係。這是共同點。但人情與關係仍有區別。首先，關係是可以彼此互不相欠的；而人情則是可以相欠的，而且欠的人情有時是沒法還清的。一旦還清了，也就沒有人情了。費孝通先生就講：親密社群的團結就依賴於各分子之間都相互的拖欠著未了的人情……朋友之間搶著付帳，意思是要對方欠自己一筆人情，像是投一筆資。欠了別人的人情就得找一個機會加重一些去回個禮，加重一些就再使對方反欠了自己一筆人情。來來往往，維持著人和人之間的互助合作。親密社群中既無法不互欠人情，也最怕「算帳」。「算帳」、「清算」等於絕交之謂，因為如果相互不欠人情，也就無須往來了。其次，時間先後的區別。一般來講，先有了關係，才會有人情。沒有關係，就沒有人情。最後，有關係，有人情；有關係，不見得有人情。同事之間就是一個典型的例子。同事之間的工作關係是正式關係，正式關係是基於組織設計的要求所必須具備的。一旦完成工作交接，這種關係就可能終止。但同事間也有可能基於同鄉、同學、相同的愛好等發展出人情，這是一種非正式的關係。總體來看，中國的人際關係在很大程度上反應的是中國人傳統思維中的「人情」的概念。與中國等東方國家不同，現代西方社會研究的人際關係，其中「情」的成分較少，這是中國的「人情」與西方人際關係研究的一個重要區別。在本書裡，為了便於理解，人情與人際關係可以互用。

在中國，「人情」是一個很複雜且內容非常廣泛的一個概念，它既可以以有形的形式出現，如直接的物質上的支持或幫助，如金錢、服務等；也可以以無形的形式表達，如人與人之間情感的交流；還可以表示在特定社會中如何做人以及如何做事的社會規範要求。大致講，「人情」包括三個方面的

內容：人情是指個人遭遇到各種不同的生活情景時可能產生的情緒反應；人情是指人與人交往時可以用來饋贈的一種資源；人情是指中國社會中人與人之間應該如何相處的社會規範。

首先，當某個人遭遇到各種不同的生活情景時，人們可能產生的情緒及所反應的不同態度決定了一個人是否通情達理。比如，當某人遭遇不幸或得到晉升、加薪等喜事時，如果能夠哀其所哀，樂其所樂，就會被認為是一個懂得人情世故的人，在社會或組織中就會受歡迎。這種人情主要指的是一種精神層面的情感交流，但要注意的是，雖然是精神交流，但卻非常重要，因為它是維繫人們之間感情的最常見的方式，特別是同事關係、鄰里之間，這種交流是最廣泛、最常見、同時也是最合適的一種人情施予方式。其次，人情是一種資源，而且可以饋贈。這種資源不僅包括了無形的成分，也包括有形的成分，比如以金錢、物質或某種具體的支持幫助對方。對人情的這一表述和定義具有很重要的現實意義，它不僅揭示了「人情」的本質特徵和社會需求的方式，有助於改變中國人傳統思維中對「人情」和人際關係的負面認識和評價，而且有利於擴展職場人士對競爭優勢的認識。即人們要想取得事業的成功，必須建立自己多方面的資源優勢，包括技術專業層面和人際關係層面。只有具備了這種綜合優勢，你才有「施捨」你的「人情」的「本錢」，別人也才有可能向你求助，同時欠你一份「人情」。今後在你需要他幫助時，他也才可能回報你。它反應了人際交往中對等交換的原則。特別是對政治人物而言，這種對等交換和彼此幫助的原則非常重要。而且，人情是一種稀缺的資源，在你向求助者施以援手時，要考慮你將要給予求助者的幫助是否值得；而在你向別人求助時，也要考慮求助的事情是否值得你去動用你的資源（即別人欠你的人情），也就是說要在資源的稀缺性與求助事情的重要性之間進行權衡，不要因為一件微不足道的事而動用寶貴的關係，特別是別人想透過你向第三方求助時尤其要慎重。最後，在人情的社會規範方面，主要包含兩類社會行為，一是在平時要透過互相問候和饋贈禮品與關係網內的人保持聯繫，二是當關係網內的人遇到不幸事件時，要主動予以關心、問候和幫助。由於關係網中的人彼此都預期將來還會繼續交往，因此會以均等法則分配資源，以避免可能發生的人際衝突。而且強調「維持團體內的和諧與團結

第五章 人情、面子、關係：中國人權力遊戲的思想和文化基礎

似乎比強調公平分配更為重要」。這種「人情」法則似乎可以從某種程度上解釋當前大多數組織為什麼會採用平均分配利益的方法。

談到人情，就不能不想到與之有關聯的一個詞：「友愛」或「友情」。不能說兩者之間的性質完全相同，但具有相似的含義。很多人認為建立和發展自己的人際關係網路的主要目的是尋求一種「友愛」或「友情」，而不是為了個人的職業發展。但他們忘記了「友愛」的實質仍然是一種社會交往關係，在這種關係中仍然有一些約定俗成的基本原則，如果違背了這些原則，這種關係仍然會被破壞。17世紀法國著名思想家拉羅什福科就曾對「友愛」作過這樣的評說：人們稱之為「友愛」的，實際上只是一種社會交往行為，一種對各自利益的尊重和相互間的幫忙。歸根究柢，它只不過是一種交易。而我們友善的對待他人實際上也是出於私利。因此，人性善與惡的本質在很大程度上是由利益關係及其信仰所決定的，所謂「天下熙熙，皆為利來；天下攘攘，皆為利往」就是一個生動的寫照。雖然這種交易與通常意義上的純經濟意義的交易有所不同，但就其本質講，很大程度上仍然是一種「情」的交換，即對各自利益的尊重和彼此之間的互助。離開了這一點，「友愛」或「友情」也就失去了存在的條件。

「面子」一詞由「臉」而來，「臉」本來是一個人的生理部位和特徵，但在中華傳統文化中，由於極其重視自己的「臉面」，因此人們常常對某人的行為做「有臉面」或「不要臉」的評價。事業有成、心胸寬廣、言語得當、舉手投足間都符合禮儀，且在很多時候都照顧大多數人利益的人，常常獲得「有頭有臉」的好評，得到人們的尊重；而那些違背社會交往原則或自私自利的人或行為，則常常被人們所不齒。一個人如果厚顏無恥，即使其擁有財富，人們也常常會斥責其「人不要臉，鬼都害怕」。正是在這種社會傳統的影響下，「臉」或「面子」成為中國人做人、做事的一種社會影響和制約機制。

總體來看，面子就是指在人際交往中彼此的一種尊重，是相關團體或個人對某人評價所產生的一種社會影響。費孝通先生講，面子就是表面的無違。它包括了兩層意思：一是彼此的尊重；二是即使大家有過節，但在面對面的交往中，仍然要以禮相待。這第二層意思其實就是中國人常講的「世故」。

面子與儒家文化也有非常密切的關係。如上所述，儒家文化在中國文化中一直佔據著十分重要的地位，發揮著十分重要的影響。中國是一個注重禮儀的國家，而所謂禮儀是跟隨個人特定身分而來並以此確立人際間的尊卑關係，「禮儀」的通俗化說法就是「面子」。正是因為面子代表了國人在社會交往中普遍遵守的重要原則，因此才得以不斷地傳承，成為一種維持社會秩序的工具及相應的價值觀標準。「要面子」、「保全面子」、「給面子」，諸如此類，成為中國人日常社會生活中必須遵守的社會交往法則。

外國人對中國人的面子問題也早有研究。美國傳教士亞瑟·亨·史密斯（1845—1932）曾在中國生活了 22 年，一生寫了 10 多本書，幾乎每本都與中國有關係。其中《中國人的德行》一書，列舉了中國人的 27 種德行，排在第一位的就是面子。該書最早於 1890 年在上海英文報紙《華北每日新聞》連載，引起轟動。他認為，作為一個民族，中國人有一種很強的演戲的本能。比如，為了喚起自我的尊嚴，他對兩三個人講話，也像是對大批人講話。如果在合適的時候，用合適的方式講了一番漂亮的話，做戲的要求就滿足了。在複雜的生活關係中，恰當地做出這樣的戲劇行為，就叫有「面子」。而「面子」是一把可以打開中國人許多重要特性之鎖的鑰匙。

面子的內涵和功能。就廣義而言，「面子」至少包括兩種社會贊許的價值，即個人成就和品德。個人成就可以表現為個人的地位高低、權力大小、學術成就；而品德則是一種個人內化的道德行為。但個人成就和品德並不必然相配，一個人可能具有很高的學術成就，但並未將其成就內化為與之匹配的道德行為。以韓國克隆之父黃禹錫為例，此人具有相當的學術成就，但由於在幹細胞問題上涉嫌造假，最後被韓國檢察機關起訴，其「面子」也一落千丈，從國家英雄急轉直下成為民族罪人。從一般意義上講，個人成就和品德能夠匹配的人，面子顯然就大，在社會上的號召力也就高。反之則面子就小，號召力也低。其次，從面子的功能上看，它主要具有兩個方面的功能，即個人功能和社會功能。個人功能包括獲得人際吸引、敬重贊美的回報、獲得權力或影響力、自我能力和價值的肯定等，其作用在於滿足人們的自尊需求；社會功能主要指其所具有的社會控制的作用，滿足的是人際交往中透過社會控制以達成彼此間平等交往的目的。面子的社會控制功能體現在，道德

第五章 人情、面子、關係：中國人權力遊戲的思想和文化基礎

可以約束少數的真君子，法律可以約束少數的真小人，而面子則可以約束絕大多數的偽君子。法律是有形的規範，道德和面子則是無形的約束。道德約束的是人的裡子，道德的不善產生的是罪惡感；面子約束的是人的架子，面子的不善產生的是難堪和羞恥感。中國人「臭要面子」的心理，使「面子」成為了重要的社會約束機制和控制機制。

所謂關係，就是指人與人之間的關係。「關係」一詞在中國社會具有相當廣泛的社會認同，因為它與一個人的社會影響、社會地位有關。因此在中國，「關係」一詞與中國人的政治行為密切相關。關係的種類很多，比如親戚關係、朋友關係、同學和同鄉關係、同事關係，等等。不同的關係，構成不同的人際交往的社會網路。費孝通先生在論述中國的社會格局時講：中國的社會結構和西方的社會結構是不同的。中國的社會結構就好像把一塊石頭丟在水面上發生的一圈圈推出去的波紋，每個人都是他社會影響所推出去的圈子的中心，被圈子的波紋所推及的就發生聯繫。這些一個一個的圈，構成了校友會、同鄉會、商會、朋友圈子，等等，最終形成的就是一個龐大的人際關係的網路。在傳統中國社會裡，這種人際關係網路的影響力非常之大，就像林語堂先生指出的，甚至連當年中國人的政府和法律的概念都常深染著人類情感的色彩。

關係是需要建立和維持的。建立關係的途徑和方法有很多，最典型的就是「拉關係」。趙本山的小品「不差錢」中拜「姥爺」，就是「拉關係」的一個典型。又如兩個老鄉在異地相見，要麼高興，杯盞相見，酒逢知己千杯少；要麼悲傷，「老鄉見老鄉，兩眼淚汪汪」，關係由此而得以建立。在社交場合中，即使那些本沒有血緣關係但同姓的人，也往往透過同姓來認親。兩人見面，一介紹，都姓張，「一筆寫不出兩個張字」，結果兩個素不相識的人一下就成了一家人。因此在中國，「家人」是一個含義非常廣、非常模糊的概念，所謂「天下一家」，「四海兄弟」就是一個典型。這就是為什麼中國人常講，關係是「拉」出來的原因所在。其次，關係需要維持，而維持關係最普遍的做法就是「你來我往」。逢年過節，中國人都喜歡串門，南方的農村經常有「走人戶」、吃「九鬥碗」一說，就是透過「走」，在親戚朋友之間保持來往。大凡遇到紅白喜事，更是中國人聯絡溝通感情的場所。

5.1.2 人情、面子、關係的文化基礎

「人情」、「面子」這類概念不單是中國民間對倫理的一種通俗表述和實踐，更重要的它還是一個極為重要的社會概念，反應的是一種社會關係。如果能夠瞭解和掌握這種關係，就等於找到了「社會中普遍流行而具有社會規範作用的文化概念」，它不僅可以幫助我們瞭解中國社會系統的性格和社會安定的原因，以及中國社會的存在與發展的結構性與規律性，而且可以幫助我們正確認識其在人際交往中的作用和功能，保障職業的順利發展。

中國著名的社會學家費孝通先生在其《鄉土中國》一書中，透過對儒家倫理的分析，揭示了中國社會人情、面子、關係等概念和現象的深刻文化內涵。費孝通先生認為，中國社會與西方不同，是一個差序格局的社會結構。他說，儒家最考究的是人倫，倫是什麼呢？倫就是從自己推出去的和自己發生社會關係的那一群人裡所發生的一輪輪波紋的差序。倫重在分別，是有差等的次序。人和人往來所構成的網路中的綱紀，就是一個差序，也就是倫。費孝通先生認為，在差序格局中，社會關係是逐漸從一個一個的人推出去的，是私人聯繫的增加，社會範圍是一根根私人聯繫所構成的網路，因之，傳統社會裡所有的社會道德也只在私人聯繫中發生意義。而在以自己作中心的社會關係網路中，最主要的自然是「克己復禮」，這是差序格局中道德體系的出發點。從己向外推以構成的社會範圍是一根根私人聯繫，每根繩子被一種道德要素維持著。親子和同胞，相配的道德要素是孝和悌；朋友，相配的是忠信。因此，傳統的道德裡不另找出一個籠統性的道德觀念來，所有的價值標準也不能超脫於差序的人倫而存在了。

相關的研究也指出，儒家倫理、社會取向和集體主義等等抽象層次甚高的概念，其實都是透過一套由「人情」、「面子」、「關係」和「報」所構成的社會機制而對中國人的社會行為產生實際影響的。中國社會之所以能長久安定，或形成其特殊性格，不能不說是儒家一套以倫理為本位的社會規範的存在。這套規範可以說是廣泛而深入地為社會大眾所共同認可與遵行的。而儒家社會規範中被通俗化了且極有力度的則是人情的概念。儒家的社會理論主要是要在人間建立和諧的社會秩序。這個社會秩序的基本骨架是倫理。

第五章 人情、面子、關係：中國人權力遊戲的思想和文化基礎

所謂人倫就是人與人之間的關係網。儒家學說給予其一個重要的思想基礎，這就是忠恕之道。而人情不過是忠恕思想通俗化了的流行觀念。所謂忠恕，就是推己及人。中國著名的哲學家馮友蘭先生講：忠恕有兩種，一種是道德的忠恕觀，一種是待人接物的忠恕觀。道德的忠恕觀強調以一個人自己的欲或不欲作為待人的標準。他講，己之所欲，亦施於人，是忠。己所不欲，勿施於人，是恕。忠恕都是推己及人。

第一，忠恕之道的好處在於其行為的標準在一個人自己的心中，不必外求。待人接物的忠恕觀則強調做人要通情達理，合乎禮儀，多說好話、勸善規過，尊重他人。通情達理是說做人要通人情。什麼叫人情呢？馮友蘭先生說，一個人來看我，在一般情況下，我也會去看他，一個人送禮物給我，一般情況下，我也會回贈禮物。這是人情。如果一個人與我有怨，但我因特別的原因，雖心中怨他，而仍在表面上與他為友。這是世故。

第二，禮儀是一種忠恕之道的工具。人際交往要合乎禮儀，有來有往，因為「來而不往，非禮也」。通人情的人，會根據人情制定出行為的規矩，讓人照著這些規矩去做，免得遇事思索。這是禮之本義，是任何社會都必須具備的。

第三，行忠恕之道的人會說客氣話、吉利話。人的善惡大致都是相同的，是人就都喜歡聽好話。所以講好聽的話也是合乎人情和忠恕之道的。

第四，對人勸善規過，即進忠言，也是合乎人情和忠恕之道的。中國人講良藥苦口利於病，忠言逆耳利於行，就是這個道理。

第五，行忠恕之道要懂得尊重他人。中國的文化傳統是最強調尊重的，尊老愛幼、禮賢下士等，都是尊重對方的一種表示。在現在的一些典禮、迎賓、頒獎等儀式上，主辦方致辭時都會介紹到會嘉賓，以「尊敬的某某某」為題對對方的到來表示感謝。

國學大師梁漱溟先生則從交換的角度，把中國人講究倫理與「拉關係」的社會行為結合起來。他說：中國之倫理只看見此一人與彼一人之相互關係，而忽視社會與個人相互間的關係——這是由於它缺乏集團生活，勢不可免之

缺點。但他所發揮互以對方為重之理，卻是一大貢獻。這就是：不把重點放在任何一方，而從乎其關係，彼此相交換；其重點實在放在關係上了。倫理本位者，關係本位也。這實在是對中國文化傳統和人際關係精髓的深刻把握和準確描述。

5.1.3 人情、面子、關係的作用

如前所述，既然人情、面子、關係體現了中國社會關係的本質特徵，那麼其作用自然十分重要。大致來講，其作用主要表現在以下方面：

第一，它可以作為制度的補充和替代。當制度不能為人們的正常生活提供足夠的保障時，人們就會轉而尋求人際關係的幫助。這時，面子、關係（命運）和人情（恩典）這中國人經驗思想體系中三大不變的定律，便會發揮作用，私人關係便可以代替制度。這也就是為什麼人情、面子、關係在中國大行其道的重要原因。即使在現代社會，法律和制度日趨完善，但文化傳統和社會習慣仍然具有強大的影響力，它們的作用仍然不可低估。

第二，在中國社會中，「人情」和「面子」是個人影響家庭以外其他人的重要方法。「人情」、「面子」以及相關的「關係」、「報」和「緣」等概念，構成了一套文化制約而成的社會機制。

這套機制在維持家族和睦的同時，客觀上也達到了維持社會和諧的目的。國學大師梁漱溟先生指出，中國是以倫理組織社會；倫理關係，即是情誼關係，亦即是其相互間的一種義務關係。倫理的社會就是重情誼的社會。倫理社會所貴者，就是尊重對方。每一個人對於其四面八方的倫理關係，各負有其相當義務；同時，其四面八方與他有倫理關係之人，亦各對他負有義務。全社會之人，不期而輾轉互相連鎖起來，無形中成為一種組織。在這個組織中，人們彼此之間相互尊重，自然有助於維護人際的和諧和社會的穩定。他又講：「中國式的人生，最大特點莫過於他總是向裡用力……一個人在倫理社會中，其各種倫理關係便由四面八方包圍了他，要他負起無盡的義務，至死方休，擺脫不得。」在這種倫理關係的束縛之下，講人情、顧面子、拉關

係成為人們社會交往的基本原則，違背這些原則的人或事，都會受到社會的譴責。

第三，人情、面子、關係是達成和顯示個人成就的重要社會資源，體現個人的價值與社會地位。就當代社會的發展趨勢看，社會分工越來越專業，每個人做的工作都只是整個組織工作的一個很小的部分。

分工專業化的效率和效果在很大程度上取決於人際關係協調和合作的程度。也就是說，個人的成功越來越取決於與他人合作的能力和水準。其中，建立在人情基礎上的人際關係對於個人職業的成功具有決定意義。良好的人際關係不僅有助於工作氛圍的改善，提高工作的效率，更重要的是，它可以幫助我們在錯綜複雜的社會生活中遊刃有餘，達成我們的職業目標。所有這些，構成了中國人權力遊戲的思想和文化基礎。

當然，面子、人情、關係這一類的東西也是一把雙刃劍，任何事情做得過分了，就會出問題。小至家庭，大到國家，都是如此。就如同林語堂先生所講，傳統中國社會是一個人治而非法治的社會，在這種社會裡，中國人的政府和法律的概念常深染著人類情感的色彩。如果對它們不加以控制，小到交通體系，大到司法制度、行政制度，都會受到不良的影響。

5.1.4 中國社會人際關係的分類

長久以來，強調社會和諧及人際關係的合理安排一直被認為是中國文化最顯著的特徵之一。這種社會和諧的理念在今天仍然得到重視，並上升到了政策和制度的層面，成為規範和影響社會管理者、利益集團以及普通民眾的重要手段。同樣，人際關係的重要性也得到組織中越來越多人的重視，成為影響個人職業發展的要素之一。

學術界把人際關係分為既有關係與交往關係兩種類型。既有關係也稱為關係基礎，是由血緣、地緣與業緣等非個人互動因素形成的關係，如親屬、親戚、同學、同事、師生、上下級、鄰居等關係；交往關係指人們在社會活動中透過實際交往建立的各種關係，如朋友、熟人等關係，這類關係往往是人們主動選擇和建立的。在社會交往過程中，交往雙方聯繫的緊密程度與情

感深度稱為關係質量。這種聯繫可以是情感性的，也可以是工具性的。在本研究中，人際關係指企業內部上下級之間和同事之間的交往關係。

楊國樞把中國人際關係劃分為家人關係、熟人關係和生人關係。人們根據不同的原則來處理這三類關係。對家人，人們遵循義務原則，家庭內實行按需分配；對熟人，人們遵循對等的交往原則，人情與面子是人們發展熟人關係的兩個重要機制；對生人，人們往往採取功利性原則。

翟學偉提出中國人人際關係三位一體理論，認為中國人人際關係是由「緣」、「情」、「倫」構成的三位體。人情是核心，它表現了傳統中國人以親情為基本的心理模式。人倫則是這一基本模式的制度化，它為這一樣式提供一套原則和規範，使人們在社會互動中遵循一定的秩序。人緣是對這一模式的設定。以天命觀、家族主義和儒家為心的傳統倫理思想是中國人人際關係中最基礎的文化基礎。

臺灣學者黃光國教授根據中國文化重視「人情」和「面子」的特點以及不同的價值取向，將中國的人際關係分為三種類型———情感型關係、混合型關係和工具型關係，並對這三種關係作了詳細的區分和描述。

情感型關係通常都是一種長久而穩定的社會關係，可以滿足個人在關愛、溫情、安全感、歸屬感等情感方面的需要。這種關係建立的基礎主要是血緣關係以及部分的朋友關係，家庭、親密的朋友等都屬於這種關係，即包含了親情和友情兩個方面，但主要以親情為主。它的特點是，個人與他人建立這種關係的目的就在於維持這種關係本身。在這種關係中，實行的是需求法則，即不是按照貢獻大小，而是按照接受者的合理需求分配利益或資源。

工具型關係是一種比較短暫和不穩定的關係，它是指個人在自己的工作和生活中要與家庭以外的其他人建立工具性關係，主要是為了獲得他所需要的某些資源。它的特點是，將這種關係作為獲得資源和達到目的的一種手段或工具。醫生和患者、商店和顧客等就是屬於這種關係。在這種關係中，人們一般以公平法則進行交往，即按比例貢獻大小獲得回報或以等價原則進行交往。其本質是人際交往的普遍性和非個人性，即使交往雙方可能再次相遇，也不會考慮將來他們會進行更進一步的情感交往。由於這種關係中的情感成

第五章 人情、面子、關係：中國人權力遊戲的思想和文化基礎

分較小，因此人們在以公平法則與他人交往時，就能夠按照比較客觀的標準，作出對自己比較有利的決策。特別是在與陌生人打交道或與人初次接觸時，經常會使用這種方式。當人們發現交易的結果對自己不利時，通常會採取討價還價、嚴詞拒絕或停止交往等方式。

混合性關係是指交往雙方彼此認識而且有一定程度的情感關係，但這種情感又沒有深厚到像真正的情感性關係那樣可以隨意表現出真誠的行為。一般而言，這類關係可能包含親戚、鄰居、師生、同學、同事、同鄉等不同的角色關係。它的特點主要表現在三個方面：

一是人際關係的複雜性。在這類角色中，由於交往的雙方或多方分別與不同的群體保持聯繫，因而結成了一個錯綜複雜的人際關係網路。在講究人情的中國社會中，這種關係是個人最可能以人情和面子來影響他人的人際關係範疇。

二是時間上的延續性，由於圈子裡的人彼此認識並互相需要，因此主要透過長期的禮尚往來來維持這種關係，這也是中國人過年過節要彼此送禮的一個重要原因。

三是這種關係的本質是特殊性和個人化的，即交往雙方今後可能會再次或多次進行情感的交往，並透過這些頻繁的交往影響與之有聯繫的其他關係網中的人員。

以上雖然提及的是三種關係，但在這三種關係中卻只有兩種成分，即工具性成分和情感性成分，兩者之間互為依存。每一種關係都並非以其獨特的特點單獨存在，而是你中有我，我中有你。工具性關係的人具有情感性關係的成分，而情感性關係的人也具有工具性的成分，只不過不同的關係所佔的比例不同。其中，工具性關係的人比較容易轉變成混合性關係，但情感性關係和混合性關係的轉變則比較困難。這三種關係均反應了人以及由人組成的組織作為社會系統的複雜性和功能性，特別是混合性關係，其複雜性和功能性表現得尤其明顯，對個人職業發展的成功具有非常重要的意義。具有這種人際交往能力的人，既能夠以「情感」籠絡感情，並以此建立和維持自己的

人際關係網路，又不會陷於所謂的「人情困境」，懂得迴避不必要的或過度的人際交往。

因為過度的交往往往會導致自己所掌握的資源的枯竭，而且難以做到面面俱到，只要關係網中有一方的要求沒有得到滿足，就可能會帶來對自己不利的影響。因此，在以「人情」為基礎的中國社會中，具有這種關係特徵的人一方面會利用這種能力提高自己在關係網中其他人心目中的形象，以達到影響對方並獲得自己所需資源的目的；另一方面，他們會採取一定的方式，有效地規避不必要的「人情困境」，給自己留下足夠的空間和回旋餘地。

中國當代社會政治經濟的變化進一步加深了人們之間的相互依賴，從而在以上三種關係類型的基礎上又賦予了一些新的含義。首先，情感性關係的基礎和範圍在擴大，原來這種關係主要存在於以血緣和密友為基礎的人群之中，現在在一些相關利益群體中也逐漸發展出較明顯的情感性關係。比如，原來基於工具性基礎之上的以公平法則為主要特徵的關係，由於雙方多次的合作加深了彼此的熟悉和瞭解，形成了共同的利益或成為具有共同利益的集團，從而使彼此關係中的情感成分逐步增加，在原來公平法則的基礎上，又增加了需求法則的影響。其次，建立人際關係網路的管道和範圍在擴大，傳統的管道和手段主要是宴請和送禮，透過一個熟人或朋友的引見，得以認識一些掌握所需資源或幫助自己的人，從而達到自己的目的。儘管這兩種方式現在也仍然是最重要的手段，但在發展人際關係網路方面，手段和方法則有了新的變化，主要包括學習、培訓和參與社會活動。比如，很多人現在熱衷於到高校讀 MBA 或各種形式的課程班、研修班，其動機固然包括學習新的知識，掌握新的技能，但利用同學關係或校友會建立自己的人際關係網路仍然是一個不可否認的重要因素。

這種同學關係主要體現的是情感性的關係，維持這種關係的目的既包括傳統的目的，即維持和珍惜這種關係本身，也包括在此基礎上促成參與各方實現各自的利益。此外，透過參加各種培訓結交朋友，建立聯繫，擴大影響，也成為一個建立關係的途徑。透過參與社會政治事務或公益事業，則是當今另外一個塑造和提升自己的形象，擴大自己的權利地位的重要途徑。特別是

企業界的人士，往往透過贊助社會公益事業、捐贈、參與政治、協會等組織，以擴大企業或個人的影響。利用教育發展人際關係的方法也被商學院或工商管理學院所採用。在美國，哈佛商學院有 6 萬個遍布全世界的校友會，世界 500 強公司中有不下 1／4 的董事是哈佛大學的校友。法國商學院 INSEAD 的校友會擁有 2.25 萬名成員，遍布全世界 120 多個國家。進入商學院的人們不僅是為了學習知識，透過加入校友會建立自己的人際關係網路也是一個重要的原因。商學院則要求他們提供固定的捐贈作為回報。有學者指出，在商業世界的孤立和曖昧混沌中，俱樂部、校友會等組織為人們提供了一種自我肯定，以及一種歸屬感。

5.2 西方國家人際關係研究的歷史沿革

20 世紀前半期是一個管理思想的多樣化時期。其中，以行為科學和人力資源方法為代表的行為管理理論的出現是一個具有歷史意義的事件。如果說早期古典管理理論關注的重點是以機械的觀點看待組織和工作，強調對雇員的行為進行控制和標準化，後者則認識到工作場所、行為過程的重要性，因此將重點放在關注個體的態度、行為和群體過程上。

行為管理理論最早和最有代表性的研究就是 1924 年由通用電氣公司資助、梅奧主持進行的霍桑試驗，這可能是最早的有關人際關係及其對生產效率的影響的研究，這一研究成為新興的組織行為領域方面最重要的貢獻。霍桑試驗的研究結論說明：首先，工作場所的人類行為非常重要，因為組織中除了正式的等級制度外，還存在一種社會網路結構，組織成員之間的互動，有助於創造一個良好的工作氛圍，進而提高生產效率；其次，當組織成員得知他們在受到觀察時，其行為會發生改變，管理者的監督和檢查會影響工作的數量和質量；最後，人們不僅需要得到認真地對待，還需要得到正確的使用。

霍桑實驗直接導致了人際關係運動或人力資源方法的發展。這一運動或方法主張，工人的行為主要取決於工作場所的社會環境，其中包括社會條件、群體行為模式、人際互動。其基本假設就是經理對工人的關心可以提高滿意

度，進而提高績效。馬斯洛的需求層次理論和麥格雷戈的 X 理論和 Y 理論的提出，大大推動了人際關係運動的發展。組織行為學的出現，則使這一領域的研究日趨成熟。

西方對人際關係的研究仍在繼續，並將研究的重點放在人際關係與組織和工作的效率方面。理查德·霍杰茨在其《現代工作中的人際關係》一書中，就將人際關係定義為透過管理把工人聯繫起來，以實現工人群體和組織兩者目標的過程。霍杰茨認為，人際關係與四個主要領域有關，這些領域包括作為個體的工人、群體、工作環境和負責監督一切正常運轉的領導者。

第一，人際關係是由人構成的，作為個體的組織成員的價值觀和行為模式，對提升組織績效具有重要的影響。因此，組織對其成員的關注是非常重要的。這種關注不僅表現在對組織成員取得良好績效所需要的資源、政策、工作氛圍、激勵等與工作有關的方面，也表現為對組織成員成長、家庭等與個人生活有關的方面。

第二，組織是由群體組成的，群體成員之間的關係以及團隊的價值觀和行為模式往往影響和決定群體的績效水準。而高績效群體往往與群體成員間良好的人際關係分不開。

第三，工作環境是保證組織成功的重要因素。就像蓋洛普公司的「Q12」那樣，當員工在一個良好的工作氛圍中工作，組織的價值觀和公正合理的激勵機制得到大多數組織成員的擁護，帶來的必然是效率的提高和效益的提升。

第四，對領導者來講，對人際關係的關注在組織的任何層面上都是很重要的，但不能夠因此而忽視組織的總體目標，有效的管理者應當在兩者之間取得平衡。這種解釋更多強調的是基於組織目標的正式的管理思維模式。而且，要建立人際關係，要求主管不僅具備與個人工作有關的知識和技能，還必須具備與群體有關的知識和技能。

美國著名的未來學家阿爾文·托夫勒起《未來的衝擊》一書中，描述了現代工業社會人際關係的特點。他認為，超級工業社會的人際關係是組合性的人際關係。在現代工業社會中，人是組合性的人（modularman），人們把

第五章 人情、面子、關係：中國人權力遊戲的思想和文化基礎

與周圍絕大多數人的關係維繫在效用上，並將組合原理應用到人際關係上來。人們彼此接觸的只是整體人格的一小部分。每個人格可以說都是由許多這種小部分聚集而成的獨一無二的集合體。因此人與人之間不能交換，但是某些小部分可以交換。人們之間的關係可以在這種有限的範圍內獲得保障。但這種限制性範圍必須靠雙方來維持。這就需要雙方在交往中達成共識。雙方都必須熟悉這種限制及規則。任何一方逾越了共識的界限或試圖接觸與該效用無關的某些部分時，便引起雙方繼續交往的困難。他指出，在傳統的狀況下，每個人或許能接觸到少數幾個人的整體人格，但卻無法接觸到許多人的部分人格。任何關係都意味著相互的要求與期望；交往關係越密切，則一方對對方的期望值越高，施加的壓力也越強。同樣，關係越親密，越具全面性，則部分性也隨之更多地被瞭解，而我們所要求的也更多。

阿爾文·托夫勒認為，現代工業社會人際關係具有兩個方面的特點：

一是人們在現實生活中需要一些整體性關係，如親人和摯友，但這種關係並非現代工業社會人際關係的全部。

二是與大多數人的組合關係。在這種關係的類型和維持時間方面，表現為人類聯繫的高度短暫性。

為此，他把人際關係分為三類：

第一類是長期性關係，包括自己的家屬和親人。

第二類是中期性關係，包括朋友關係、鄰居關係、職業關係、與俱樂部及其他自願團體的關係。它們之間關係持續的時間依次遞減。

第三類是短期性關係，如大部分的服務關係。

他指出，由於現代工業社會的流動性日漸增加，人們之間的相識將迅速開始、迅速結束。因此，一方面我們建立友誼的機會將比過去大為增加；另一方面，未來絕大多數的友誼形式將體現為大量的短期性關係，這種短期性關係將取代過去為數較少的長期性關係。

總體來講，人際關係至少包含以下三個層次：

第一，人際關係是人們在具體的現實生活中產生的，人際關係是現實社會生活的產物，脫離社會生活的人際關係是不存在的。

第二，人際關係是透過人與人之間的交往而形成的。

第三，人際關係雖然包括人與人之間的政治關係、經濟關係等，但主要是指在社會生活中人與人之間心理上的聯繫，是在一定感情基礎上形成的關係，它表現為交往雙方在情感上的距離，如親近與疏遠、友好與敵對等。

5.3 影響人際關係的要素及理論分析

要瞭解人際關係，就必須瞭解和掌握人的行為及影響人的行為的各種要素，其目的在於增強和提高人們對人的行為的理解。按照理查德·霍杰茨的觀點，人際關係就是透過管理把工人聯繫起來，以實現工人群體和組織兩者目標的過程。本節基於這一觀點解釋影響人的行為的各種要素，這些要素包括價值觀、動機、知覺等。

5.3.1 價值觀

群體是否有效工作取決於多種因素，群體成員間的和睦狀況是其中一個重要的因素。群體成員間是否能夠和諧相處，價值觀起著重要的作用。所謂價值觀，簡單地講，就是指個人和組織關於正確與錯誤、好與壞、贊成與反對的態度和觀念。它同時說明，某一種觀念、態度和行為與另一種截然相反的觀念、態度和行為相比，更容易得到某一個人、某一類群體或某個組織的認可。也就是說，不同的人，不同的群體，不同的組織，其價值觀可能是大相徑庭、完全不同的。比如，有的企業，為了防止內部的「近親繁殖」，禁止企業內部員工之間戀愛和結婚，而有的企業則恰恰相反。這兩種完全不同的態度，實質上反應的就是企業對同一問題的不同觀點和看法。其實這就是價值觀及其所包含的內容。由於價值觀是影響人的知覺、動機、態度、行為的重要因素，當組織成員之間、組織成員與組織之間的價值觀不一致時，就會產生人際衝突和組織衝突，衝突的結果必然導致效率的降低和效益的損失。因此，對於組織及其領導者來講，瞭解和掌握人的價值觀就顯得非常必要。

價值觀對人際關係的影響主要有以下幾個方面：首先，它有助於根據員工的價值觀預測其希望與周圍人群打交道的方式以及與之有關的工作態度和工作行為。人與人之間的良好關係大多都是建立在共同的志趣、愛好基礎上的，很多人也都喜歡或希望與自己有相同志趣的人交往，因為只有抱有相同理念的人才更有可能和諧相處，取得共識，這其實就包含了價值觀的內容。需要注意到的是，良好的人際關係並非就是辦公室裡彼此間的禮貌相待，同事之間的寒暄、問候、玩笑等，這些在某種程度上可以說只是一種例行的公事，在你高興時是否有人與你同樂，苦惱時是否有人與你分憂，這些才是人際關係判斷的重要標誌。其次，瞭解和掌握價值觀，有助於組織對新員工的甄別和選擇。傳統的招聘大多注重的是具體的知識、能力和技能，忽略價值觀方面的甄別。然而在工作中發現，一些有能力的人往往得不到大家的認同，其中一個重要的原因就在於價值觀的差異，導致了「道不同不相為謀」的出現。員工之間或團隊成員之間如果在價值觀方面存在大的差異，理念的衝突就可能演變為行為的衝突，最終影響企業的效率甚至效益。正因如此，越來越多的企業在招聘時將價值觀的識別作為重要內容。最後，對價值觀的識別和梳理，有助於引導多元的價值觀向組織希望的方向發展，在組織的價值觀和個體價值觀之間取得平衡，將共同的價值觀透過制度的形式予以落實和貫徹，同時將危害企業價值觀和影響組織成員之間關係的「害群之馬」隔離或清除出組織。

5.3.2 動機

動機是人和工作及生活環境相互作用的產物。它是指人們是否願意努力工作以完成工作任務的想法或心理驅動因素。如組織成員希望透過努力工作實現組織目標，因為這樣同時能夠滿足自己的生活需求。由於動機和需求之間具有很強的關聯性，因此組織應當準確瞭解和把握員工所處的需求層次，使其相關政策和制度能夠影響員工的動機，透過正確的激勵導向，滿足員工的需要以達到激勵的目的，在此基礎上引導員工的動機朝組織希望的方向發展。同時由於人的需求是多方面的和變化的，不同的專業、不同的年齡結構、

不同的性別，其需求表現出不同的特點，因此對這些需求的滿足也是影響員工動機的重要方法和手段。

　　早期和當代激勵理論從不同的角度解釋了影響動機的要素，這些因素在影響動機的同時，也直接或間接地影響到群體間的人際關係。霍桑實驗告訴我們，人並不是簡單的「經濟人」，同時還是有理智、有感情、有複雜心理的「社會人」。人們除了追求個人的經濟利益外，還有社會、心理方面的需求，人與人之間的友情、安全感、歸屬感和尊重感等，這些都能夠影響組織成員的工作動機和工作態度。對於「社會人」，重要的是合作，採取溫和、民主的管理方式更能促進生產效率的提高。在早期激勵理論中，馬斯洛的需求層次理論是最能夠說明激勵、動機和人際關係三者之間的關係的。在這五個需求層次中，生理需要和安全需要主要表現為物質需求，以滿足工作和生活的基本需要。在這之後，個人的關注點將會向更高級的需求轉化，社會需要、尊重需要和自我實現需要將成為人們追求的目標。這些需要主要表現為精神需求，以滿足個人精神層面和價值觀層面的需要。在馬斯洛的需求層次理論中，社會需要和尊重需要的觀點不僅解釋了人際關係的重要性，說明了人與人之間的社會關係能夠使單調乏味的工作富有活力，並由此成為人際關係學說重要的理論基礎；而且也證明了企業作為一個社會和技術系統，必須平衡好人和物之間的關係，在「生產導向」和「定規」的同時，還要有「員工導向」和「關懷」。因為一旦在工作中失去人際間的互動和交往，員工就會感覺自己被視為機器，缺乏應有的重視，在這種情況下，人們就會採取出工不出力、消極對抗或只完成最低要求的工作量來反抗體制，其結果必然帶來組織效率和效益的損失。

　　美國心理學家弗雷德里克·赫茨伯格從另外一個方面分析和解釋了影響人們動機的因素。他認為，公司政策、監督、與主管的關係、與同伴的關係、與下屬的關係、工作條件、薪金、地位、穩定與職業保障等只是「保健因素」，而成就、認可、富有挑戰性的工作、責任、進步、成長等則屬於「工作因素」。保健因素的存在不起激勵作用，但非有不可，否則便會引起不滿。即使組織的管理者努力克服了這些與工作不滿意有關的因素，也只能夠帶來工作的穩定和平和，但不能夠對員工產生激勵。而「工作因素」由於能夠產生工作滿

第五章 人情、面子、關係：中國人權力遊戲的思想和文化基礎

意感，因而是真正的激勵因素。「雙因素理論」告訴我們：首先，影響工作效果和效率的因素是多方面的，組織必須在建立和完善科學合理的薪酬結構以及工作的豐富化等方面作出更多調整，以便調動成員的工作積極性。特別是職務的豐富化，使員工擁有更大的自主權、責任感來管理和控制自己的工作，有利於提高員工對工作和組織的承諾和工作的效率。其次，對組織成員動機的激勵，不僅要考慮薪酬的因素，還要考慮成就、賞識、富有挑戰性的工作、晉升、責任、個人發展等因素，並將其納入組織整體的激勵體系。

維克多·弗魯姆的期望理論認為，人們之所以能夠努力從事某項工作並達成工作目標，是因為這些工作和目標會幫助他們達成自己的目標，滿足自己某方面的「需要」。這種可能被滿足的「需要」就是影響員工工作動機的關鍵要素。因此期望理論提出，組織在進行激勵時需要處理好三方面的關係：

一是努力與績效的關係。它主要反應組織目標和個人目標的可實現性與人們的努力程度的關係。如果經過努力，這些目標是可以實現的，那麼人們的努力與最終的工作成效之間的關係就比較清晰和明確，這樣促使人們努力工作就有了較為現實的基礎。如果這種可實現程度較低，就可能影響到工作的動機。

二是績效與獎勵的關係。它主要反應達到績效目標後獎勵的可實現性。也就是說，當組織成員經過努力工作達到目標後，自己原來所期望的獎勵是否能夠滿足。如果能夠滿足，則努力工作的動力又會在原來的基礎上大大增強。反之，如果員工有了好的績效，但獎勵卻不能兌現，員工的工作動機必然會受到影響，繼續努力工作可能就不再是員工的目標，甚至會使其失去對組織的承諾和信心。

三是獎勵與滿足個人需要的關係。它主要反應組織成員因努力工作獲得的獎勵在滿足個人需要方面的程度。如果滿足的程度越高，則組織成員的努力程度也可能越高。

亞當斯的公平理論和斯金納的強化理論也從心理學的角度解釋了影響動機的要素及正確的應對方法。公平理論認為，人們通常會透過與他人所受待遇（如工資）的比較來評價自己所受待遇的公平性程度。如果比較的結果被

認為是不公平的,那麼這種不公平的感覺就會變為一種使人改變自己的思想和行為的動機,以獲得自己認為比較公平的結果。比如改變自己的投入或減少工作的努力程度、改變自己的產出、向組織提出增加個人的所得以便與其投入相等、辭職、拒絕同自己認為所獲報酬過高的雇員共事或進行合作等。無論哪種方式,都會對組織和個人產生消極的影響。因此,如何在組織中建立一種相對公平的工作環境,是組織的領導者和管理者必須予以高度重視的一項重要任務。強化理論與期望理論有密切的關係,強化理論的基本觀點是,人的行為受到外部環境的影響和制約,對一種行為的肯定或否定,在一定程度上會決定這種行為在今後是否會重複發生。當對一種行為進行肯定或獎勵時,就意味著在不斷刺激這種動機,其目的在於引導其重複發生,這種行為稱為正強化。如果肯定和獎勵不能夠兌現,正強化就會中斷,員工的動機就可能向相反的方向轉化。反之,當組織否定或懲罰一種行為,則意味著組織在阻斷這種動機,其目的在於杜絕其重複發生,稱為負強化。顯然,正、負強化的目的都是期望透過相應的激勵和約束手段,達到組織希望達到的目的。

5.3.3 知覺

在影響動機的諸多因素中,知覺是一個重要的因素。關於知覺的研究發現,人們都是根據自己看到和聽到的訊息在作判斷,也就是說,可能還有很多人們沒有看到和沒有聽到的。所謂知覺,是個體為了對他們所在的環境賦予意義而組織和解釋自己的感覺印象的過程。研究表明,雖然個體看到的是同樣的客體,卻會產生不同的認知。之所以如此,是因為許多因素會影響知覺的形成甚至使知覺失真,其中,對事實瞭解不完整是一個主要原因。在這種情況下,一件本身是比較公平的事,但由於當事人所處的具體環境限制了其獲取有效訊息的數量和質量,就可能影響了他／她的判斷,並認為自己受到了不公平的待遇。而在一個組織中,就管理者和員工這兩個角色而言,前者訊息來源的真實性和全面性一般超過後者。因此,對於管理者來講,必須掌握有關事實的全面的和真實的情況,比如,員工是否按時、按質、按量完成本員工作,員工的績效指標,與工作、績效指標有關的薪酬標準等方面的情況。當員工根據知覺作出的判斷有誤差時,管理者就可以根據掌握的事實

向員工作出正確的說明或解釋。這也就是前一點強調的觀點：透過尋求其他有效的方式，向員工證明什麼樣的比較才可能是全面的。

5.4 搞好人際關係的九大法則

5.4.1 建立人際關係網路的重要性

從規範的角度講，人們推崇的人際關係和人情強調的是一種非正式的社會行為規範系統，它並不具備強制性。也就是說，你可以不遵守組織或社會有關的「人情」或人際交往原則，自行其是，獨往獨來，甚至對組織中大多數人所遵循的這些原則嗤之以鼻。你如果這樣做，沒有人能夠以正規的或規範的制度性條文公開地譴責你。但是，當你處於困境時，你所在的組織會袖手旁觀，你會處於孤立無援的境地，得不到所在組織、團體的同情和幫助。因為你的所作所為破壞了能夠向你提供這種支持和幫助的組織中人與人之間交往的原則。這就是代價，人們在決定是否接受這些原則之前，首先要考慮你是否能夠承受這一代價。

當然，並不是每個組織成員都具備良好的人際關係能力，也不是每個人都能夠輕鬆地和別人打成一片。首先，雖然現在越來越多的組織開始強調組織內部和諧人際關係的重要性，並在組建團隊時將此作為衡量的標準，但在組織的正式系統中，比如人員招聘、績效考評系統、薪酬系統，卻很難制定人際關係方面的具體指標。其原因在於，人際關係能力很難把握，也很難測試，它不僅與個人性格特徵有關，而且與其對公司政治行為的不同理解有關。其次，人際關係只是工作勝任能力中的一種，並不是每個人都能夠建立起良好的人際關係。有的人一生有很多朋友，有的人則朋友很少，但並無證據表明後者的工作績效就一定比前者差。從組織的角度講，要正視這一客觀現實，以便對員工作出比較客觀的評價。但對於個人而言，我們還是建議對這個問題引起高度重視，因為在當今競爭日趨激烈的社會，多一種技能不是一件壞事，更何況這種技能本身就具有很好的功能性作用和影響力。在這一點上我們不要有畏難情緒，不管喜歡還是不喜歡，每個人天生都有與人交往的需要，而且大多數人都具備與人交往的基本能力，某些人之所以會出現人際交往的

5.4 搞好人際關係的九大法則

障礙，除了性格本身的原因外，最主要的原因是還未對這種能力引起足夠的重視，或本身具有這種能力但未能得到有效的開發。只要能夠對此引起足夠重視，建立並保持一個廣泛而良好的人際關係網路是一個人在其職業發展規劃中應當做的最有價值的投資。一個人的工作雖然會變更，但是一個精心維持的人際關係網路卻不會變，如果你能夠對網路進行精心的維持，它無疑將會讓你終身受益。根據統計，大約有60%～90%的工作是透過人際關係網路找到的。不僅如此，在組織中，任何關於個人的發展問題均需徵求和平衡各方面的意見，其中，上司和同事的評價是最重要的條件。

對於組織的領導人而言，良好的人際關係尤其重要，很多研究和證據表明，對於企業尤其是大型企業領導人來講，要求具備三個方面的基本能力：

一是有一個給人印象十分深刻的工作記錄和好的名聲；

二是在行業或公司或兩者中，與有關同事有著穩固、合作的工作關係；

三是具備快速、容易與各種類型的人建立起信任關係的人際能力和正直的品行。為了避免在人際關係上進退兩難，這樣的一個建議可能是非常有用的：做人講義氣，做事講正氣，兩氣不講要受氣，兩氣都講是福氣。在表5－1列出的綜合性企業高層管理工作實踐成功的主管的一些要求中，與人際關係有關的內容就佔了兩點。

表5－1　　綜合性企業高層管理工作實踐成功的領導的一些要求

1. 廣泛的行業知識和對公司情況的廣泛瞭解。
2. 在公司或行業中建立了一整套廣泛而穩定的人際關係。
3. 在公司中有很高的聲望和出色的工作記錄。
4. 能力和技能 ● 思維敏捷：相當強的分析能力良好的判斷力，以及從戰略和全局考慮問題的能力。 ● 很強的人際交往能力：能迅速建立起良好的工作關係，感情投入，有說服力，注重對人及人性的瞭解。
5. 個人價值觀：能公正地評價所有的人和組織。
6. 進取精神：充沛的精力和很強的領導動機。

資料來源：約翰‧科特．企業領導藝術．史向東，譯．北京：華夏出版社，1997：33－34．

5.4.2 搞好人際關係的九大法則

中國是一個極為講究人際關係、處世謀略的國家，在其漫長的歷史長河中，湧現出了無數的謀士奇才，流傳下許多有關的名章典籍。其中，以老子的《道德經》和黃石公的《素書》為代表的道家學說佔據著十分重要的地位。這兩本書的字數都不多，《道德經》5000言，《素書》也僅僅1360個字，但其所包含的思想博大精深，被歷代高人和謀士視為千古不傳的謀略秘籍和成就宏偉事業的重要指南。如果把職場比喻為「江湖」的話，那麼道家學說所表現出來的那種「水」的精神以及以柔克剛、以弱勝強、退後一步海闊天空的廣博智謀，就是在「江湖」上「混」的基本要求。本節將借鑑這兩本書的思想，討論建立人際關係的具有指導性和規律性的原則。

法則一：無私而事成

無私是做人的最高境界，古今中外凡能夠成就大事業者，大多具備了這一特質。同樣，無私也是建立良好人際關係的基礎。需要指出的是，無私並不是指沒有自私的心理，而是講個人的「私」是透過首先滿足他人的「私」來實現的。其次，個人的「私利」與他人的「私利」是相輔相成的，只有滿足了他人的「私」，個人的「私」才能長久。《素書·原始章》開篇就講：「夫道、德、仁、義、禮，五者一體也。夫欲為人之本，不可無一焉。」意思是說，凡成就大事業者，都是正心、修身、齊家、治國、平天下之集大成者。其中的「德」，講的就是對利益的滿足：「德者，人之所得，使萬物各得其所欲。」只有讓人們各在其位，各得其所，發揮自己的優勢，滿足自己的需求，社會才能發展進步。這才是「德」的內涵，這也就是「無私而事成」的基礎。

要做到無私，首先需要瞭解和掌握關於「無」與「有」的概念。「無」與「有」是中國道家學說一個重要的哲學概念，其中包含了極其豐富的辯證法思想。在《道德經》中，這一概念貫穿始終。《道德經》第一章就提出了「無」與「有」的概念：「道可道，非常道；名可名，非常名。無，名天地之始；有，名萬物之母。故常無，欲以觀其妙；常有，欲以觀其徼。此兩者，同出而異名，同謂之玄。玄之又玄，眾妙之門。」這段話論述了「無」和「有」深妙的內涵，將其歸為天地間一切奧妙的總開關。緊接著第二章以「美」和

「惡」為類比，對「無」和「有」作了進一步的解釋，提出了「有無相生」的對立統一的辯證法思想，並將其定義為自然界和人世間的規律：「天下皆知美之為美，斯惡矣；皆知善之為善，斯不善矣。有無相生，難易相成，長短相形，高下相盈，音聲相和，前後相隨，恒也。」所謂「有無相生」，講的就是事物的存在和不存在的對立統一規律，即沒有「無」就沒有「有」，沒有「有」也就沒有「無」。兩者之間互為對立而存在。以這一辯證法思想為指導，老子提出了道家的名利觀和財富觀。道家學說認為：「天之道，損有餘而補不足。」（《道德經》第77章）因此「持而盈之，不如其已；揣而銳之，不可長保。金玉滿堂，莫只能守，富貴而驕，自遺其咎。功成身退，天之道也。」（《道德經》第9章）名利、財富等個人利益，是不能夠長久持有的，也是守不住的。因此，人既要會聚財，也要會散財。所謂「功成身退，天之道也」，也並非指停止對利益的追求，而是講不要過度地貪戀物質財富。

　　「無」和「有」的辯證思想對於正確理解和樹立「無私」的心態和境界非常重要。首先，它有利於我們正確認識和處理「得失」與「捨得」的關係，使自己在名利面前達到老子所講的「心善淵」的境界。如前所述，人際關係是人們在進行廣泛的物質交往和精神交往中產生和發展起來的人與人之間的一種非正式的社會關係。在這種交往中，對利益的態度是至關重要的。首先，人在「江湖」上行走，總不會是一帆風順的，有進就有退，有成功也有失敗。退是為了進，沒有退就沒有進。所謂「失敗乃成功之母」，講的就是這個道理。以「得失」為例，不同的人有不同的心態和行動。有的人始終把「得」看成是第一位的，在名利面前首先考慮的是會得到什麼？得到多少？如何避「害」？表現在行動上就是「進」而不是「退」、「爭利」而不是「讓利」。殊不知「得失」者，「得」在前，「失」在後。雖然經過一番努力，得到了想得到的東西，但緊接著而來的可能就是無窮的禍患。其次，即使是自己很努力，有很好的績效和業績，廣受同事和朋友的愛戴，也不能夠把「名」和「利」佔為一己所有，如果不能「謙退」和「讓利」，好事一個人佔完，離「禍患」也就不遠了，即所謂「福兮，禍之所伏」。因為「天之道」是「損有餘而補不足」的。有的人則恰恰相反，在名利面前首先考慮的不是「得與失」，而是「捨與得」。他們不耻下問、低調做人，把表揚讓給別人，把困難留給

自己；他們謹慎行事，特別是在處理人際關係方面避開陷阱，以免犯錯；在爭取獲得加薪和晉升的過程中，「得」不驕傲，「失」不氣餒，始終保持一個平常的心態和穩定的績效水準。表面上看他們是「吃虧」了，實際上由於博得了大家的喜愛，有了很好的人際關係基礎，實際上恰恰是「獲利」了。因為他們懂得：「捨得」者，「捨」在前，「得」在後，先奉獻，然後才能索取。即所謂：「禍兮，福之所倚。」人生的智慧就在於以「利他」的境界達成「利我」的目標，其中之真諦，是那些自以為是的人難以理解的。再次，無私的心態和境界有利於抵禦外界的各種干擾，樹立正確的名利觀。我們每個人在自己人生的不同階段，都有不同的目標，在實現這些目標的過程中，會受到各種各樣的誘惑和干擾，如果不能夠正確認識「有」和「無」的辯證關係，就可能為「物」所累，在名利面前迷失方向，甚至為了追求名利而傷害同事和朋友。現實中有很多人不明白這個道理，一生追逐權力和金錢，成為自己慾望的奴隸，疏遠了家人、同事、朋友，結果是「如馬如牛，聽人羈絡；為鷹為犬，任物鞭笞」。（洪應明《菜根譚》卷上 130）反之，如果知曉為人處世的要害，在原則問題上就不會為利益所左右，不為偏激狹隘之人所利用，不喪失做人的基本原則。我們經常講，做人要有「底氣」。何謂「底氣」？其實就是對待名利的態度。有了正確的態度，就能夠「無欲則剛」，所謂「我不希榮，何憂乎利祿之香餌？我不競進，何畏乎仕宦之危機？」（洪應明《菜根譚》卷下 173）講的就是這個道理。最後，無私的心態和境界有利於做到客觀公正，這對於領導者和管理者來講尤其重要。因為他們掌握權力，分配資源，決定組織成員的獎懲以及他們的職業未來。《素書·本德宗道章》講「敗莫敗於多私」，就是論述自私的消極影響和破壞性左右，並將其列為 15 個趨福避禍、逢凶化吉的方法之一。領導者和管理者如果「賞不以功，罰不以罪」，「不行公正之事，貪愛不義之財」，「喜佞惡直，黨親遠疏」，「小則結匹夫之怨，大則激天下之怒」，最終導致「累己、敗身之禍」。可見「多私」實在是人生之大患，值得我們每一個人重視。

法則二：推恩受過

推恩的定義。現實生活中，沒有任何一個人的成功是僅靠自己的努力得到的，或多或少都得到過其他人的支持和幫助。特別是在現代社會中，競爭

日趨激烈，專業分工越來越細，不同職業和工種之間的相互依賴性大大增強，這種特點決定了任何個人的成功都必須建立在其他人的支持或團隊合作的基礎之上。因此，當人們成功之時，向所有曾經支持、幫助的人表示感謝，就成為一種約定俗成的習慣。遠的如美國每年的奧斯卡頒獎，近的如近年來推出的各類音樂頒獎典禮，獲獎人的致辭大多都是對相關人士的感謝。他們感謝公司、感謝製片、感謝導演、感謝家人，感謝的人很多，唯獨不會感謝自己。每年大學都有畢業生畢業，在他（她）們的畢業論文中，也都有關於感謝學校、感謝老師、感謝同學的內容。但千萬不要忘記這樣一個基本的事實，即獎杯或畢業證書、學位證書是在獲獎者和畢業生的手中，而不是在被感謝者的手中。因此，所謂推恩，就是一個人在成功的時候，把屬於自己的功勞的一部分記在其他人的帳上，使其得到心理滿足的一種表達人情世故的方式。記在他人帳上的只是一種「名義」，而自己手中握著的才具有實際意義。

推恩的普遍性。古今中外，推恩都得到社會和人們的推崇。在中國的傳統文化中，推恩的思想隨處可見。《道德經》、《孫子兵法》等中都有很多的論述。如老子講：「吾有三寶，持而保之：一曰慈，二曰儉，三曰不敢為天下先。慈故能勇，儉故能廣，不敢為天下先故能成器長。」（《道德經》第 67 章）正是因為「不敢為天下先」，最終才能夠成為萬物之長，體現了道家以柔克剛、後發制人的思想。又比如：「天長地久。天地所以能長久者，以其不自生，故能長生。是以聖人後其身而身先，外其身而身存。非以其無私邪？故能成其私。」（《道德經》第 7 章）這種以不爭而達到爭，以「無私」達到「私」，最後獲得成功，實在是一種非常高的境界。《孫子兵法》講：「故進不求名，退不避罪，唯民是保，而利合於主，國之寶也。」（《孫子：地形篇》）這裡的「進不求名」就是推恩的具體體現。

在吉姆·科林斯《從優秀到卓越》一書中，我們也能夠找到類似的表述。在這本商業暢銷書中，一個重要的貢獻就是提出了「第五級經理人」的概念，並對他們所具備的主管品質和特徵進行了總結，這些特徵最突出的就是體現在將個人的謙遜品質和職業化的堅定意志相結合來建立持續的卓越業績。在個人品格上，他們既平和又執著，既謙遜又無畏。表 5－2 對這些特徵作了詳細的解釋。

第五章 人情、面子、關係：中國人權力遊戲的思想和文化基礎

表5-2　「第五級經理人」的領導品質和特徵

堅定的意志	謙遜的性格
創造了傑出的成績，在實現跨越的過程中起催化劑作用	令人折服的謙虛，迴避恭維，不自吹自擂為取得最好的長期業績，不管多困難，勇往直前
行事從容、冷靜，主要依靠崇高的標準而不是靠鼓舞人心的個人魅力調動員工積極性	雄心勃勃，但把公司的利益而不是個人的利益放在首位。培養接班人，為公司取得更大的成功奠定基礎
為建立一個長盛不衰的卓越公司樹立標準，絕不降低標準	向鏡子裡看，而不是向窗外看，向窗外看而不是向鏡子裡看
業績不佳時自己承擔責任，而不是埋怨、歸咎於外因或運氣不好	公司的成功歸結於別人、外因和運氣

資料來源：吉姆・科林斯．從優秀到卓越．俞利軍．譯．北京：中信出版社，2002.

第五級經理人所體現的謙遜的性格，體現了典型的推恩思想。這種「向窗外看而不是向鏡子裡看，把公司的成功歸結於別人、外因和運氣」的謙遜態度與孫子的「進不求名」，老子的「不敢為天下先」、「後其身而身先」等思想具有相同的內涵，體現了不同時代、不同國家、不同文化對於推恩的共識。

推恩的藝術和目的。推恩是一種廣泛存在於組織中不同層次成員之間的一種社會交往行為，其目的在於表達組織成員對他人的支持或幫助的尊敬、感謝和報答。從「人情」或人際關係的角度看，推恩體現了一種高超的藝術，在你還默默無聞時，大家支持或幫助你，並未想到今後的回報。你成功後，在一個重要的場合，以一種高規格的方式向他們表達你的感激之情，這無疑使你的感謝對象十分的榮耀。你不僅還了人情，而且還進一步加深了與相關人士之間的關係。在組織中，不同層級之間的推恩則更具有實際的意義。上級對下屬的「推恩」具有兩個特點，一是在公開的場合向社會傳遞「組織績效為組織成員共同努力之成果」的訊息，就像第五級經理人所做的那樣。或是在組織的正式場合向大家表示感謝之意，如在表彰會或年終總結會上向組織成員表達謝意。儘管這種「推恩」多少帶有一點禮儀的色彩，但這種「禮儀」行為所產生的效果則非常之大。它拉進了與下屬之間的距離，使他們感到自己的業績得到承認，看到了未來的希望。二是透過表揚對組織成員的努力工作表示感謝。在蓋洛普公司的「Q12」中，一個良好的工作氛圍的標準就包含了表揚的內容。因此，對組織的高層管理者尤其是一把手來講，要能

夠不失時機的對下屬的進步進行經常性的表揚。而且從績效管理的科學性和系統性來講，這種表揚實際上是一種對組織成員的績效訊息的反饋行為，由於組織成員能夠隨時接收到有關自己績效水準的訊息反饋（表揚），因而對於明確工作的目標和行為的指導，以及增強組織的凝聚力有很好的示範作用。與上級的「推恩」相比，下級的推恩則具有更現實的意義。在中國，傳統文化中「功高蓋主」的思想根深蒂固，其影響力至今仍然不減，也是造成下級向上級「推恩」的重要文化背景。因此下屬能否做到有效的「推恩」，對自身的職業發展往往具有重要的影響。下級的「推恩」包括對上級的支持的感謝和同事的幫助的感謝兩個部分，其中尤以向上級的「推恩」更為重要。這種「推恩」能夠證明組織領導政策的正確性，使上級增強對自己領導能力的信心，同時也表現了下屬對上級的承諾。由於下屬有自己的具體的業績支撐，因此對同事幫助的感謝也帶有「禮儀」的成分。

對於每一個希望獲得職業成功的人來講，不僅要懂得推恩，掌握推恩的藝術，更重要的是要具備推恩的基礎，即要有「恩」可推。首先，「恩」是建立在自身業績基礎之上的。因此，努力工作，建立業績，是職業人士成功的最基本和最重要的前提條件。離開了這些基礎，也就不可能有「推恩」的機會。其次，「推恩」時要得體，要善於使用職場語言，感謝的語言不能太「肉麻」，以能夠讓大多數的人都能夠接受為標準。此外，幽默風趣的語言往往能夠加強表達的效果。而要做到這一點，就需要加強表達能力的培養。

其次是「受過」。所謂受過，就是承擔過失的責任，即孫子講的「退不避罪」。受過可以分為主動和被動兩種形式，主動受過即自曝其短，當你因自身原因導致工作失誤時，或做了一件你的上級、老板不喜歡的事時，最好的辦法就是你親自把這個壞消息告訴他，而不是知情不報，甚至推卸責任。這樣做的好處是，既可以避免小道消息滿天飛，把可能產生的消極的政治行為限制在最低限度，又能夠在第一時間讓你的上級瞭解事件的真相，以便商討解決辦法，防止事態進一步發展。在這一點上，職場人士往往容易犯錯誤。當他們遇到這類問題的時候，首先想到的就是企圖依靠自己的力量解決，並企圖控制和封鎖消息。但至少因為三個方面的原因，往往使他們的這些努力前功盡棄。

第五章 人情、面子、關係：中國人權力遊戲的思想和文化基礎

第一，他們掌握的資源和權力是有限的，在大多數情況下難以應對解決他們所面臨的危機。

第二，在現代訊息社會中，任何企圖封鎖消息的想法都是低能和幼稚的表現。所謂「好事不出門，壞事傳千里」，講的就是這個道理。儘管我們相信大多數人都是富有同情心並樂於助人的，但總還是有一部分人唯恐天下不亂，這些人的劣根性決定了他們在壞消息的傳遞方面往往不遺餘力。如果你的過失是透過這種方式被你的上級知道的，你即使承擔了責任，但性質卻發生了變化，即屬於被動的承擔責任。

第三，組織的系統性要求和專業化分工決定了每一個人或某個部門的工作與其他人或其他部門的工作之間的聯繫是非常密切的，你的工作或部門出現問題，會立即影響到其他人和其他部門的工作，從而影響到整個組織的效率。特別是在你解決問題的努力未能奏效時，性質和後果就會更加嚴重，這時連你能否承擔得起這個責任都成為了一個問題，因為這是你所表現出來的是對整個組織不負責任的行為。因此，當你遇到這種問題時，應在第一時間向你的上級報告，動用他的資源和權力解決問題。

受過的藝術不僅表現在主動承擔自己的責任，以杜絕不良政治行為的影響，而且還表現在能夠做一個恰當的「替罪羊」。這一點對於組織的領導人和管理者尤其重要。吉姆·科林斯的《從優秀到卓越》一書中的「第五級經理人」之所以得到推崇，就在於他們不僅能夠推恩，而且能夠受過，在業績不佳時自己能夠主動承擔責任，而不是埋怨別人，歸咎於外因或運氣不好，體現出了一個人的一種優秀的品德和高超的管理藝術，並贏得人們的信賴和愛戴。

法則三：謙退守柔弱

謙虛謹慎歷來是中國人做人的基本準則，在人際交往中，禮貌待人，彬彬有禮，為的就是給別人留下一個好的印象。中國的傳統文化中也不大認同過於張揚的人，而且人們往往有同情弱者的情感取向。低調謙虛的人往往不被人注意，而弱者的姿態也往往具有迷惑性。謙退守柔弱的表面是退讓，不強出頭，但其核心和目的卻是：退一步，進兩步，以柔弱勝剛強。這也就是《菜

根譚》講的：處世讓一步為高，退步即進步的張本；待人寬一分為福，利人實利己的根基。（《菜根譚》卷下 12）在道家學說中，謙退守柔弱是一條非常重要的原則。老子認為，自然界的規律是「生而弗有，為而不恃，功成而弗居」，（《道德經》第 2 章）所以人理應保持謙虛的品德，所謂「不自見，故明；不自是，故彰；不自伐，故有功；不自矜，故長」。（《道德經》第 22 章）意思是說，不自我顯揚，反能彰明；不自以為是，反而是非昭彰；不自我誇耀，反而讓別人看到你的功勞；不自高自大，反而顯現出自己的優勢。這樣的人「夫唯不爭，天下莫能與之爭」，雖「不敢為天下先」，但最後「故能成器長」，即成為萬物之長。與「謙」相對應的是「驕」，其表現就是自見、自是、自伐、自矜，「驕」的結果必然是「不明、不彰、無功、不長」。一句話：驕者必敗。與「弱」對應的是「強」。如前所述，凡事強出頭的人向來不是中國文化的欣賞對象，所謂「槍打出頭鳥」，「人怕出名豬怕壯」就是其真實的寫照。老子認為，「天下莫柔弱於水，而攻堅強者，莫之能勝，以其無以易之。弱之勝強，柔之勝剛」。（《道德經》第 78 章）柔與弱能量雖然最小，但最穩定，最有前途。涓涓溪流，看似柔弱，但一旦會合成江河大海，則洶湧奔騰，勢不可當，這就是「天下之至柔，馳騁天下之至堅」的境界。因此，把自己裝扮成「弱者」，反而能夠獲得大家的同情和保護。自覺置身於柔弱的地位，處事低調，辦事節儉，便能夠以柔弱勝剛強。這些對於建立和發展在職場、商場、官場中的人際關係，無疑具有非常重要的意義。

另外，以「謙退守柔弱」之心和人打交道，可以有效預防人際交往中的不測之禍。俗話說：林子大了，什麼鳥都有。因此不得不防。如何防？謹言慎為就是一條在人際交往中自我保護的重要法則，特別是和新認識的人打交道、和領導者打交道、和有重要利益關係的人打交道時尤其如此。《菜根譚》講：「人情反覆，世路崎嶇。行不去，須知退一步之法；行得去，須加讓三分之功。」（《菜根譚》卷下 26）何謂退一步之法？就是不要一根筋，不僅要縱向思維，還要學會橫向思維。在言語和行動上謹言慎為，想清楚了再說，看清楚了再做。為了使我們能夠對他人的行為有一個系統和全面的瞭解，有時我們必須學會控制自己的情緒，即使是感覺對方有挑釁和輕侮的言行，也

第五章 人情、面子、關係：中國人權力遊戲的思想和文化基礎

不要輕易動怒，而要以靜制動，觀人入微。這樣別人也再不敢繼續下去。這也就是老子講的「大直若曲，大巧若拙，大辯若訥」。等對方表演，自然會露出馬腳。對過分者也不必客氣，抓住破綻，出其不意予以回敬，往往能夠取得意想不到的好結果。所謂「覺人之詐，不形於言；受人之侮，不動於色。此中有無窮意味，亦有無窮受用」（《菜根譚續遺》23）講的就是這個道理。其實不僅是中國人講「謙退守柔弱」，外國人也同樣奉行這一原則。曾做過美國參議員助手、總統演講撰稿人、國會眾議院議長首席助理的美國人克里斯馬修斯在總結美國著名政治家們的成功經驗時就講：「在工作方面謙恭有禮永遠都不會過分。」這表明「謙退守柔弱」的心態是人類社會共有的價值觀之一。

法則四：施惠於人

建立良好的人際關係，還要學會施惠，即正確對待名譽和利益。

施惠的定義。與推恩相聯繫的就是施惠。所謂施惠，主要是指對利益、權力進行合理的分配。傳統上的施惠只涉及純利益的分配，如工資、獎金的分配和組織晉升，而現在則包括了授權、表彰先進等內容。在組織中，掌握或具有這些權利的都是領導者和管理者，因此，施惠也主要是針對他們而言。對於領導者和管理者來講，能否有效地施惠，不僅事關個人聲譽，而且還影響到組織的凝聚力。當你的工作或你領導的部門取得成績，得到嘉獎時，或者要激勵員工更有效率地工作，或者當下屬需要一定程度的授權以完成任務時，適時、適當的施惠是非常重要的。

施惠的原則。施惠並不是一種隨意的行為，而是有原則和有範圍的。施惠的基本原則是「利益均沾」和「合理分配」。「利益均沾」指凡是與利益有關的人員都應成為受益者，它注重的是受益者的廣泛性，強調的是均等原則。在中國的企業中，這種均等的利益分配方式往往是避免人際衝突和維持團隊和諧團結的普遍採用的方式。「合理分配」則指在組織中按員工貢獻大小給予報酬，關心的是高績效員工的利益，強調的是效率原則。它最終體現的是「效率優先，兼顧公平」。但在很多組織中，這一原則並未得到正確地理解，或正確地理解了，卻在貫徹和實施當中走樣。

在影響正確進行利益分配的諸多因素中,最主要的因素是部門主管或經理的素質、技能及組織績效系統自身存在的問題。在大多數的企業中,在利益分配環節上最容易出問題的也是部門一級的主管。正如蓋洛普公司的調查指出的,員工離開一家公司的主要原因並不在於公司本身不好,而是由於他們的經理或主管有問題。這些問題加上企業績效管理系統方面存在的問題,導致了大量不良政治行為的出現,從而影響了員工的積極性和組織的效率。比如,在大多數企業當中,員工的工資基本上都是由人事主管部門負責,各業務部門主管一般無權決定。但業務部門主管在決定下屬獎金的發放數量、員工評價、表彰以及晉升推薦等方面卻享有重要的權利。如果組織的績效考評標準和指標不健全,或者由於部門主管的個人原因,在利益的分配上就會出問題。有的部門主管甚至在利益分配上更多考慮自己的利益,從而引起下屬的不滿,不僅降低了員工的凝聚力,而且還導致了個人的信任危機。

施惠的藝術。作為組織的領導人和管理者,不僅要掌握施惠的原則,而且還要瞭解施惠的藝術,懂得如何施惠。企業的領導人和管理者們經常要幹兩件事:一是施惠,也可理解為做「好事」,如表彰、加薪、晉升等;二是能「惡事」,如批評、裁員。在做「好事」的時候,首先,切記不要一次把好處全部用完,一定要「悠著點」。這不僅符合激勵的原則,也體現了管理的藝術。《菜根譚》講:「恩宜自淡而濃,先濃後淡者,人忘其惠;威宜自嚴而寬,先寬厚嚴者,人怨其酷。」因為只有當恩惠是一點兒一點兒地賜予的時候,人們才能夠更好地品嘗恩惠的個中滋味。如果一次給予的恩惠太多,就等於是廉價出售,人們也就不會感覺其珍貴,而是習以為常。一旦停止,反而會引起不滿。其次,施惠要有針對性,即要讓那些真正為組織做出貢獻的高績效員工得到實惠。如果沒有這種針對性,該得到的沒有得到,得到的反而得到了,就失去了應有的意義。最後,施惠的藝術性還體現在,要懂得人們真正的需求是什麼?值錢的或貴重的東西並不一定就是人們所需要的,「千金難結一時之歡,一飯竟致終身之感。蓋愛重反為仇,薄極反成喜也」。只有那些人們迫切想得到而又不貴的禮物才是接受者喜歡的。反之,做「惡事」時則要速戰速決,如批評人時要抓住要點,不要經常性地指責下屬,經常性的批評和指責會使下屬感到無所適從,失去工作的進取心,裁員時則切

忌頻繁地進行，因為這會導致人心浮動，影響組織的長期穩定和效率。所以，「惡行」應該一次幹完，使人們少受一些傷害，人們的積怨也就少些。

　　法則五：自我「貶低」

　　建立並保持良好的人際關係的第五個法則是自我「貶低」，其目的在於保持低調。這種「貶低」並不是對自己能力的否定，而是一種建立在中國人傳統的「謙虛」基礎上的策略。謙虛之所以被認為是一種美德，就在於人們相信謙遜的人比較穩重，具有推恩和施惠的品德，因而值得信任。而驕傲不僅會使人過高地估計自己的能力，還會給人一種不成熟的感覺，並對其他人形成壓力。當今變化莫測的商業社會使人們的成功充滿了變數，每一個人都在奮力打拼，但最終是否會有一個比較圓滿的結局，沒有人有絕對的把握。因此，當我們難以對自己的能力作出準確的評價，並且對未來可能取得的成就心中無數時，最好的方式就是保持謙虛的態度，事先有意識的「貶低」自己的能力，同時請求別人的幫助。比如，主管交給你一項重要的任務，你千萬不要給別人一種「捨我其誰」或「一覽眾山小」的印象，而應該是謙虛真誠地表態，在表示堅決完成任務的同時，希望主管及同事們大力支持。這樣不僅能夠增強成功的信心和把握，而且還能夠贏得更多的尊敬。正如拉羅什福科講的：善於巧妙地利用自己平庸稟賦的人，常常比真正的卓越者贏得更多的尊敬和名聲。而對於那些只會誇誇其談而沒有一技之長的人來講，最好的辦法就是閉上嘴，如果不這樣做，當其遇到挫折時，不僅不會得到人們的同情和幫助，反而會遭到譏笑和諷刺。

　　法則六：心胸寬廣

　　良好的人際關係意味著心胸要寬闊，做到知恩圖報、善納言、不記過、會容忍。知恩圖報是一種講求誠信的美德，與之相對應的就是忘恩負義的恥行。兩者之間必然在人際關係的數量和質量上存在巨大差異。《素書·遵義章》總結了46種會給自己帶來禍患的行為，其中第10種就是「慢其所敬者凶」。意思是說，對自己敬重的人、幫助過自己的人或有恩於己的人，是絕對不能夠忘記的。如果忘記了，是一件很危險的事情。這些人在位時應尊重他（她）們，不在位時也應該尊重他（她）們。千萬不要因為其職務、職位的變化而

使自己的態度發生轉變，甚至怠慢，因為這會讓其他人對你的人品產生懷疑，進而認定你是忘恩負義的小人，這樣勢必會影響你的人際關係。心胸寬闊意味著要善於納言，記住自己的不足，容忍他人的過失。要做到這一點，以下三條原則是必須遵守的：「不責人小過，不發人隱私，不念人舊惡；三者可以養德，亦可以遠害。」（《菜根譚》卷下87）人非聖賢，誰能無過？就像人都有自私的心理一樣，每個人也都存在不足。對於這些不足，只要不是原則性的問題，就不必太過計較和認真。特別是對於領導者和管理者來講，這一點尤其重要。《素書·遵義章》第一條就講：「以明示下者暗。」意思是說，瞭解他人的缺點固然重要，但也要給那些智慧和能力不如自己的人一點空間，太過計較他人的過失，就可能失去其忠誠和支持。所謂「水至清則無魚，人至察則無友」，講的就是這個道理。因此，領導之道，在於「內明外晦」。真正聰明的人一定是大事明白，小事朦朧；大事不糊塗，小事裝糊塗。如果領導者和管理者把什麼都看清楚了，把什麼都說完了，下屬也就沒有用武之地了。沒有用武之地，也就失去安全感了，離開可能就是唯一的選擇。良好的人際關係還意味著彼此尊重，不暴露他人的隱私，更不能以此作為攻擊對方以達成自己目的的手段。在工作中發生爭執，應該就事論事，切不可扯得太遠，如果扯上了別人的隱私，工作矛盾就轉化為人際矛盾，給人留下胡攪蠻纏的不良印象，這不是智者的思維方式和行為表現。不念人舊惡，是指不要記仇，「我有功於人不可念，而過則不可不念；人有恩於我不可忘，而怨則不可不忘」。（《菜根譚》卷下39）這是做人的一種很高的境界。能夠做到這幾點，我們就可以修養自己的品德，規避不必要的禍患。

法則七：識人辨人

俗話說：物以類聚，人以群分。建立良好的人際關係固然重要，但也不是不區別和過濾，因為不是所有你希望與之建立良好關係的人都能夠成為你的朋友，而且朋友不能太多，「交友不宜濫，濫則貢媚者來」。（《菜根譚》卷下146）良好的人際關係是建立在共同或相似的價值觀、性格、興趣、愛好等因素的基礎之上的。所謂「枉士無正友，曲上無直下」，（《素書·安禮章》）喜歡阿諛奉承、陽奉陰違的人顯然不會有真誠的朋友，品行不正的主管也很少有敢於直言和認真負責的部下。因此，人們在交往時，必定會有一

個認知、識別和選擇的過程。在這個過程中，人們不斷總結經驗和教訓，才得以逐步建立起自己的人際關係網路。孔子講：「不患人之不知己，患不知人也。」（《論語‧學而第一》）意思是說，不害怕別人不瞭解自己，就害怕自己不瞭解別人。試想，一個希望在官場、商場實現自己人生目標的人，但卻不知道誰能夠為自己提供幫助，也不瞭解自己的競爭對手，這實在是一件非常麻煩的事情。因此，瞭解誰是朋友、誰是對手是建立良好人際關係的基礎。如果能夠盡快地掌握別人的特點，認知的準確性就高，人際關係的建立也就有了保證。從另一個方面來講，朋友和對手不是一成不變的，對手也可以成為朋友，朋友也可能變成敵人。在這個世界上，沒有永遠的朋友，也沒有永遠的敵人。美國第36任總統林登‧貝恩斯‧詹森是一個在人際關係方面非常成功的專家，這位來自休斯敦的中學教師，之所以能夠從眾議員的秘書到參議員，最後當上美國總統，就在於他一生都致力於「一對一」的「零售政治」，「一旦他覺得需要和別人建立親密關係，他就什麼都說得出來，什麼都做得出來」。他有一句至理名言：「寧願讓你的敵人站在你的帳篷內往外撒尿，也不能讓他們站在外邊往帳篷裡頭撒尿。」那些出類拔萃的政治領袖和精英們都知道兩條重要原則：

一是一定要讓自己的對手站在明處；

二是把原來的對手變成朋友。

讓自己的對手站在明處，可以知己知彼，有備無患；把對手變成朋友，可以擴大自己的人際關係網路。這是建立人際關係的最高境界。

如何識人辨人，並不是一件容易的事情，以下幾個方面的建議可能會對我們有所啓發：

一是辨言行。所謂辨言行，就是指觀察辨別一個人是否言行一致。在中國人的人際交往中，尤其看重一個人的人品。而信用是人品的一個重要內容，不講信用的人是難以取得別人信任和幫助的。古今中外，無一例外。孔子說：「人而無信，不知其可也。」（《論語‧為政第二》）一個沒有信用的人，是不可以信任的，也是不可能成功的。老子認為一個人要取得成功，必須做到「七善」，其中之一就是「言善信」。即使是在美國這樣的市場經濟國家，

那些政治家們都知道背信棄義的代價是什麼。克里斯·馬修斯在總結包括多位總統在內的政治人物的誠信度時指出：任何老謀深算的政治家都知道這樣的背叛所要付出的代價。它不僅僅會危及你一對一的個人關係，更重要的是會使得你喪失名譽，聲名掃地。對於職業政治家來說，忠誠就像道德操守一樣，是影響他們職業生涯的至關重要的品質之一。想想看，誰會信任一個出爾反爾、背信棄義的人呢？可見，言行不一致的人無論在哪裡、無論幹什麼，都不會有好的結果。要看一個人是否言行一致，最簡單和最有效的方法就是看其是否說得多，做得少。《素書》講：「高行微言，所以修身。」（《素書·求人之志章》）誠實和守信的人往往注重行動而不是高談闊論。因為他們相信，事情做成了，人們自然會知道。相反，如果說了不做，或者多說少做，就是一個言行不一致的人，言行不一致勢必缺乏誠信，最終會給自己招致禍患。

二是辨行為。人的行為是可以辨識的，透過細緻地觀察，我們可以發現他人的行為與我們價值觀的異同，從而確定我們建立人際關係的對象。以朋友為例，朋友有兩種，一種是只能同甘，不能共苦的人，即《菜根譚》講的：「饑則附，飽則揚，燠則趨，寒則棄。人情通患也。」（洪應明《菜根譚》）我們通常把這種人叫勢利小人，這種人為人處世的最大特點就是損人利己，「寧教我負天下人，休教天下人負我」。他們為了自己的私利可以出賣原則，出賣良心，當然就不用說出賣朋友了。這種人只能叫酒肉朋友，是經不起任何考驗的。因此，這種人絕對不是我們發展人際關係的對象，應該與他們保持距離。另一種是既能同甘，也能共苦的人，他們為人處世的特點是對人正直、忠誠，有錯必諫，有福同享，有難同當，我們通常把這叫做友誼。《素書·求人之志章》說：「親仁友直，所以扶顛。」建立在友誼基礎上的朋友是不會落井下石的，也不會只是引而不發而使他人誤入歧途。真正的朋友一定是能夠同甘共苦的，這種人叫良友，是我們建立人際關係的重點對象。

三是辨面相。這裡的「面相」不是單純指相面，也包括根據人的態度、行為表現等去觀察和瞭解其為人處世的風格，以便決定我們與之打交道的方式。其實相面也並非全無科學依據。美國著名顱相學家塞繆爾·r. 韋爾斯在其《觀人學》一書中指出：雖然觀人學不具有科學尊嚴，但它至少還有科學的

因素在內,可以被成功地列為最有用的知識分支之一。他說:我們除了瞭解自己,還需要瞭解身邊的人。我們是社會性的人,要與其他人進行接觸。我們生活中的幸福與成功很大程度上取決於我們與他人交往的性質。要使交往令人愉快且有成就,我們必須把人當做一本敞開的書去讀。觀人學為我們提供了生詞表,一旦我們掌握了生詞表,就可以進行閱讀。透過對人的外部特徵和內在氣質的瞭解,可以解讀人的性格。事實也是如此,首先,在現代管理學中,利用對人的、氣質等的測定檢驗人與工作的匹配度,已為越來越多的組織所認可。在每一個人的一生當中,我們都會有這樣的感覺或經歷:有的人長相平平,卻能贏得我們的喜愛;有的人一看長相就令人不愉快,引起我們潛意識的反感。我們不知道這是為什麼,但事實上我們就是在運用觀人學,只不過我們沒有意識到。因此,當我們注意到某些人的外部特徵、內在氣質與其言行之間具有一定內在聯繫的話,自然就會引起我們的注意或警覺。我們經常講「賊眉鼠眼」的人做不出什麼好事,因此不願意與其深交,大概就是基於我們的經驗對其為人處世的判斷。這種判斷並非都正確或有科學的依據,但至少很多人都能夠舉出自己生活中的例子予以解釋和說明。這實際上就是一種自我保護的手段。

其次,根據人的態度和風格也可以瞭解人的性格,以便我們決定與之打交道的方式。《菜根譚》講:「遇沉沉不語之士,且莫輸心;見悻悻自好之人,應須防口。」有的人惜字如金,難以交心,對這種人千萬不要掉以輕心;有的人疾世憤俗,總感覺自己是「英雄無用武之地」,和他們打交道時一定要時有提防,不要隨意表態。最後,要培養和提高我們識人辨人的能力,就必須做到「冷眼觀人,冷耳聽語,冷情當感,冷心思理」。只有做到這「四冷」,才能夠保證我們比較客觀公正地作評價。

法則八:人情規避

在中國社會,人們往往在制度和人情間難以取捨。完全按照制度,可能得罪人,完全靠人情,可能違背原則。這的確是一個兩難的問題。怎麼解決這個問題?本書的建議是:雖然人情在人際交往中佔據十分重要的地位,但並非沒有副作用。一方面,懂人情,送人情,找人情,是一種得到文化價值

支持的社會規範，可以幫助我們在社會上立足和獲得職業發展；另一方面，人情也是一把雙刃劍，弄得不好，也會弄巧成拙，帶來麻煩。特別是在現代市場經濟條件下，經濟的等價交換成為主流，大有逐步取代社會交換的趨勢。單靠人情來維持人際關係，不但限制了一個人的活動範圍，而且減少了一個人很大的主動權和自主性。如果人情太過有力量，則經濟的市場原則會受到干擾。中國著名的社會學家費孝通先生就講：「如果要維持親密團體中的親密，不成為『不是冤家不碰頭』，也

必須避免太重疊的人情。社會關係中權利和義務必須有相當的平衡，這平衡可以在時間上拉得很長，但是如果是一邊倒，社會關係也要吃不消，除非加上強制的力量，不然就會折斷的。防止折斷的方法之一是減輕社會關係上的負擔。」他以民間互助合作性質的「標會」為例，對減輕社會關係的負擔作瞭解釋。基於此原因，在法則七「識人辨人」的基礎上，還應進一步瞭解掌握規避人情的方法。其實中國人早就有規避人情的方法和途徑，從家庭內部來講，「親兄弟，明算帳」就是一個典型的例子。在社會交往中將這一原則推而廣之，可以從以下方面考慮：

一是「來而不往非禮也」，接受了他人的禮物或人情，在適當的時候要還這個人情；

二是在社會交往中採取平等原則，如現在有的同學、同事甚至朋友聚會，往往採用「AA制」，意思是不論有錢無錢，錢多錢少，所有成員對聚會費用平均分攤。

就像現在大學裡的 MBA、EMBA 及各類高級管理人員的課程班或培訓班，其成員要麼是白領，要麼是在社會上有頭有臉的人物，尤其是後者，越是這樣的人，越害怕欠別人尤其是不熟悉的人的人情。因此，一種消解人情緊張的形式就產生了，這就是大家交班費，所有活動均用班費開支。這樣的好處是，所有成員都很平等，既沒有欠下一份人情，也沒有丟掉自己的面子。當然也要注意，有的人情是不能夠還完的，特別是在比較親密的關係中。費孝通先生就講，「親密社群的團結就依賴於各分子間都相互的拖欠著未了的人情。來來往往，維持著人和人之間的互助合作。親密社群中既無法不互欠

人情，也最怕『算帳』。『算帳』、『算清』等於絕交之謂，因為如果相互不欠人情，也就無須往來了」。

　　三是對於交往不深或可能是「對手」的人來講，可以拒絕人情。拒絕人情雖是一種無奈之舉，但也有其採納的意義。就像電視劇《亮劍》中的李雲龍和楚雲飛，兩人既是對手，從某種意義上講也算是朋友。當楚雲飛的部下叛變投敵，李雲龍及時解救，並提出幫助其清理門戶時，就被楚雲飛一口拒絕。對楚雲飛來講，如果由李雲龍幫助其清理門戶，他今後就別想在這江湖上混了。因此他不願意欠李雲龍這個人情。這種情況下，當事人往往會拒絕人情。四是即時「禮尚往來」。所謂即時「禮尚往來」，是指人情的即時交換。在現代社會，由於人口流動和工作更換頻繁的緣故，人際交往的時間、空間也在發生變化。比如，今天在一個公司（地方）上班，明天換了另外一個公司（地方），時間和空間就不一樣了。根據中國社會科學院《當代中國社會階層研究報告》的結論，僅從代內流動看，1979年以前，從前職到現職的總流動率只有13.3%，1980—1989年為30.3%，1990—2001年為54.2%。這就是說，改革開放前，有86.7%的社會人員往往是在一個職位上長期工作，很少流動；改革開放以後，流動就大幅增加了。1949—1979年，從前職到現職實現向上升遷的流動率只有7.4%，到了1980—1989年階段，向上升遷的流動率提高到18.2%，1990—2001年，向上升遷的流動率進一步提高到30.5%。流動帶來的是人際關係的短暫性和時效性。在這種情況下，就可以採取即時以同等價值的禮物回送。就像逢年過節，親戚、朋友、同事來串門，一般是以後找一個時間回訪時回報，如果覺得把握不住時間或家裡就有現成的禮品，就可以馬上回送。當然，規避人情的方法還有很多，這裡不一一列舉。總之，中國文化既強調人情及人際關係在社會交往中的重要性，同時也創造了規避不必要人情的消解方式。這兩方面都為我們在社會上立足提供了難得的智慧和思考。

　　法則九：印象管理

　　印象管理是指控制與他人相處時對自己的印象的過程。在社會生活中，無論是男人注重的儀表或女人重視的化妝，目的都是為了給別人一個好印象，

以吸引他人的注意。如青年男女在首次交往時，大多都會使用印象管理的方法，有意或無意地把自己的一些真實的部分隱藏起來。在工作和社會交往中，印象管理尤為重要。一個人要想獲得成功，同樣需要吸引別人的注意。中國人對印象管理則有另一種說法，叫做面子功夫，指在人際關係中，特別是面對面的交往中所做出的種種維護面子的社會技術。面子功夫的思想基礎是人倫，而人倫的核心是尊重，其基本策略是不讓人丟臉或維護他人的面子。在保全他人面子的同時，也就維護了自己的面子。因為面子是人家給的。有學者指出，最善於使用印象管理的人是那些具有高度自我監控的人，他們善於透過對環境的觀察，及時調整自己的行為和形象，以適應環境的需要。而自我監控能力較低的人，不管後果是否對自己有利，總是表現出與他們的個性特點一致的形象。印象管理的技術或方法大致可以包括以下內容：

（1）從眾：同意別人的觀點以獲得他的贊同。在會議討論、日常交流、朋友聚會等社會交往和工作中，人們經常透過這種方式表達出自己的立場。

例：一個管理者告訴他的上司：「你的機構重組計劃非常正確，我很同意並完全擁護。」

（2）藉口：透過解釋造成困境的原因，降低他人對事態的嚴重性程度的估計。

例：「我們未能及時登出那些廣告，但是似乎沒人對那些廣告做出什麼反應。」

（3）道歉：主動承擔不良事件的責任，及時請求原諒。

例，員工對上司說：「對不起，我在報告中犯了一個錯誤，請原諒。」

（4）宣揚：對有利的事件進行解釋，以擴大對自己的有利影響。

例，銷售人員對他的同事說：「自從我來了以後，我們部門的銷售已翻了三番。」

（5）吹捧：讚揚他人的優點，使別人覺得自己有眼力，惹人喜歡。

例：一個新來的銷售人員對他的同事說：「你對那個客戶的抱怨處理得真是太高明了，我永遠也做不了那麼好。」

（6）恩惠：為別人做點好事，獲得別人的好感。

例：銷售人員對潛在的客戶說：「我這兒有兩張今晚的電影票，我沒時間去，給你吧！權當我對你花時間和我交談的感謝。」

（7）拉關係：透過操縱與自己有關的人或事的訊息來加強或保護自己的形象。

例：一位面試者對考官說：「多巧啊，你的老板和我是大學的室友。」

以上所列舉的印象管理技術的效果得到了研究證據的證明，尤其是在面試中，能夠熟練掌握這一技術的求職者往往表現較好，並因此得到考官的認可。從更大的範圍講，這些印象管理技術其實也就是關於職場政治方面的建議和方法，其中既有為人處世的原則、人際關係的建立方法，也有職場語言的應用。瞭解和掌握這些規則和方法，我們不僅能夠提高職場適應能力和應變能力，而且能夠增強自信心。

毋庸置疑，印象管理或面子功夫的應用在一定程度上能夠為扮演者帶來積極或正面的影響，但並非所有人都認同這一做法，也並不是所有的印象技術和面子功夫的應用都能夠產生積極影響。因此，運用印象管理技術或面子功夫應考慮具體的環境和氛圍以及個人在群體中的總體印象。如果一個人平時就沒有良好的人際關係，那麼無論怎麼做，都無濟於事。還有，要正確恰當地利用印象管理以增強自己的印象，必須轉變某些傳統的觀念。比如將印象管理或面子功夫視為「做假」，非堂堂君子所為。持這種觀點的人大多自我監控能力較低，不善於根據環境的變化調整自己的所作所為，顯然不利於個人的職業發展。

本章案例 人際如水，我行你也行

日本心理學家有這樣一個論斷，不知您認為是不是有點玄：人的壓力99%來自人際關係。

5.4 搞好人際關係的九大法則

去年金秋，本人應邀去大學 EMBA 班學員講心理學。事先列了十多項選題，包括《強競爭中的軟哲學》、《企業家快速減壓法》、《把握人際》等等。你猜 EMBA 學員首選什麼題？《把握人際》！

企業家的選擇也許印證了那個 99%。

細想也是，如果會管人流、物流、資金流就算企業家，當個企業家也太容易了點兒。如果真這麼簡單，這三個流都倒背如流的 MBA、EMBA 或其他什麼什麼 ba 們拿到文憑就能在企業穩操勝券甚至遊刃有餘了。遺憾的是沒這麼簡單。

都說「水能載舟亦能覆舟」，這水是啥？人心之流唄。只有善待心理流，前面那三個流才不至於流來流去流出個付之東流。

人際如水，怎樣把握呢？

那得先說怎樣把握不住人際。不往把握不住的事兒上投資了，把握人際就不會太難了。

有位老板做企業絕對是個天才，怎麼做怎麼順、做甚麼都成功。可是一到簽約儀式上手就不聽使喚，寫完自己的大名能累出一身汗，而且那字怎麼看怎麼像蟑螂寫的。有幾次竟然連那蟑螂體的字也寫不出來了。那叫簽約儀式啊，多難堪！

堂堂企業家，為啥一寫自己的大名就痙攣呢？

旁觀者並不青面獠牙，簽名者並不手指缺鈣，為甚麼書寫痙攣？

原來，他心中有個小我在呼喊———「我不行，你行！」這一喊不要緊，五個指頭管不了一支筆！

經過七天的心理訓練，老板把「我不行」從心中輕輕拭去，居然在眾目睽睽之下連續簽名十數次，走筆如蛇！

「我不行，你行」讓大老板心慌手抖，「我行，你不行」的日子也不好過。某總裁上學從來都是第一，文體比賽從來都是冠軍，任職了六個企業從來都是一把手，開的車從來都是最好的。可怕的是他從自己的經歷中提煉出

第五章 人情、面子、關係：中國人權力遊戲的思想和文化基礎

一個人生理念——我的車前面不能有車。終於有一天，為了超過超他車的車，他居然玩了一把追尾。賠了面子又折錢不說，企業銳氣也隨之大傷。

什麼力量驅動他在人生路上玩兒命超車？是他心中不斷呼喊的一個聲音———「我行，你不行！」車禍之後，他不再強求「你不行」，自己的身體、心理和企業反而比以前更行了。

張廠長喜歡鐵血管理。一次，他訓罵某員工反遭辱罵。為了平衡心理，張廠長居然大揮鐵拳把下屬打了個滿臉花。可是有壓迫就有反抗啊，下屬包裡藏了暗器。兩顆報復之心，命案一觸即發。危機的緩解倒是來自我諮詢中的一句話：「最好的報復是好好地活著！」後來倆人都好好活自己，居然也緩和了相互的關係。值得反思的是，當初是什麼力量讓他們把勁兒使在打垮對方？不共戴天的兩個人居然奉行著完全一致的交往理念———「我不行，你也不行」。兩敗俱傷！

聰明的您已經推論出把握人際的訣竅了吧？

是的，如您所料，人際關係的雙贏準則是———「我行，你也行！」這種準則既不用別人的優秀貶低自己，也不用自己的卓越輕蔑他人。「我行，你也行」是對自己和他人的雙重肯定。多麼簡單又多麼符合人性！

怎麼才能做到「我行，你也行」呢？

咬定青山不放鬆

青山是什麼？青山就是企業可持續發展的出發點與目的地啊。死死咬住關乎企業命運的青山，你會把全部的熱情用來找尋自己和別人智慧與情感中的「行」。而自己和別人的所謂「不行」會被你高貴地忽略掉。

最酷的投資是眼球

不論您把員工與同行的手握得多緊，甚至固若鐵鉗，但只要您的眼神飄若遊絲，眾叛親離就會是遲早的事。所謂不是不報時候未到，時候一到一切都報。為啥會報啊？原因就這麼簡單：你根本沒把人家放在眼裡，卻把人家死死握在手心裡。這年頭，誰在乎那些不在乎自己的人哪！

5.4 搞好人際關係的九大法則

你有我有全都有，剛柔並濟最優秀

企業就是印鈔機。印鈔最忌印出鈔票全歸己。說是全員行銷，動力何在？管理之妙在乎分配。所謂己愈予人己愈有，正是雙贏玄機所在啊。話雖如此說，您要是以為把錢分勻了企業就長盛不衰，那就單純得和我差不多了。不是說「水能載舟亦能覆舟」嗎？那就研煉水的柔情吧。如果您願意像超級大國那樣逞威做福，必會沙漠處處暗箭難防。如水何以得人心？水的力量與胸懷在於甘處萬物之下。老子雲：「江海所以為百谷王者，以其善下之。」是啊，身處萬物之下，恰也把萬物一覽情懷之中。正所謂高下相傾、相反相成，人際之道——

我行，你也行！

哎，裝了一把老師，好歹也得給您留個作業呀。每天細閱下面這幅《人際關係坐標》圖，早一遍晚一遍，然後捫心自問：本哥們今天的言行是在證明誰行誰不行？

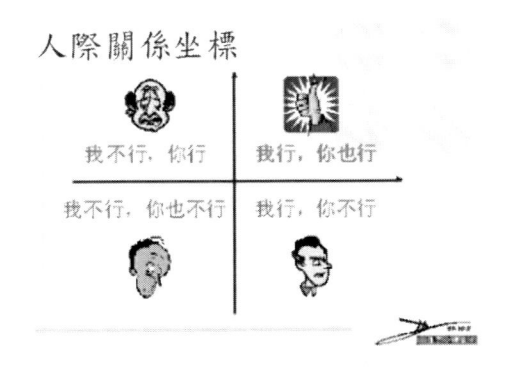

人際關係坐標

我不行，你行	我行，你也行
我不行，你也不行	我行，你不行

註：本文作者是心理諮詢專家，早年畢業於北京大學哲學系，並創立中國最早的心理學校「曲偉杰心理學校」（www.quweijie.net），擔任校長至今。

案例討論：

1. 管理的主體是人還是物？

2. 為什麼人的壓力大多來自人際關係？

3. 你如何評價「小企業做事，大企業做人」這句話？

4. 人際關係與利益關係之間有什麼聯繫？

第六章 職場規則建議

　　前面討論了關於公司政治和人情、關係、面子等問題，主要的目的是希望引起職業人士對這些問題的關注，使他們能夠在建立自己的技術和專業優勢以外，對組織中的政治行為和人際關係的作用和影響給予高度的關注。其次，在對公司（辦公室）政治和人際關係有了正確的認識和理解後，還要知道什麼是正確的職業行為，以及如何在工作環境中表現出這些正確的行為。正如我們多次強調的，要達到個人職業發展的目標，僅靠自己的專業和技術優勢是遠遠不夠的，還必須瞭解組織的運作程序，掌握職場的政治規則，這樣才能夠獲得成功。

　　本章將研究和討論以下幾方面的問題：

　　1. 遵循和適應職場規則對職業發展的影響和意義。

　　2. 如何建立自己的資源和權利優勢以及認識人際交往與業績水準之間的關係？

　　3. 與組織中關鍵人物建立關係的方法和途徑。

　　4. 作為組織成員如何適應組織的變革？

　　5. 瞭解與組織策略有關的知識、能力對職業發展的重要意義。

專欄 6－1 職場規則

　　暫時忘記政治行為的道德問題以及你對參與政治活動的人可能持有的消極印象。如果你也使自己更精於政治行為，你該怎麼做呢？以下的八條建議相信會對你有所幫助。

　　1. 製造有利於組織的輿論。有效的政治技巧需要偽裝個人的利益。不管你的目的多麼自私，你用來支持自己目的的輿論必須讓人覺得是為了組織的利益。那些讓人一眼就看出是在以組織的利益為代價、謀求私利的人的活動，幾乎總是要受到指責，失去影響力，甚至有可能最終被組織所拋棄。

2. 建立良好的形象。如果你瞭解組織文化，瞭解組織對員工的要求和看重的東西，如服飾方面哪些是受到鼓勵的，哪些是需要避免的；是否要表現得勇於冒險或反對冒風險；所受歡迎的領導風格；與同事建立和諧的人際關係的重要性；等等，那麼你就具備了建立適當形象的條件。因為你的績效考核並不是一個完全客觀的過程，你的風格和那些「硬件」一樣也是需要考慮的問題。

3. 控制組織的資源。控制組織稀缺或重要的資源是獲得權力的好方法。知識和專門技能是可以控制的特別有效的資源。他們使你在組織中更有價值，因此也更容易獲得安全感和發展的機會，你的主張也更容易被採納。

4. 使自己顯得必不可少。因為我們處理的是現象而非客觀事實，因此你可以透過使自己顯得必不可少來增強自己的權力。也就是說，你不必真的是不可缺少的人物，只要組織的關鍵人物認為你是必不可少的就足夠了。如果組織的最高決策者認為你給組織做出的貢獻目前是無人能代替的，那麼他們一定會無限滿足你的要求和願望。

5. 讓別人瞭解你的績效，成為顯著的人。由於績效評估包含大量的主觀判斷的成分，因此，讓老板和掌權的人瞭解你的貢獻是很重要的。如果你幸運地承擔了一項其成功會引起他人注意的工作，那就沒有必要採取直接的措施來提高你的知名度。但是也許你的工作是不怎麼引人注意的，或者由於你的特殊貢獻是團隊成就的一部分而不為人所瞭解。在這種情況下，不要對你的業績喋喋不休，自以為勞苦功高，而應該透過其他手段引起他人的注意，如在例行的工作報告中突出自己的成就；或讓滿意的顧客向組織的主管反應他們的意見，在社交活動中引起人們的注意，主動參與專業交往活動；與那些對你的成就評價較高的人建立良好的關係，以及諸如此類的技巧。當然，長於此道的人還可以透過遊說去爭取承擔那些成就容易被人注意的工作。

6. 和掌權者建立關係。這有助於把有權勢的人包括在你的陣營裡。和那些有可能影響你的人建立關係，包括你的上級、同級或下級。他們能夠給你提供透過正常管道無法得到的重要訊息。此外，決策往往總是有利於那些有後臺支持的人。強大的聯盟可以在你需要的時候給你提供有力的支持。

7. 迴避危險人物。幾乎每個組織都有一些地位不穩固的危險人物，他們的績效和忠誠是值得懷疑的。和這些人要保持距離。事實上績效考評有很大的主觀因素在裡邊。如果和這些人走得太遠，很有可能你的績效就要受到影響。

8. 支持你的上司。你最近的前途把握在你目前的上司手中。因為他評價你的績效，因此你所做的事情，必須能夠使上司站到你的一邊。你應該盡一切努力幫助你的上司獲得成功，使他春風得意，在他受困時支持他，並花費一定的時間找出他用來評價你的績效的標準，不要拆上司的臺，更不要在別人面前說他的壞話。

6.1 職場規則的定義、特徵、指導思想和原則

所謂職場規則，就是指導人們在工作場合中表現出正確行為並保證實現自己目標的方法、原則和建議。與組織中的正式規章制度不同，大多數的職場規則並不以正式的形式出現，而是隱藏在每個人的內心世界，即表現為一種「潛規則」。在實際的工作中，組織中大多數的人都或多或少的在按照這些規則行事，但表現卻不盡相同，有的人對這些規則總體上把握得較好，有的人則在某個或幾個方面表現比較優秀，還有的人對這些規則無動於衷。正是由於這些差距，往往成為影響個人職業發展的關鍵因素。但遺憾的是，仍然有很多人對這種差距的影響認識不足。本章的目的就是希望透過對職場規則的建議，為組織中的人們提供職業發展方法的參考。

中國是一個具有悠久歷史和文化的國家，在中國古代產生了很多著名的思想家、政治家和軍事家，他們的思想和學說不僅推動了當時社會的變革和思想的繁榮，對社會產生了巨大的影響，即使在今天也仍然具有強大的生命力，成為可供後人吸取的營養和借鑑的思想精華。在他們當中，以老子為代表的道家思想尤其得到後人的推崇。作為中國古代最偉大的思想家之一，老子的思想蘊藏著豐富的人生哲理，從中我們不僅可以體會到其思想在宏觀層面上的博大精深，而且可以從微觀層面上將其人生哲理具體化，探究出具體的職業發展的指導思想和競爭原則，「七善」就是這樣一個具體的體現。

第六章 職場規則建議

老子對「七善」的論述是建立在「水」理念的基礎之上的。老子講：「上善若水。水善利萬物而不爭，處眾人之所惡，故幾於道。」他認為，世間最好的東西莫過於水，水滋潤萬物，但卻從不為自己爭利。人們都希望往高處走，但水卻往低處流。看似不利，但涓涓細流最終匯集成江河大海，勢不可當，因此水能夠接近「道」的最高境界。同樣的道理，人生的選擇也應具有水的這種境界，只有做到「不敢為天下先」，以不爭、無私的「後其身而身先」的精神，最後才能達到內聖而外王的目的。在這個基礎上，老子提出了「七善」的原則，即「居善地，心善淵，與善仁，言善信，政善治，事善能，動善時。夫唯不爭，故無憂」。意思是說，居住的地方要自然祥和，沒有世俗的紛爭之地；心理狀態要穩重祥和，深思熟慮；與人相處要友愛無私，仁慈寬厚；對人說話要真誠，講究信用；為政之事要光明正大，寬嚴並濟；辦事時要揚長避短，充分發揮自己的優勢；行動時要選擇好時機，堅定而果斷。只要達到了這七個方面的要求，就沒有什麼可擔心的了。「七善原則」體現了以老子為代表的道家「以柔克剛」、「以弱勝強」、「不敢為天下先」以及「退後一步，海闊天空」的思想，總結起來就是「後發制人」的理念。在看似不爭中，實則事事爭先，最終達到自己的目標。將老子的這「七善」應用於人生的選擇和職場的規則，我們可以得到以下啟示：

七善之一：居善地。

「居善地」體現了水擇地而流的特性。運用「居善地」的原則指導自己的職業選擇和職業規劃，對於職業發展的成功具有十分重要的意義。「居善地」的啟示表現在以下方面：

一是正確理解「高」與「低」的關係，把握「守弱謙退」的智慧。俗話說，人往高處走，水往低處流。但「高」與「低」是相對的，「高」是建立在「低」的基礎上的。沒有紮實的工作能力和突出的業績，就不可能走向自己職業發展的頂峰；沒有做過基層的管理工作，在高層的管理職位上也不可能幹好。涓涓細流，最後匯集成江海大河，洶湧澎湃，勢不可當，就在於水能夠以「低」為「高」的基礎，順勢而行。因此，「居善地」要求能夠「處眾人之所惡」，比如在工作的選擇上，首先從組織最基層的工作開始幹起，逐步成長，這樣

不僅能夠累積經驗,而且能夠熟悉和瞭解組織整個的工作或生產流程,從而為自身的發展奠定基礎。

　　二是把握大勢,站穩立場。現代商業社會有太多的誘惑,稍有不慎,就有可能迷失自我。因此應當明確自己的優勢和不足,不要為那些不著邊際的許諾和利益蒙蔽了雙眼。在進行職業選擇時要綜合考慮自己的志向、專業、興趣和愛好,以及其他與自己的個性特徵比較吻合的因素,在此基礎上選擇適合自己的工作和職位,並在工作中建立自己的競爭優勢,不斷地改進和提高,這樣才能夠使自己處於有利的位置。三是做到「到位」而不「越位」,做該做的事,管該管的事。如果是擔任副職,那就要努力配合正職的工作,既不能喧賓奪主,擅權越職,也不能敷衍了事,不負責任。總體來講,要做到「居善地」,關鍵是一個心態問題,有了好的心態,就能夠對自己有正確的認識,使自己處於一個有利的位置,比如一個合適的單位、一份適合自己專業特長的工作、良好的人際關係和工作氛圍,或一個優秀的業績評價等。反之,如果不能夠客觀地對自己作出評價,總認為自己是最能幹的,不切實際地拔高自己,就會迷失自我。老子講:知人者智,自知者明。勝人者有力,自勝者強。(《道德經》第33章)意思是說:瞭解別人叫明智,瞭解自己叫聰明;能超過別人叫有力量,能克服自己的弱點叫剛強。因此,瞭解自己,找到適合自己的位置,是「居善地」的核心。

　　七善之二:心善淵。

　　「居善地」,是「七善」中最重要的原則之一,作為「七善」之首,「居善地」是道家「守弱」、「謙退」、「居下」等人生觀在現實生活中的具體要求,不僅是人在「江湖」上立足的基礎,同時也是實現人生價值的保證。「心善淵」則體現了水寬闊無邊的心胸。所謂「心善淵」,主要指的是人的祥和的心境和深思熟慮的謀略,特別是在名與利、得與失、成功與失敗、前進與後退等考驗面前,人們所表現出來的心態和行動。心境祥和意味著要能夠適應組織的變革,正確對待和處理「名」和「利」、「得」與「失」的關係,特別是在爭取獲得加薪和晉升的過程中,做到「得」不驕傲,「失」不氣餒,始終保持一個平常的心態和穩定的績效水準。深思熟慮則要求人們在

第六章 職場規則建議

職場中謹慎行事，特別是在處理人際關係方面避開陷阱，以免犯下不應該犯的錯誤。人在「江湖」上行走，總不會是一帆風順的，有進就有退，有成功也有失敗。以「得失」為例，不同的人有不同的心態和行動。有的人始終把「得」看成是第一位的，在名利面前首先考慮的是會得到什麼？得到多少？如何避「害」？表現在行動上就是「進」而不是「退」、「爭利」而不是「讓利」。殊不知「得失」者，「得」在前，「失」在後。雖然經過一番努力，得到了想得到的東西，但緊接著而來的可能就是無窮的禍患。這就是「福兮禍所伏」。其次，即使是自己很努力，有很好的績效和業績，廣受同事和朋友的愛戴，也不能夠把「名」和「利」佔為一己所有，如果不能「謙退」和「讓利」，好事一個人佔完，離「禍患」也就不遠了。因為「天之道」是「損有餘而補不足」的。有的人則恰恰相反，在名利面前首先考慮的不是「得與失」，而是「捨與得」。因為他們懂得：「捨得」者，「捨」在前，「得」在後。也就是先奉獻，再索取。表面上看吃「虧」了，實際上是得「利」了。即所謂「禍兮福所倚」。這也就是老子講的「窪則盈，敝則新」。此外，「心善淵」意味著要有淵博的學識，因為只有學識淵博，才能通古達今，明辨是非，舉一反三。對於領導者和管理者來講，尤其需要豐富的知識，這是建立自己權威不可缺少的基本要求。「心善淵」要有寬闊的心胸，心胸寬闊，才能虛懷若谷，廣納諫言。「心善淵」還要保持良好的心態，心態良好才能平靜祥和，擔待忍耐，即使是面臨不利的局面，也能夠鎮定自若，安渡風險。最後，「心善淵」強調低調做人，因為做人低調才能微妙玄通，後發制人。真正聰明的人非常善於掩飾自己，在羽翼未豐滿前不引起別人注意，而是慢慢累積，最後從量變到質變，走上自己職業的高峰。

七善之三：與善仁。

「與善仁」集中反應了水滋生萬物的奉獻精神和博大胸懷。《素書》講：「仁者，人之所親，有慈惠惻隱之心，以遂其所成。」所謂仁，就是指對人和事的感情、體貼和關懷。仁的精神如天，無所不包；如海，無所不容；如雨露，無所不滋潤。仁愛之心的具體體現就是慈惠惻隱，慈惠是指恤孤念寡，周濟貧困，解衣衣人，推食食人，不吝嗇鄙薄的厚德仁慈的胸懷；惻隱則強調與人共進退的膽識，做到人之苦楚，思與同憂，我之快樂，與人同樂。用

今天的觀點看,「與善仁」就是要透過慈惠惻隱之心,建立發展自己的人際關係網路。無論是在國內還是國外,人情和人際關係都是一種重要的生存手段。馬斯洛需求層次理論所涉及的社會需要,很大程度上講的就是這方面的內容。在現代社會,每個人都是在一定的社會環境中生活和工作,社會交往的重要性日益增強,社會交往越廣,成功的概率就越高。透過這種社會交往,不僅能夠使人們的需要得到滿足,而且這種滿足能夠使人們感覺自己得到了尊重,按中國人的說法就是很有「面子」。在這種狀態下,由社會交往帶來的尊重和自我價值的實現能夠達到激勵人們努力工作的目的。因此,社會交往是每一個身在職場中的人取得成功應具備的基本條件。要建立良好的社會交往和人際關係,必須要懂得強化以下四個方面的心理和行為:

一是厚德仁慈,恤孤念寡,當別人遇到困難,應當主動幫助解決,解衣衣人,推食食人,不吝嗇鄙薄。

二是養德遠害,寬宏大量,不要老是想著別人的缺點和不足,做到不責人小過,不發人隱私,不念人舊惡。

三是以德處世,禮讓為先,己所不欲,勿施於人,以責人之心責己,以恕己之心恕人。

四是用德利人,少許多予,我有功於人不可念,有過則不得不念;人有恩於我不可忘,有過則不可不忘。

如此,便能夠得到眾人的擁戴。在與人交往的具體技巧上,關鍵是要會溝通,懂得人情世故,能夠樂人之所樂,悲人之所悲,這樣才能使自己跳出自己的小環境,融入社會的大環境。

七善之四:言善信。

孫子講:「將者:智、信、仁、勇、嚴也。」(《孫子兵法》第一章《始計篇》)講的是為將者不僅要懂得如何作戰(智),而且要講究信用(信),關愛士兵(仁),勇敢無畏(勇),嚴格管理(嚴)。這裡的「信」講的就是信用和誠實。成語「一言既出,駟馬難追」,講的也是這個意思。一個人的信用表現在多個方面,如對朋友,忌言而無信,過河拆橋;對家人,忌喜

而輕諾，曝揚其過；對下級，忌輕諾寡信，多許少予；對上級，忌口舌亂開，以言取怨。總體而言，信用與個人能力無關，而主要與個人道德標準有關。因此，信用問題不僅涉及個人的品質和威信，而且還影響到權利和責任。因為一個沒有信用的人，不可能建立起真正的權利基礎，也難以達到影響其他人的目的。在當今商業社會，信用已成為衡量一個人是否可靠和其價值大小的重要尺度。一般來講，有信用的人受到大家的歡迎，而沒有信用的人則往往會成為孤家寡人。無論是領導人、管理者還是一般員工，是否有信用，已成為影響其人際關係能力的重要因素。首先，從組織的角度講，領導者和高層管理人員要把自身的信用問題與組織的管理制度、具體工作要求以及管理的技巧有機地結合起來。比如，領導和管理者的承諾應有制度的保障和支持，特別是涉及加薪、晉升等重要的人事決策上，制度的保障能夠增加透明度，從而減少員工的不公平感。其次，出於各方面的原因，在日常的工作和生活中，我們每一個人都不得不說一些「善意的謊言」，甚至一些違心的話，但只要這種「謊言」或違心的言論沒有違背基本的道德準則和原則，就是可以接受的。因為這種「善意的謊言」主要涉及的是管理的技巧問題，而與個人品質沒有多大關係。

七善之五：政善治。

「政善治」反應了水的海闊天空、把握大勢的氣魄。所謂「政善治」，用現在的話來講，就是講人們的領導能力和管理水準。《素書原始章》講：「夫道、德、仁、義、禮，五者一體也……夫欲為人之本，不可無一焉。」意思是說，對於領導人、管理者或者立志要成功的人，就必須執「道、德、仁、義、禮」之旗號才能令天下，上述五個方面缺一不可。所謂「道」包括「天道」、「地道」和「人道」。「天道」是指自然界春和、夏熱、秋涼、冬寒的四季更替變化；「地道」指春生、夏長、秋盛、冬衰的萬物從生長到衰亡的變化；「人道」則是指父子之親、夫婦之別、朋友之信等做人的道理。總體來講，「道」就是指做事、做人的道理和規律。與之相對應，「德」也包括陰陽寒暑、風雨順序、滋潤萬物的「天德」；天地草木各得其所產、飛禽走獸各安其居、山川萬物各遂其性的「地德」；以及通曉事理、正心修身、取信於人的「人德」。可見，「德」，就是「得」，強調的是要使世間萬事萬物各得其所，各盡其

才。「德者,人之所得,使萬物各得其所欲。」如果人的慾望不能實現,就不是真正的「德」。這再次證明了道家學派關心人事,積極進取的精神內涵。關於「仁」,在「與善仁」已經談論到了,即持慈惠惻隱之心,取天下民意。所謂「義」,就是道理,指對人的功過是非作出公平合理的評價。「義者,人之所宜,賞善罰惡,以立功立事。」對於領導者和管理者來講,一定要懂得激勵和約束的道理,該獎勵的一定要獎勵,該懲罰的懲罰。這樣人們就知道應該怎麼做人、做事。要做到「義」,必須要有寬廣的胸懷,善於納言接人,廉潔奉公,公平公正,在利益面前不計較個人得失,謙虛謹慎,不驕不躁。「禮」是指做人做事的法則和規矩,「禮者,人之所履,夙興夜寐,以成人倫之序」。它強調組織應該以規矩和制度治人、治事,這樣才能政治清明,人人奮進。把這五個方面歸納起來,就是一個領導者和管理者應當具備的素質模型,包括:掌握和利用規律,懂得激勵和約束,人性化管理,制度化管理。只要做到這五個方面,就能夠達到「政善治」的目標。

對領導人和管理者來講,要做到「政善治」,首先必須在兩個字上下工夫,即「公」和「廉」。《菜根譚》講:「為官有二語,曰:唯公則生明,唯廉則生威。」意思是說,為官者只有公正無私,才有清明客觀的判斷;只有廉潔自律,才能保持自己的威嚴。這實際上講的就是為官者的領導能力和管理能力。此外,還必須在以下方面培養和加強自身的能力:一是要有策略眼光,把未來可能出現的問題盡可能考慮全面,做到「為之於未有,治之於未亂」。二是對組織或部門的目標、可以支配的資源以及與之有關的各種相關利益群體的關係有一個清晰的認識,這是「政善治」的基礎。第三,根據組織的目標制訂具體的行動規劃,並在此基礎上,指導和帶領自己的團隊和下屬,透過有效的激勵,創造性的完成工作。對於個人來講,「政善治」主要表現為對自身的管理,包括不斷改進和提高自己的績效水準、建立良好的人際關係,以及制訂一個有效可行的職業發展規劃,並逐步實現這些目標。第四,明確使命,鼓舞士氣。領導力是一種影響力,即影響組織成員做某事或不做某事的能力。明確了策略,有了目標,就需要採取適當的方式調動組織成員努力工作的積極性,這就必須有使命,有激勵,當然也要有約束。以上四個方面,是「政善治」的核心。

七善之六：事善能。

　　「事善能」充分體現了水無堅不摧、所向披靡的衝擊力以及與眾不同的特點。它給我們的啟發有以下五個方面：

　　第一，發揮自己的優勢，永遠做自己最擅長的事，永遠做自己能夠比別人做得更好的工作。「事善能」與第三章專欄3－3「刺猬理念」有相同之意。吉姆·科林斯認為，刺猬理念所追求的並不是一個要成為最優秀的目標、一種要成為最優秀的策略、一種要成為最優秀的意圖或者要成為一個最優秀的計劃。這種理念強調的是對你能夠在哪些方面成為最優秀的一種理解。「事善能」要追求的也是這樣的一種境界。要達到這種境界，人們就應對自己最擅長的或能夠提升自己競爭優勢的方面做到心中有數。但遺憾的是，有的人終其一生都不瞭解自己的職業抱負。他們不知道自己想要的東西是什麼，不願意接受挑戰，對自己缺乏信心，擔心失敗而失去現有的工作。有的人即使有抱負，但卻不知道如何去實現這些抱負，這種心態使他們終日忙忙碌碌卻收穫甚微。

　　第二，明確自己的優勢和劣勢。正如一個人的性格很難改變一樣，一個人的劣勢也是很難改變的。每個人都有長處和不足。有的人首先想到的是如何彌補自己的不足，如何使自己變得更完美；有的人則不然，他們首先想到的是發揮自己的優勢，他們認為，一個人的優勢和不足都是與他人相比較而存在的。就如同一個人的性格難以改變一樣，一個人的缺點也是難以改變的。既然如此，就應當首先發揮自己的優勢。因為當把優勢發揮到極致的時候，就意味著你已經戰勝了競爭對手，相對於競爭對手的劣勢也就不復存在。這是一種智慧，可惜很多人都不知道，他們老是想著如何去改進自己的不足。殊不知，費了九牛二虎之力，效果甚微。

　　第三，要做到「事善能」，就必須懂得堅持，耐得寂寞。老子講：「大器晚成。」（老子《道德經》第41章）意思是說，最貴重的器皿總是在最後制成。同樣，超人的能力也不是短期培養出來的，要經過長期艱苦的磨煉，甚至要經歷很多失敗才能得到。所以貴在堅持，不能急於求成，「企者不立，

跨者不行」，(《道德經》第24章) 踮起腳來站，就站不穩，兩步當做一步走，就走不遠。只有持之以恆，才是事業成功的保證。

第四，以「權變」的思想把握不同階段優勢、劣勢的轉化。一個人一生中，隨著年齡和閱歷的變化，優勢和劣勢也在發生變化。因此，應該具備「權變」的觀點，根據形勢的變化和「敵」「我」雙方的力量對比決定自己的對策。第五，要「事善能」，就意味著與眾不同，要有自己的獨門絕技。老子在《道德經》中詳盡地闡述了道家的「冷門原則」：「眾人熙熙，如享太牢，如春登臺。我獨泊兮其未兆；沌沌兮如嬰兒之未孩；儽儽兮若無所歸。眾人皆有餘，而我獨若遺。我愚人之心也哉！俗人昭昭，我獨昏昏。俗人察察，我獨悶悶。澹兮其若海，飂兮似無所止。眾人皆有以，而我獨頑似鄙，我獨異於人，而貴食母。」這段話的意思是：大家像是興高采烈地參加盛宴，又好像興致勃勃地踏春遊玩，我卻淡漠寧靜，像是沒事發生一樣，又像是未笑的嬰兒，若無其事。大家都追求富足有餘，我卻像是什麼也沒有。我真是愚人的心腸啊？其他人都聰明伶俐，唯獨我渾渾噩噩；其他人對利害關係都明察秋毫，我卻默默無語。

好像在廣闊無際的海洋，我由它漂蕩，永無止境。大家都像有本事，且精明強幹，我卻愚頑似鄙。我之所以跟大家不一樣，是因為我得到了道的精髓。這一段話系統地論述了老子及道家「大智若愚」、「處眾人之惡」的境界，強調與一般人的不同。物以稀為貴，正是那些一般人不願意做的事，恰恰包含了成功的可能性。

七善之七：動善時。

「動善時」體現的是水的從量變到質變的智慧。抓住機遇，規避風險，堅定果斷，毫不遲疑，這就是「動善時」。

一是要抓住機遇，規避風險。《菜根譚》講：若時至而行，則能極人臣之位；得機而動，則能成絕代之功。如果該動不動，該講不講，就會失去表現和發展的機會。

二是不鳴則已，一鳴驚人。要做到這點，就需要我們做很多改變。比如，要使個人的能力、表現以及業績得到上級、同事或下屬的認可，就必須改變傳統的「謙虛謹慎」的謙讓思維和「只幹不講」的低調思維，而要「既要幹，又要講」，但「講」要有藝術，恰到好處。

三是要堅定果斷，毫不遲疑。在職場中，很多的機會都是稍縱即逝，要做到「動善時」，不僅需要具備專業或技術的優勢，需要長期的累積，而且還要具備敏銳的觀察和分析的能力，這樣才能夠適時地把握住機會。

四是未雨綢繆，計劃在先。沒有計劃，就沒有目標，工作就沒有方向，「動善時」也就沒有基礎。因此，要制訂周密的計劃，努力建立自己的資源和權利優勢，只有「居善地」，才能夠風調雨順，事事順心。

老子的「七善」原則是一個系統的思想方法，其中，「居善地」是基礎，「心善淵，與善仁，言善信」是對人道德品質的要求，「政善治」注重的是人的競爭優勢和能力，「事善能」強調的是揚長避短，發揮優勢，「動善時」是方法和手段。如果能夠達到這七個方面的要求，就意味著達到了在不爭中事事爭先的境界。

6.2 職場規則建議

專家和學者們從組織行為學的角度對職場政治規則作了大量的研究，提出了如何應對公司政治的策略和建議，這些策略和建議對指導職業人士有重要的意義。不僅如此，在人類燦爛的歷史文明長河中，也有大量關於政治行為和處世經驗的論述，這些論述「以一種令人感到驚異的冷峻客觀態度極深刻地描述了人生處世經驗，為讀者提供了戰勝生活中的尷尬、困頓與邪惡的種種神機妙策」。

在本節中，我們將結合這些研究的結果，提出一系列應對組織政治行為的策略和建議。這些策略和建議的一個基本觀點是，成功既源於專業的技能，同時還受制於組織政治行為的影響。因此，人們在建立自己專業優勢和影響的同時，不要忘記掌握職場規則技巧的重要性，在處理問題時既要表現出專

業水準，同時也要體現出靈活性以及良好的人際關係能力。對於那些希望在官場和商場中獲得成功的人來講，瞭解並掌握這些策略，將受益匪淺。專欄6－1就是一個如何應對組織政治行為的建議。本章將從15個方面提出建議。

6.2.1 努力建立自己的資源和權利優勢

　　這一規則是老子「居善地」的具體體現。任何人要獲得職業的成功，首先必須具備能夠為組織創造或增加價值的能力。如果把成為組織的管理者或領導人作為自己的職業發展目標，那麼在其職業生涯的前期，一項重要的任務就是要盡可能地建立自己的權利或資源優勢。約翰·科特認為，一個人需要的權利有多種形式，建立在多種基礎之上，包括一個人掌握的訊息和訊息管道的控制，具有的專業知識或某方面的專長，所擁有的良好工作關係和個人技術，明智的工作安排，廣泛的資源網，如與重要人物的良好的關係，良好的個人履歷等。概括起來講，需要在以下五個方面建立優勢：

　　（1）專業資源

　　每個人都可以根據自己的具體情況，在一個或多個方面建立自己的權利或資源優勢。人們之所以能夠影響或控制他人，是因為具備了某些條件和權利的基礎。根據專家和學者的研究，有五個方面的原因賦予了個體或集體影響他人的能力，包括：強制性權利、獎賞性權利、法定性權利、專家性權利和參照性權利。其中，專家性權利體現的就是專業資源優勢。要注意的是，這裡所指的專家是一個比較廣泛的概念，泛指那些具有一技之長或在自己的職位上做出過優秀業績的人員。企業的工程師、會計師、人力資源管理人員、辦公室的檔案管理人員等都可能成為各種領域的專家。以醫院的醫生和護士為例，一個優秀的醫生不可能同時成為一名優秀的護士，因為當他（她）希望這樣做的時候，就意味著要佔用他（她）相當的時間和精力，而這必然會對其在醫療技術方面的研究帶來不利影響。並且一個優秀護士所要求的專業技術能力也是很高的，如果一個護士不僅態度友好，不怕髒累，而且技術精湛，在其他護士都找不到患者的注射點時，能夠準確地找到注射點，並在病人毫無知覺的情況下完成注射，她也就具備了專業資源優勢，並由此獲得了權利和影響力。

在當代社會，由於管理能力和技術水準在推動社會經濟發展上的作用越來越大，因此管理專家和技術專家的影響力也日益增強。未來的趨勢是，隨著工作分工越來越細，專業化程度越來越高，專家的影響力越來越大，他人和組織對專家們的依賴也越來越強。對於職業人士來說，要建立自己的專家性權利，獲得對別人的影響力，首先必須使自己的知識、能力或技能等資源具備重要、稀缺和不可替代的特徵。如果能夠達到這三個方面的要求，即使一個人在組織中的級別較低，也能夠獲得那些級別高於自己的人的尊重。正如專欄6－1所建議的，知識和專門技能是可以控制的特別有效的資源，它們使你在組織中更有價值，因此也更容易獲得安全感和發展的機會，你的主張也更容易被採納。另外，還要善於將自己的專業技術優勢轉化為實際的績效，即表現出工作職位的勝任能力，使自己成為專業領域中最優秀的代表。

在專業技術優勢方面，除了要具備重要、稀缺和不可替代的特徵外，還要根據自己的實際情況和組織的要求，爭取做到「精」、「寬」、「前」。這裡的「精」和「寬」分別反應的是知識、技能的深度和寬度。「精」指掌握本專業（職位）知識或技能的深度，「寬」則代表除了對與自己工作有關的相關專業的瞭解。有的人長於研發，可以建立在研發設計方面的技術優勢，並成為該領域的專家；有的人不僅懂得研發，而且還善於管理，表現出較強的適應性以及不同職位的勝任能力，既可以成為技術專家，又可以成為管理的專家，從而可以增強自己的不可替代性。一般來說，技術人員應主要強調本專業的「精」的要求，而對管理人員而言，寬泛的知識結構就更重要。所謂「前」，是指知識或技能要有超前性和創新性，這也是專業技術優勢的一個重要方面。

（2）人格資源

這裡的人格資源主要指的是個人的人格魅力。所謂魅力，就是指能夠被別人羨慕和崇拜的一種精神面貌和心理狀態。個人的人格魅力之所以能夠成為一種重要的資源，是因為它能夠影響他人並幫助自己達到組織和個人的目標。但人格魅力並非空中樓閣，而是建立在信念理想、個人品行、專業水準、人際關係等一系列思維方式和行為方式基礎之上的。詹姆斯·庫澤斯和巴里·

波斯納在其《領導力》一書中，提出了一個卓越主管要具備的五種行為和相對應的十個使命（見表 6－1），其中很多都是構成個人魅力的重要內容。為了瞭解人們希望從領導人身上看到什麼，他們以「你希望你的主管具有什麼樣的個人性格和品質」為題，在 20 年的時間裡對幾千名企業和政府機構的工作人員進行了調查，接受調查者對這個問題的回答有 225 種之多，最後經過分析，概括成以下 20 種品質：真誠、有前瞻性、有能力、有激情、聰明、公平、氣量大、能支持別人、坦率、可靠、合作、果斷、富有想像力、有雄心、勇敢、關心別人、成熟、忠誠、有自制力、獨立。在這 20 種品質中，所有的品質都有人選擇，但只有四種品質有超過 50%的人選擇，即：真誠、有前瞻性、有能力、有激情。為了更加全面地瞭解追隨者的觀點，他們又將工作擴展到著名領導人的行為的案例研究上，發現兩者的研究結果有共性，卓越領導的五種行為與受人尊重的領導人的品質在同一個主題上相互補充，而且真誠這一品質受到大多數人的認同。

　　個人的人格魅力除了與品質有關以外，對自己所在產業、行業發展趨勢的深刻理解、開放的領導方式、寬闊的胸懷、良好的決策能力、優雅的談吐等，也是個人人格魅力的具體體現。那些世界上傑出的政治人物或商界領袖，大多都具有這些重要的特徵。

　　正如領導力是可以學會的一樣，個人魅力也可以透過後天獲得，當然這需要努力學習和不斷實踐。其實在以上所列舉的品質中，每個人身上都或多或少地具有這些特徵，其差別在於：有的人意識到了，並將其進行了淋漓盡致地發揮，而有的人還沒有意識到，或意識到了但對其重要性卻估計不足。如果你屬於後者，就應立即行動起來，努力去發掘自己潛在的資源並合理利用，說不定它能夠為你帶來意想不到的收穫。

第六章 職場規則建議

表 6-1　領導的五種行為和十個使命

五種行為	十個使命
以身作則	(1) 明確自己的理念，找到自己的聲音 (2) 使行動與共同的理念保持一致，為他人樹立榜樣
共啟遠景	(3) 展望未來，想像令人激動的各種可能 (4) 訴諸共同願景，感召他人為共同的願景而奮鬥
挑戰現狀	(5) 通過追求變化、成長、發展、革新的道路來獵尋機會 (6) 進行試驗和冒險，不斷取得小的成功，從錯誤中學習
使眾人行	(7) 通過強調共同目標和建立信任來促進合作 (8) 通過分享權利與自主權來增強他人的實力
激勵人心	(9) 通過表彰個人的卓越表現來認可他人的貢獻 (10) 通過創造一種集體主義精神來慶祝價值的實現和勝利

資料來源：詹姆斯·庫澤斯，巴里·波斯納．領導力．3 版．李麗林，楊振東，譯．北京：電子工業出版社，2004：26．

(3) 關係資源

建立個人專業優勢的第三個方面是人際關係資源。關於這方面的內容，在前面的章節中已作了專門的論述。這裡再次強調的是，要想獲得職業的成功，僅僅具有技術方面的優勢是遠遠不夠的，對於領導者和管理者來講，他們必須在具有技術優勢的同時，學會能夠熟練地處理和解決工作中各種錯綜複雜的相互依賴的關係，必須把學會處理各種關係當做他們的主要工作任務去完成。這一點對技術出身的主管和管理者尤其如此。良好的人際關係是非常重要的人格魅力資源，而且是成為一個合格的領導人必須具備的基本條件，因為領導本身就是「一種人與人的關係」。

(4) 訊息資源

當今世界是一個訊息社會，無論是企業還是個人，掌握的有價值的訊息越多，競爭的優勢就越強。從個人職業發展的角度來講，最重要的訊息包括兩個方面：

一是對公司策略、具體業務的熟悉和瞭解，以及與公司業務有直接和間接關係的其他業務的瞭解和熟悉，掌握這些訊息有助於瞭解公司的發展趨勢，以便為自己獲得與此有關的知識提供指導方針。

二是與個人發展直接有關的訊息，如績效的目標、薪酬政策、晉升政策、培訓開發機會、組織職業生涯規劃的內容和要求、領導人和管理者的風格、團隊主要成員的興趣愛好等，掌握這些訊息的目的在於能夠幫助自己確定自己在組織中工作時間的長短並為建立人際關係奠定基礎。

(5) 職務資源

這裡的職務資源是指組織正式授予的職權的運用，在眾多的資源中，只有職務資源是一種正式的資源，因此職務資源主要針對的是領導人和管理者。建立職務資源優勢的要點是謹慎的使用權利，而不要為了個人的目的濫用職權。由於職務資源的運用具有強制性的特點，因此在對那些與組織成員利益有關的人事、財務等方面的事務決策時，一定要慎重。其次，領導人和管理者權威的樹立取決於多方面的因素，職務資源只是其中的一種。要具備真正意義上的領導力和影響力，只有將職務資源與專業、人格、訊息、關係等資源有機地結合起來，在此基礎上才能夠建立起真正的競爭優勢。

努力建立自己的資源和權利優勢的目的在於培養和建立自己的不可替代性，保持高度的自信心。要做到這一點，需要注意以下幾個方面的問題：

第一，瞭解資源的效用，掌握資源的需求對象，培養和建立自己的不可替代性。也就是說，你掌握的資源是有人需要的，如果沒有人需要，那這個資源的效用就大打折扣。

第二，要獲得別人的尊重，表面上的彬彬有禮是不能說明問題的，最重要的是使別人對你有依賴性，而建立自己的資源優勢就是實現這種依賴性的必要條件。但在現實中，並不是每一個人都能夠在以上五個方面有所建樹，在這種情況下，就需要把握一個重要的原則，即堅持和突出你認為最有把握的資源優勢。

比如可能是你的專業優勢，也可能是你的人際關係優勢，或者是訊息資源的優勢。當你做到了這一點，你也許不會被認為是最聰明的，但至少會被認為是誠實的。巴爾塔沙·葛拉西安說，瞭解事物真相的人可以去冒險，並盡情地馳騁自己的想像。但是如果你在一無所知的情況下去冒險，那你就是自

取滅亡。因此他建議，一切都應按照規矩來，因為凡是經過嘗試和檢驗的東西總不會有錯。對於知之不多的人來說，這是最佳捷徑。確信總比故弄玄虛要安全得多。此外還有一種例外的情況，那就是可能以上五個方面的資源都不具備優勢，在這種情況下，你所能夠做的就只有沉默，因為「沉默是缺乏自信的人最穩當的選擇」。

第三，要維持別人對你的依賴心理，不要完全滿足其需要。

第四，不要只是炫耀自己的資源優勢，當有人需要幫助時，應該盡自己的努力幫他，而不要使其誤入歧途，也不要只為一己之利而無視他人病入膏肓。

規則一總結：建立資源和權利優勢，保持自信心和良好的心態。

6.2.2 瞭解組織結構，與組織中的關鍵人物建立良好的關係規

則二所表達的內容同樣體現了「居善地」的原則。無論你是一個普通的員工，還是一名希望自己的職業生涯有很好的發展前途的管理者，瞭解你的主管和領導人的風格，與組織中正式權利結構中的重要人物建立友好的關係，與組織中享有非正式權利的關鍵人物或民間領袖人物友好相處，是事業成功的前提條件，因為「有效的職業計劃通常不過是認識了正確的人」。

（1）與領導和主管的關係

首先，你必須與你的主管和領導保持良好的關係，並從他們那裡獲得必要的幫助和資源支持。在你的人際關係網路中掌握重要資源和權利的人越多，他為你帶來的權利影響就越大。從這個意義上講，你需要不斷地發展你與組織內外那些舉足輕重的人物的關係。研究領導學的權威約翰·科特認為，與上司建立並保持有利於展開工作的聯繫包括四個基本步驟。

一是盡可能多地瞭解上司的有關情況，比如他的人生或工作目標、他的長處和短處、他喜歡的工作方式以及他承受了哪些壓力。

二是對自己做一個實事求是的評價，明確自己的需要和目標，瞭解自己的長處和短處，瞭解自己的風格。

6.2 職場規則建議

三是在前兩者的基礎上，建立一種符合雙方基本利益、適應雙方風格並建立在雙向期待基礎上的關係。

四是經常向上司匯報你的工作情況，行為處世謹慎小心，誠實可靠，這一點非常重要。

此外，還要有選擇的利用上司的時間和其他資源。斯蒂芬·羅賓斯在其提出的八條職場建議中（見專欄6-1），有兩處談到了處理與上司的關係的問題，如和掌權者建立關係，以獲得透過正常管道無法得到的重要訊息和決策支持。另一個是支持上司，在他受困時支持他，不要拆上司的臺，更不要在別人面前說他的壞話。這些都是與上司保持良好關係的重要方法。

其次，要盡可能地瞭解主管和領導人的風格。這裡的風格主要是指建立在個人性格愛好基礎之上的做事的方式或工作的風格。比如，有的主管的風格可能是不拘小節，喜歡根據直覺行事，而有的則是循規蹈矩，有條不紊；有的主管不喜歡長篇大論，注重結果，不願在具體事務上花費太多時間，只是在出現重大問題或需要決策時才介入，其他事情都透過授權給予下屬決策的權利；而有的則不僅看重結果，而且還關注事件的發展過程，有很強的參與意識。通用電氣公司原首席執行官傑克·威爾許的風格就很有代表性，他總是相信最直接、最簡單的辦法，不喜歡坐在那裡聽預先準備好的演講，也不喜歡讀報告，喜歡面對面的交談，喜歡人與人之間「積極的衝突」。如果他手下的人想給他留下一個好的印象，就必須適應他的風格，比如匯報工作時先準備一個簡要提綱或紀要，講話盡可能簡明扼要，討論問題直截了當，等等。要瞭解主管和上司的風格，需要極強的判斷力。對此，巴爾塔沙·葛拉西安有非常精彩的論述，他認為，要以敏銳的觀察與良好的判斷力穿透對方表面的慎重與矜持。要測度他人，需要有極強的判斷能力。知道人們的品德與氣質比知道石頭和草藥的品質與特性要重要得多。這是人生中至關微妙的事情。辨別金屬可聽其音，辨別人可聽其聲。言辭能透露人的品行，行為能透露人的東西則更多。其中，觀察與判斷是最重要的方法。專欄6-2中，林登·貝恩斯·詹森與拉塞爾的關係就是一個極好的例子。

第六章 職場規則建議

　　與上級主管或領導保持良好關係的另外一個重要的方法就是隨時向其匯報工作。在這一點上切忌天真、自以為是和所謂的「不願為主管添麻煩」。這是很多人尤其是中層管理人員最容易犯的錯誤。所謂天真，是指有很多人信奉「業績光環」，即業績能夠說明一切。殊不知在現實中，業績並不能夠代表一切，在決定成功的因素中，除了業績，競爭、人際關係和政治領悟力等都是影響個人職業生涯的重要內容。缺少與主管或領導的交流或在他們面前「露臉」的機會，一方面可能會導致主管或領導對你真實能力和水準的把握；另一方面，由於他們不瞭解你的真實能力和水準，有可能出現你的業績被記在他人功勞簿上的情況。所謂自以為是，是指下屬在工作中完全按照自己的方式行事，完全不顧及主管或領導的工作風格。他們以為他們的主管或領導只注重結果，不會關注過程，其實不然。儘管有時採用不同的風格做同一件事的效果是完全一樣的，但這並不意味著你可以自行其是，因為主管或領導的風格從本質上講代表了一種權威或約定俗成的規矩，對於那些看重這些權威和規矩的主管和領導來講，如果你不遵守這一基本信條，就意味著你違背了公司的「潛規則」和「潛意識」。結果是，儘管你最終完成了任務，但你的功勞一定會被打折扣。最後是所謂的「不願為主管添麻煩」，有不少的管理人員（如分公司經理、部門經理等）原本很受主管的信任，被賦予重任，在工作中敢想敢幹，大膽創新，而且卓有成效，但卻忽略了將工作中存在的問題、矛盾以及解決方案向主管報告這一環節。他們總認為，主管工作很忙，不要因為自己的工作再給他們添麻煩。他們沒有意識到，不是每個人都對他或她的工作持讚賞的態度，特別是那些因在他推行的調整和改革中喪失了部分利益的人，會抓住他工作中的漏洞對他進行攻擊，他們會在各種可能的場合，利用各種手段詆毀他的成績，包括打小報告。開始時你的上級會對這些嗤之以鼻，站在你的一邊。但不同的人頻繁地向他反應相似的問題，你的上級感受到了壓力，他開始擔心，同時迫切希望你向他報告事實真相，但你仍然沒有。慢慢地，上級的擔心開始轉為懷疑。最後，當他感受到更大的壓力時，他會把你叫到他的辦公室，不由分說地對你嚴厲地批評一番。如果人們反應的某些問題的確存在，甚至在一定程度上對工作產生了消極的影響，那你的下場可能會更慘。

本來這一切完全可以透過及時地報告，在得到上級的幫助下予以解決。但由於你的「無知」，你不僅沒有達到你「不願為主管添麻煩」的目的，反而增加了主管的麻煩。

那麼應如何解決這類問題呢？我們的建議是：

第一，把你「不願為主管添麻煩」的想法轉為實際行動。比如，上任之初就向主管表示：一般事件就不麻煩你了，但會將處理的經過和結果以簡報或備忘錄的形式向你報告。凡是涉及重大問題的決策，一定事先以書面形式報告。

第二，當你管理的部門或分公司出現了需要上級有關部門協調才能解決的問題時，你應是向主管報告的第一人，這樣可以有效地消除流言蜚語的影響。

第三，報告應遵循正規的組織程序，特別是對你所在的部門或公司有管理責任和權限的有關部門，你的報告應首先經過他們，由這些部門根據其責任和權限，提出解決的具體辦法。這樣，你既可以維護組織的正規性，進而維護主管的權威（這種正規性可能是你的主管所倡導和建立的），同時又加強了與相關主管部門的聯繫。

第四，保持與你的主管的經常性的交流，這種交流既可以是正式的，如會議前簡短的會晤，也可以是非正式的，如相約共同參加一些體育、文娛活動或其他方面的活動，在活動中進行多方面的交流。

在工作中我們有時會遇到一些水準不高甚至無能的主管和領導，與這種人打交道的確是一件比較痛苦的事情，因為你很難與他們保持一種良好的關係。如果你不幸遇到了這樣的主管或上級，沒有其他的辦法，由於他們手中有你需要的資源和權利，而這些資源和權利能夠幫助你完成任務和達到你的目標，因此，你除了適應之外，似乎沒有其他的選擇。當然，你還可以觀察和瞭解你的主管和上級的態度，爭取機會讓他能夠認識到你的存在或你的工作能夠對他有所幫助，以此爭取得到他的支持。最後，對於那些極個別的存

在比較嚴重問題的主管，有時有針對性的抗爭一下也能夠取得意想不到的結果，但要注意分寸和方法。

(2) 與「民間精神領袖」的關係

除了要與主管和領導人建立良好的關係外，還要注意尋找組織中的「民間精神領袖」，以及那些表面上不值一提，實際上能夠發揮重要作用的人的支持和幫助。這些「民間精神領袖」在組織中並無職權，可能是在某一方面有傑出貢獻的研發人員、銷售人員、管理人員，也可能是具有非常好的人際關係、有很多的訊息來源管道的人，等等。如果能夠與他們建立和保持一個良好的關係，就意味著不僅能夠共享他們所有的這些資源，而且能夠在關鍵時候贏得他們的支持。除了「民間精神領袖」外，還有一些在組織中默默無聞的人也能夠對你有所幫助，這些人可能目前在組織中沒有擔任任何職務，但他們可能是未來的管理者的繼承人選，或者具有某些特殊的才能或掌握有一些特殊的資源，與他們建立良好的關係，盡可能地幫助他們，也就是在建立和豐富自己的權利基礎。專欄6－2中的那位博比·貝克就是這樣的一類人。儘管此人由於個人品行和貪污腐敗而被林登·貝恩斯·詹森除名，但我們從這個真實的事件中可以得到這樣的經驗：不要輕視你身邊的每一個人，他們可能都具有某一方面的資源優勢。職業人士面臨的挑戰在於，應如何和怎樣去發現這些人和他們所掌握的資源。

(3) 正確處理與主管和上司的關係的原則

中國有句古話，叫「伴君如伴虎」，形容古代君王的臣子們與君王相處的環境氛圍。用它來形容當今組織中下級與上級的關係可能不是很恰當，但就這種關係的性質來講，仍然具有某些共同的特徵。比如，領導人都有權威，而這種權威是不容置疑和受到挑戰的。古代的君王自不必說，在當今的各種現代組織中，一個人的職位越高，對權威就看得越重。因此，挑戰這種權威的想法和行為會招致災難性的後果，職業人士對此必須要保持清醒的認識。

第一，任何時候都不要顯得你比上司高明。由於你的前途在很大程度上掌握在你的上司手中，因此當你與上司交往時，切忌咄咄逼人，要學會韜光

養晦，不要過於突出你個人的光環，不要拆上司的臺，更不要說你上司的壞話。請記住一句名言：「儘管星星都有光明，卻不敢比太陽更亮。」

第二，與關鍵人物保持若即若離的關係。不要把保持與你上級的關係完全看做是一種政治或權術的需要，這既不是拍馬屁，也不是無原則的奉承。沒有上級主管的幫助和支持，你將很難管理並處理好各種複雜的關係。但同時也要意識到，在與組織中享有正式權利的關鍵人物建立和保持關係時，不要過於親密，而應保留一定的空間距離，透過維持一種若即若離的關係，盡量避免「視覺疲勞」。當你的上司需要你的時候，你能夠在第一時間站在他的身邊，而其他時候則盡可能地「消失」。這是這種關係的精妙所在。而與非正式組織中的「民間精神領袖」打交道時，則可以適當地展示你的資源優勢和才華，並利用自己的資源幫助對方達到合理的目的，以獲得對方的贊譽和合作。

第三，不要過於張揚你與關鍵人物之間的關係。一些注重細節和組織正式規範的上司非常在意你在組織內部對這種關係的評價，因此你要注意，如果你的上司是這樣的人，就不要刻意渲染這種關係，你所要做的就是默默地支持他。同時千萬不要在公開場合對上司的舉措、行為、習慣、愛好等作負面的評價。

第四，在贏得關鍵人物的信任和保持在同事中的可信度之間尋求平衡。與組織中的關鍵人物保持良好的關係，並不意味著可以忽略與同事和下屬的關係。從某種意義上講，與他們保持良好的關係可能更重要。要記住，同事們是你事業的基礎。領導人可能經常會換，但同事卻始終伴隨在你身邊。你的同事們之所以希望與你交好，固然有很多原因，但其中一個重要的目的可能正是因為你與這些關鍵人物的關係。因此，適當的訊息披露就顯得非常重要，比如組織未來的策略規劃思路、可能將要進入的產業或行業、領導人的風格等。人們可以從這些訊息中提前做一些專業或相應的準備，當人們因這些準備而獲益後，無疑會大大增強你在人們心目中的地位和影響。

專欄 6－2 美國第 36 任總統林登·貝恩斯·詹森的故事

在 1931 年大蕭條的那些日子，美國首都華盛頓附近的道奇飯店（1971 年春天，道奇飯店已被推土機夷為平地）成了一個供人住宿的旅店，裡面住著幾名聯邦參議員，並且至少有一位最高法院法官。當然，也還有一些不那麼顯赫的房客。在門廳底下的兩層地下室，有一長排臥房，那些臥房只有一個公用的洗澡間。每到晚上，那個陰冷、潮濕的地下世界就會生機盎然，因為那裡面縈繞飛揚著兩眼閃光、意氣風發的年輕人的夢想，他們是一批為美國國會工作的幸運的年輕人。

在這群地下房客中，有一位 22 歲的青年，他體格魁梧而笨拙，長了兩只大象一樣的耳朵。他剛成為得克薩斯州民主黨眾議員理查德·克萊博格的秘書，兩週之前他還是休斯敦一所中學的教書匠。這位青年在道奇飯店度過第一夜的時候，就有一些奇怪的舉動。那些舉動，直到臨終之前的幾個月，他才告訴了他的好友兼傳記作家多里斯·基恩斯。那天晚上，林登·貝恩斯·詹森一共衝了四次澡。他四次披著浴巾，沿著大廳走到公用浴室，四次打開水龍頭，塗上肥皂。第二天凌晨，他又早早起床，五次跑去刷牙，中間間隔只有五分鐘。

這位得克薩斯州的青年人，在內心深處有他自己的目的。飯店裡還有 75 個和他一樣的國會秘書。他要以最快的速度認識他們，認識得越多越好。他的這一招成功了。在華盛頓還不過三個月，這位初來乍到的人就成了「小國會」的議長，那是一個由眾議院全體助手組成的團體。

這是約翰遜在華盛頓的首場「演出」，他展示了自己基本的政治手段。他向我們證明，向上爬就意味著結交人，兩者事實上是一回事。

在我還不懂國會山是如何運作的時候，有一段時間我一直難以理解，像林登·貝恩斯·詹森那樣的人為什麼能爬到那樣高的位置？這個人在電視上的形象沒有任何吸引力，他戴著一副滑稽可笑的老花鏡，不斷斜眼瞟看講稿提示器，緊張得大汗淋漓。此外，他的一些聲名狼藉的個人行為，例如賣弄身上闌尾手術留下的疤痕，拎著愛犬的耳朵把它舉起來，坐在廁所馬桶上處理

公務，也絲毫不能給他的形象帶來什麼好處。然而，就是這個人在動盪不安的 20 世紀 60 年代，向我們這些「美國同胞」描繪著他的偉大藍圖。我和那個年代的很多大學生一樣，始終被這個謎團困擾：為什麼在一個運轉良好的民主制度中，這樣一個人居然能爬到無數比他更加能幹、更有魅力的同行頭上，決定著國家的戰爭與和平？

隨著歲月的流逝，我才漸漸明白，約翰遜所掌握的這套一對一的交往技巧———專家們稱之為「零售政治」，在國會和其他各種組織中是多麼有效。

林登·貝恩斯·詹森之所以能掌握和行使權力，借助的不是電視聚光燈的炫目光芒，而是一對一交流時的個人風格。對於所有渴求權力的人來說，再也找不到比這位曾在 1931 年披著浴巾、站在道奇飯店的洗澡間裡到處和別人打招呼的高大青年更好的榜樣了。

在約翰遜看來，國會山就是進行「零售政治」買賣的風水寶地。其中關鍵的一點是，在國會山他只需要與少數的一批人打交道。這一點與其他機構裡的政治，不論是公司還是大學，倒是有相似之處。如果說羅斯福的傑作是透過「爐邊談話」影響了千百萬廣播聽眾，那麼，約翰遜則是把魔力直接運用到一個個有血有肉的人身上。在他那裡，人數越少，效果就越好。雖然約翰遜在眾議院度過了 10 個春秋，但他到進入參議院之後才真正成為權勢人物。向 100 名參議員進行零售，總是比向 435 名眾議員零售容易得多（美國國會由參眾兩院組成，議員人數分別是 100 和 435）。

「從第一天起就可以看出來，參議院就是他待的地方，它的人數、規模剛好合適。」曾長期擔任約翰遜助手的沃爾特·詹金斯在回首往事時這樣說。要計算約翰遜在這個機構裡的政治上升速度，只需要記住兩個日期：他 1949 年進入參議院，1952 年底就成了參議院民主黨領袖，約翰遜在參議院的權力之路，其開端和他當年在道奇飯店地下室洗澡間裡完全一樣，即直奔權力源頭而去。當年為了在秘書政治中脫穎而出，他深入到飯店的每個角落，找出最有分量的那批選票。他為了贏得參議院的領導地位，也是用同樣的方法，那就是查明權力源頭的具體位置。正如政治學家西奧多·懷特所說，約翰遜表

第六章 職場規則建議

現出了一種追求權力的本能,那種本能「就像蛙魚為了產卵就一定要逆流而上,是一種原始的本能」。

發揮作用的不僅是本能,還有大腦。當那些與他一同在 1948 年當選的新參議員們被他們即將在辯論中面臨的重大問題弄得暈頭轉向的時候,林登·貝恩斯·詹森卻把注意力集中在參議院本身的政治上。畢竟,參議院和他以前參加過的其他組織並沒有什麼不同。在那裡,也會有「鯨魚」,就是老大,掌管著整個地盤,其他的是「小魚小蝦」,會被巨浪席捲而去,隨波逐流。

約翰遜早年在眾議院摸爬滾打的時候,就學到了一課,那就是各政黨衣帽間的重要意義。

所謂「衣帽間」,其實不是一個確切的稱呼。如果議員們要放衣服,他們可以放在辦公室,因為從 19 世紀初開始,所有的議員都有了自己的辦公室。衣帽間在今天這個時代的作用,就是為議員們提供一個白天閒聊、放鬆的場所,它並不對外開放,只有議員和他們信任的一些助手可以進去。除了幾個快餐櫃臺和幾把已經用舊了的躺椅以外,衣帽間裡還有一部國會電話轉接機,以及一個可靠的「電話管理員」。這個電話管理員頭銜雖然不起眼,卻不是一般的職員。對於國會山的生活,人們經常會問一個問題:「正在幹什麼?」而對這個問題最清楚的莫過於這名管理員了。他知道白天的討論什麼時候結束,明天又會討論什麼,原定星期五舉行的會議是否值得參加,等等。如果你想聽一些小道消息,或者只是想體會一下國會的氣氛,你就應該到他那裡去問。對於國會山來說,衣帽間的意義類似於加油站對美國一些南部小鎮的意義。事實上,任何行業都會有這樣的場所,那些在職位上不得不扮演各種角色的人們會到那裡去放鬆,談論一些大家都心照不宣的實際問題。

衣帽間就是國會這輛豪華汽車的冷卻器。林登·貝恩斯·詹森,這位來自得克薩斯州的農村孩子,非常清楚這種秘密角落的重要性。所以,他進入參議院的第一件事,就是把負責民主黨衣帽間電話接線工作的一個 20 歲的青年侍應生叫到自己的辦公室。那個青年的名字就是博比·貝克。約翰遜知道這個小伙子是一個有著敏銳的政治嗅覺的人,他有一種特殊的天賦,對於那些平時需要依靠他的參議員,他能敏銳地判斷他們的長處與弱點。比如,貝克

知道哪些參議員屬於勤奮工作型，哪些參議員卻是寧願早點回家，或者去其他地方消遣的。他知道他們的習慣、計劃、興趣、社會需求和政治目標。所以，約翰遜甚至還沒有進行參議員就職宣誓，就安排了和他的第一次見面，談話持續了兩個小時。「我要知道這裡誰說了算，」他向侍應生提出了要求，「你們怎樣辦事，哪些委員會最有影響，有哪些工作在進行，你都告訴我。」

幾年以後，貝克成了約翰遜的助手，並為自己贏得了華盛頓頭號「操盤手」的名聲。雖然後來的醜聞迫使約翰遜不得不忍痛炒他的魷魚，但貝克這個知道所有參議員生活裡的善惡美醜的人，對於約翰遜爬上權力頂峰一直是一筆巨大的、無法估價的財富。

約翰遜從這位新結交的青年朋友那裡得到的訊息，和他事先的估計差不多———所有的參議員並不是生來就平等的，即使在這個世界上最孤高的俱樂部裡，也仍然存在著一個由南部參議員組成、由佐治亞州的理查德·拉塞爾無可爭議地領導著的「核心俱樂部」。這個核心俱樂部對其他勢力十分警惕，它會摧毀任何向自己挑戰的個人或組織。就在那次會面之後，就在那間辦公室裡，林登·貝恩斯·詹森決定「嫁給」理查德·拉塞爾。

當然，他的「求愛」不能做得過於明顯。另外一些人也有他這樣的野心，他們嘗試過，都體會到了那種沒有回報的「愛情」的痛苦。所以，約翰遜要更加隱蔽、謹慎一些。他的第一步就是爭取進入拉塞爾所領導的參議院軍事委員會，這樣他就有充分的藉口，花很多的時間待在這位資深參議員身邊，同時卻不會給人留下巴結的印象。

結果，他的第一步棋非常成功。他很快就以批評五角大樓揮霍浪費、辦事拖沓而在拉塞爾的委員會裡贏得了聲譽。他找到了一個辦法，既充當強有力的國防的支持者，同時，又是現有軍事部門的批評者。

約翰遜和那位佐治亞州政治家拉關係的手段，已超過了職業水準。拉塞爾參議員是個單身漢，早餐、晚餐都是在國會山餐廳吃的。「我可以肯定，他總是有一個夥伴，一個參議員，工作像他一樣勤奮，工作時間也和他一樣長。那就是我——林登·貝恩斯·詹森，」約翰遜臨終前回憶道。「在星期天，參議院和眾議院都空空蕩蕩，悄無人聲，外面街道上也人跡稀少。這樣的一

天對職業政治家來說非常難熬，尤其像拉塞爾這樣的單身漢。我理解他的感受，因為我自己也是一個鐘頭一個鐘頭數著直到星期一的。我瞭解這一點，所以，我一定會請他一起吃頓早飯、中飯，或者只是一起看看週日的報紙。他是我的導師，我希望能照顧好他。」

這種友誼已經超出了功利的範圍。約翰遜漸漸對他的庇護人從心底產生了深深的尊敬之情。若干年後，約翰遜還會說，這位佐治亞州的參議員本來是應該當選總統的。

但約翰遜顯然有自己的計劃。雖然他在參議院裡還是初出茅廬的新手，但他卻練出了近乎爐火純青的政治技巧，那套技巧今天仍然被政壇老手們尊稱為「約翰遜療法」。

規則二總結：與組織中的關鍵人物保持關係，找到能夠給你提供幫助的人，這是職業發展一項重要的工作。

6.2.3 如何處理與新主管的關係

一個人在其一生的職業進程中，都會遇到本單位主管更替、換屆等情況。新主管上任後，通常都會對組織的策略、組織結構、人員等進行調整，是否能夠適應這種調整，往往會影響組織成員特別是經理人的職業發展和職業選擇。在這種情況下，人們考慮最多的一個問題是：我應該怎麼做才能夠在新主管的領導下取得職業的成功？為了研究這個問題，凱文·科因、愛德華·科因等根據2001年年末的公司市值，找出了美國排名前1,000家的公司，對他們的首席執行官以及高管人員從2002年到2004年的流動率進行了收集和整理，製作出了數據庫，還訪問過10多位至少接管過一家超大型企業的首席執行官。雖然他們的研究主要集中在高管層次，數據與分析研究結果也並非絕對準確，而且主要是針對美國人的研究，但其據此所作的推斷，對中國經理人和職業人士如何處理好與新主管的關係仍然具有重要的意義。

首先應該強調的是，對於組織成員特別是經理人來講，必須意識到最高領導者的風格與組織風格之間的關係。一般而言，最高領導者的風格往往決定了組織的風格。當你所在的單位或你所在的部門換了新的主管，那麼新主

管的風格也就決定了與原來不同的做事的方式。比如，有的人喜歡面對面的討論，有的人則喜歡看報告或文件；有的人只注重大的方向和原則性問題，有的人則注重細節。很多人不瞭解這一點，仍然按照原來的方法做事，難免在與新主管的交往中碰壁。因此，瞭解並適應新主管的風格是至關重要的。總體來講，要建立與新主管的關係，取得新主管的信任，需要做好以下幾個方面的工作：

（1）快速主動地對新主管表達你的善意和支持。對於新主管的到來，組織中的人們有兩種不同的觀點和做法。一種觀點和做法是：新主管剛上任，頭緒多、工作忙，不要去打擾他，他需要時會主動找員工的。員工要做的就是做好相關的準備，一旦需要，立即提供相關的材料或向其進行工作匯報。另一種觀點和做法是：當新主管剛上任時，應盡可能早的向其表示善意和支持。比如，「歡迎您的到來，我是 xx 部門的，如果有需要，很樂意為您服務」之類的表述可能是很重要的。以上兩種觀點和做法哪一種更有效？凱文科因、愛德華·科因所做的研究顯示，新主管從到公司的第一天開始，就盼望得到承認和支持，但卻很少有人做到這一點。一位年銷售額超過 200 億美元的公司的首席執行官告訴研究者們說：那些經理們沒有意識到，首席執行官從第一天起就盼望有人支持他，成為他新團隊的一員。讓我吃驚的是，沒有人走進我的辦公室說：「我願意幫忙。也許我不夠完美，但是我贊同你為公司設定的遠景目標。」接受調查的首席執行官們都有一個明確的共識，那就是：如果你決定留下來，那就要主動讓首席執行官知道你想加入他的團隊，但不要擺出一副阿諛奉承的樣子。同時應迅速行動，顯示你參加公司新發展計劃的意願。假如新主管人是在公司內部競爭產生的，而你之前與另一位候選人關係密切，尤其有必要在第一時間明確表示你完全接受這一安排，向新主管表示祝賀，同時還要表現出友好的態度和相應的行動。可見，被動地等待新主管的召見可能並非良策，盡快地對新主管表達你的善意和支持將是影響你職業發展的首要因素。

（2）瞭解新主管的行事方式和管理風格。一朝天子一朝臣，新主管的上任，不僅是人的更替，同時還意味著新的主管和管理風格、做事的方式、習慣、愛好等的變化。因此，要在新主管手下工作，並希望有一個良好的發展

前途，就必須研究他的工作方式和管理風格。在該項研究中，接受採訪的首席執行官們強調，他們希望自己的直接下屬能夠瞭解他們的工作方式，並給予配合。而那些對新首席執行官的示意不理不睬的人，最後的結果肯定是被掃地出門。一家金融公司的前首席執行官這樣說道：你必須決定你是否能夠接受新主管的個性、遠景目標和管理風格，之後你可以選擇全情投入或者離開公司。否則，你和他都會覺得在一起下地獄。而且，就算你勉強留下來，最終的結果還是走人。因此，當你決定繼續留下來時，就必須瞭解並適應新主管的風格。瞭解新主管的工作方式和風格，大體可以從三個方面下手，即：一聽二看三交流。一是聽，即聽其言，新主管在各種會議上的發言，和你的直接交流和溝通，都是觀察瞭解其為人做事風格的重要方式。聰明的職業人士應該透過對這些發言的體會和提煉，總結出新主管的特點和風格。二是看，即所謂察言觀色，這是辨識新主管工作特點和風格的有效方法。比如，在你與新主管的工作交往和聯繫中，應仔細觀察他的情緒反應。如果常表現出不高興或不耐煩的情緒，一定要找到原因，是工作的質量問題，還是對新主管的要求沒有準確領會？或者是其他什麼原因？只有找到問題的癥結，才能保證下次不再犯同樣的錯誤。只有這樣，才能夠在新主管面前保持一個正面的形象。三是交流，交流的方式多種多樣，如透過工作之餘的娛樂、聊天，可以增進彼此的瞭解；透過與辦公室工作人員的交流接觸，增加對新主管的瞭解；如果認識新主管原來單位或部門的人，則可以透過他們瞭解新主管的為人和特點。但這樣做的時候，一定要慎重，出發點一定要建立在做好工作的基礎上。

（3）瞭解新主管工作的目標和打算。如果能夠在新主管到來後迅速建立起一個良好的形象，並大體掌握了其特點和風格，下一步要做的工作就是瞭解新主管近期工作的目標和打算。俗話說，新官上任三把火。新主管上任後，肯定有自己的工作打算和工作目標，無論是那些想大幹一番事業的人，還是承受著巨大壓力的人，都是如此。即使有的主管表面上沒有講明自己的工作目標和打算，但那可能只是他還需要作調查研究。因此，瞭解他們的實際想法非常重要。只有在此基礎上，才能夠有一個明確的工作思路。要瞭解新主管工作的目標和打算，就要盡可能增加與新主管接觸的機會，並在接觸中恰

當地展示個人的資源優勢，以表明自己能夠在其實現目標的過程中對其有所幫助。在不確定其思路的情況下，為了保證自己工作的有效性，有時可以直接與新主管進行交流，確認我們對他所要求的事項的考慮是否理解正確。

（4）準備一份切實可行的工作計劃。不論你是新主管的副手、部門主管，或者下級，新主管上任後，總有一天會和你研究或討論你的工作、你負責的部門的工作。因此你應當提前做好相關的準備。其中最重要的就是準備一份你近期的工作計劃。計劃的要點應當包括以下內容：對新主管及公司策略、計劃要點的理解和分析，這是表示你對新主管的尊重及對新的策略目標的認可和重視程度；本部門或職位存在的問題及原因、具體的改進措施，以表示你對工作的認真程度；需要公司提供的支持，表示你重視協調和溝通；等等。在準備計劃時，一定要注意計劃透露的都是真實的訊息，切忌誇大事實或掩蓋真相。

（5）在新主管面前保持正面的形象。在新主管面前保持一個良好健康的形象對於今後的職業發展是至關重要的。

除了上述幾個問題之外，以下幾點也有助於個人形象的塑造：

一是注意細節，比如新主管召集的會議，一定要準時到場，一定要帶筆記本，一定要做好發言的準備，一定要能夠識別提出的問題和解決方案之間的區別。

二是主管變更期間不宜休假，即使是早已安排好的假期，也應該往後推延。

三是在和新主管交流溝通時應當客觀地評價公司存在的問題，不要一味地推卸責任，更不要輕易表達對某人的不滿情緒，在談到有關對前任主管的評價時尤其要慎重，更不要在新主管面前吐露過多的公司內幕。

四是保持低調和謙恭。在新主管面前切忌目中無人，更不要以為自己不可替代。上述研究顯示，凡是那些自認為不可替代的人，最後的結果都不好。

規則三總結：當你的單位或部門的主管人更替，如果你沒有其他選擇，唯一要做的就是瞭解並適應他的管理風格。

6.2.4 與相關利益群體建立關係

與相關利益群體建立關係體現了老子「七善」原則中「與善仁」的思想。所謂相關利益群體，就是指與個人具有共同利益和價值取向的團體和個人，包括上司、下屬、同事、客戶、社會團體、競爭對手等。

（1）與下屬、同事建立友好關係

規則二和規則三對保持與上司關係的重要性作了詳細的說明，在這一節著重強調與下屬和同事建立友好關係的重要意義。首先，要瞭解建立這些關係的步驟和順序。理查德·霍杰茨認為，如果你要想獲得成功，就必須學會與他人相處，這就需要發展良好的互動關係。先是從你的下屬開始，要和他們建立一個有效的工作關係。這也同時向其他人顯示了你能勝任這份工作，從而為通向管理層打開大門。其次，是與同級同事發展夥伴關係。最後，你應該想辦法與高層管理者搞好工作關係。如果你違反了這個「自下而上」的法則，你可能會發現建立真正意義的關係是非常困難的。你的同事會把你看成是向上級逢迎討好或是踩著別人向上爬的人。一旦有可能，他們就會想辦法詆毀你的表現和聲譽。而你的下屬則會認為你是一個把自己的晉升看得比為下屬提供工作上的幫助更重的人。他們會透過不努力工作並給外界造成一個你不善於管理工作團隊的印象來進行報復。由於這種人對你既可能有利，也可能不利，所以最好是盡可能地贏得他們的支持，與他們搞好關係。

霍杰茨提出的這個順序固然有一定道理，但也不完全如此。因為作為一個主管，很多時候都是同時在與下屬、同事和上司打交道，這種打交道的過程就是建立關係的過程，如果要按照一個固定的順序，就可能失去很多的機會。而且在這三種關係中，與上司建立和保持良好的關係的難度是最大的。這主要是因為你與上司或那些關鍵人物接觸的時間很有限，增強彼此的瞭解是一個漫長的過程。你大量的時間都是與下屬和同事在一起，建立和發展關係相對比較容易。因此，你必須抓住一切可能的機會來建立和發展與上司的關係。只要能夠做到規則二中正確處理與上司關係的原則，如在贏得關鍵人物的信任和保持在同事中的可信度之間尋求平衡，就可以避免霍杰茨所提到的同事和下屬的不滿和詆毀。

管理人員在處理與下屬之間關係的時候最容易犯的一個錯誤就是以為自己具有對下屬人員人事決策的權利,如在表揚與批評、加薪與減薪、是否提拔等方面的建議權或決策權,卻忽略了下屬對他本人也有相當程度的影響力。這些影響包括以下幾個方面:

第一,下屬可能掌握了某些關鍵技術或部門中其他人不具備的專業知識和訊息,從而使其具有不可替代性,即他們不會輕易地被替換。

第二,下屬有比較良好的人際關係,對他們的批評和替換可能會招致與其關係良好的人的不滿。

第三,下屬從事的工作可能恰恰是主管工作的中心,稍有不慎就有可能引起不好的連鎖反應,下屬提供的訊息既可以幫助主管作出高效率的決策,也影響主管的業績。

第四,下屬的工作與公司其他重要的工作或其他重要的人物的工作有比較密切的關係,主管必須依靠下屬的工作,或根本就不敢得罪下屬。

第五,下屬可能是公司某位高層管理人員的親戚或朋友,管理人員或主管對他們很客氣,不要說批評,任何不敬的言語都有可能招來麻煩。這在民營企業尤其如此。所有這些以及其他方面的因素都可能造成組織中的權利空隙,使得管理人員和主管們難以應對。

另外,作為部門或團隊的負責人,要瞭解並正確處理與同事、下屬之間的關係,不僅僅是瞭解他們的專業知識能力,還要瞭解掌握他們之間在正式工作關係以外的其他非正式關係,比如人際關係的技能、處理衝突的能力等。隨著組織靈活性的要求,在強調組織中同一部門內部的員工與員工之間的聯繫和合作的基礎上,不同部門以及員工之間的合作和橫向聯繫的重要性也大大增強,個人職業生涯的成功在很大程度上要依靠團隊成員的合作和忠誠,這就要求那些希望獲得成功的人們必須具備處理這些關係的能力。當你及你的下屬都具備了相應的能力時,你所領導的部門或團隊的效率和效益無疑會達到一個新的高度,而這最終又會提升你個人的權威和威信。

(2) 與相關利益群體建立聯盟

聯盟的形式不僅僅出現在不同組織之間，同時也可以表現為同一組織內部不同的部門之間或不同的人員之間的聯合。在很多情況下，組織的某些決策在一定程度上是不同利益群體之間相互妥協的結果，要在這種妥協中得到更多的利益，就需要與其他相關部門、同事或下屬建立同盟，以聯合的方式獲得權利和影響力。

首先，從部門的角度看，當今大多數的組織採用的是職能制組織形式，這種形式的好處在於專業化分工的優勢，但由於利益和目標的差異，容易形成各自為政的局面。如果大家都不相讓，最終結果就是兩敗俱傷。對於這些部門來講，如果能夠正確認識自身的不足，並與其他部門聯合，不僅能夠擴大影響力，而且能夠避免兩敗俱傷的局面。特別是在組織的一些強勢部門或聯繫比較緊密的部門之間，如生產部門和銷售部門、研發部門與市場部門、人力資源部門和財務部門等，最容易出現這種聯盟。試想，如果人力資源部提出的薪酬調整方案事先能夠爭取到財務部門和其他相關部門的支持，被採納的可能性就會大大增加。同樣，生產部門和市場銷售部門、研發部門與市場部門之間如能增強協調，其權威性也會大大增強。管理者大多都有這樣的體驗，當你與其他部門建立並保持較好的關係時，你在公司辦公會上提出的建議就能得到這些部門的呼應，被透過的概率肯定會大大增加。這種情況出現得越多，你或你的聯盟中的人的權利和影響力也就越大。

其次，從個人的角度分析，聯盟同樣具有重要意義。特別是對於那些所謂的「弱勢群體」或依靠自己力量不能夠獲得足夠權利以達到目的的人來講，與他人建立聯盟以擴大自己的權利往往成為一種必然的選擇。史蒂芬·羅賓斯認為，獲得影響力的最自然的方式是成為權利執掌者，但在多數情況下，這樣做既很困難，又要冒一定的風險。代價很大，而可能性又很小。因此，努力的方向可能變成兩個人或更多人的聯盟，透過這種方式集中資源，以建立其權利基礎。

6.2 職場規則建議

（3）瞭解別人的需要，善於請求別人的幫助

克里斯·馬修斯在其《硬球：政治是這樣玩的》一書中，對美國歷史上的三位總統在編織關係網和與各種人打交道的能力方面進行比較後指出，「不吝於向人啓齒求助是所有權利遊戲中的最高境界」。這種向人求助的本領不僅對政治人物很重要，對任何一個處在職場中的人同樣也非常重要。

吉米·卡特 1976 年競選美國總統時，他的口號是反對水門、反對官僚體制、反對官樣文章、反對當權派。所有這些表達出來就是反對華盛頓。這在當時是很漂亮的政治形象定位。利用這一點，他擊敗了杰拉爾德·福特（美國第 38 任總統，曾任尼克森的副總統，在水門事件後接任總統），但在這之後，卡特犯了政治人物不應該犯的錯誤。在到了華盛頓後，他被這種反華盛頓的姿態捆住了手腳，以至於當眾議院議長蒂普·奧尼爾要求帶自己的家人和朋友參加卡特的總統就職典禮時，得到的答復是可以參加，但位置是在大廳的後排。由於這一系列的草率事件，使卡特和美國國會領袖之間的緊張關係一直持續了四年。卡特的一位助手後來承認，卡特總統的內閣在當時忽略了各種「社交」背景因素，如果在和這些人打交道時多注意一點，事情可能會好很多。

與卡特不同，其繼任者隆納雷根則體現了完全不同的風格。與卡特一樣，他也同樣高舉「反對華盛頓」的旗幟，對政府的批評比卡特更厲害，他甚至宣稱「政府並不是解決問題的地方，相反，政府本身就是問題」。但他卻並不因為政治或哲學觀點的分歧而使私人的交往蒙上陰影。他知道那些常年生活在華盛頓的當權派對他領導的行政機構既能雪中送炭，也可以雪上加霜。因此他努力贏得他們的支持。雷根當選總統後做的第一件事，就是參加一系列在首都各界名流，包括記者、律師和商人家中精心籌辦的各種聚會。除此之外，他還參加國會山議員們的活動。這一切都為他贏得了很好的名聲，他甚至還成為共和黨的死對頭、《華盛頓郵報》的女老板凱瑟琳·格雷厄姆七十大壽宴會的主持人。

在不吝於向人啓齒求助方面，美國第 35 任總統約翰·甘迺迪也做得非常出色。1960 年 7 月 13 日，甘迺迪贏得了民主黨黨內提名。第二天上午他就

宣布請林登貝恩斯詹森做他的競選搭檔。後者作為甘迺迪在黨內的競爭對手，曾對其進行了激烈的攻擊，不僅說甘迺迪缺乏政治閱歷，而且還在他的健康問題上做文章，放風說他患了一種不為人知的絕症。但甘迺迪並未為此進行報復，他清楚地意識到，要贏得南方廣大地區的選票，就需要這位來自得克薩斯州的約翰遜做競選夥伴。約翰遜完全沒有意識到甘迺迪能向他發出這個邀請，他後來講：一個大人物向一個反對者提出了請求，那其實並不是一件難事，因為他只向下走了兩級臺階就做到了，而對方卻把南至巴拿馬運河的所有行程都用來反對他了。

我們中國人的習慣是樂於助人，即主動地幫助別人，但當自己遇到困難時，很多人卻羞於向別人求助，總希望靠一己之力自己解決，不願給別人增添麻煩。其實這是不必要的。要知道，一個人的力量是非常有限的，在個人的職業發展過程中，會遇到很多個人難以克服的困難和問題，必須透過他人的幫助，才能實現自己的人生目標。在這點上，克里斯·馬修斯為我們提供了一個值得重視的觀點，這就是「不吝於向人啓齒求助」。這一觀點揭示了人類所具有的一個共同特點，即當一個人被追求時，總是會產生一種快感，而這種快感是可以利用的寶貴資源。當你向一個人提出請求時，並不等於只是在要求他付出，你也把他想要的東西給了他，即讓他有了一個參與其中的機會。這種參與同時也使得提供幫助的人獲得了他自己想要得到的東西。

規則四總結：學會與其他人友好相處，尋求更多人的幫助，是個人職業發展的必備條件。

6.2.5 瞭解並參與組織的策略目標，發展自己的優勢

個人職業發展的一個基本前提是要具備組織所需要的知識和能力，這包括兩個方面的內容：一是你的專業知識和技能是否是組織所需要的；二是根據組織的發展，掌握對組織具有策略性的知識、能力和技能。從個人職業發展的角度講，當具備了這兩個方面的能力時，就達到了老子「政善治」的境界。

6.2 職場規則建議

(1) 瞭解你的專業能力在實現組織目標中的作用

一個組織的運轉就像一個生產程序，你必須確信你的工作程序與之合拍，你必須確信你的工作目標是以客戶的需求和公司的要求為驅動的。這裡講的「合拍」，主要就是指個人的知識和技能與組織需要的匹配性。要做到「合拍」，首先要明確你所在的部門在組織中的地位和作用。職業生涯的成功取決於多種因素，其中的一個因素是你所在的部門或單位在公司業務中的重要程度。如果你所在的部門或單位處於公司業務的核心層，那你就可能成為在突發事件中掌控局勢和提出具體解決方案的關鍵人物，並在此基礎上一舉成名。因此，對於那些希望成功的人士來講，在選擇進入一家公司的時候，最重要的不是這家公司的名氣，而是你能否進入能夠決定公司命運的關鍵或核心部門。這就要求你所具有的專業知識和人際關係技能能夠適應公司和部門的要求。約翰·科特認為，要想獲得個人的權利發展，一個重要的任務就是選擇到企業的一些關鍵部門，或在企業各項工作中相對重要的工作或專案中任職。比如，對於家電製造廠商和通訊信設備製造廠商，最重要和最核心的部門可能就是研發、市場推廣以及銷售部門。如果你能夠在這些部門工作或任職，你可能就有了比在其他非核心部門任職的人更多的發展機會，從而給你帶來權利和影響，反之則不利於權利關係的建立和加強。就如同中國現在的高考一樣，學子們在填報志願時，聰明的人會首先選擇專業而不是學校，而大多數的人在填寫志願時，卻往往看重一個學校的名氣。當他們如願以償進入學校後，才發現他們被錄取在一個不喜歡的專業上。試想，如果你選擇了一個以理工聞名的學校，但就讀的卻是中文系，對你當初的志向能有多大的幫助呢？

(2) 發展對於組織具有策略作用的知識、能力和技能

任何組織在發展過程中都需要根據經營環境的變化不斷調整自己的策略方向，個人要取得職業的成功，也必須根據這些策略方向調整自己的職業目標。對於那些明智的人來說，瞭解組織的這種變化趨勢，掌握組織在未來發展過程中所需要的知識和技能，是值得賭一把的投資。而要做到這一點，首先，必須對整個產業和行業、同行、競爭對手在技術、市場、管理等方面的

情況有深入的瞭解。其次，與組織中的關鍵人物保持聯繫，以便從中獲取有價值的訊息，隨時關注組織經營管理中的重大問題並做好相應準備。最後，要善於抓住機會表達自己的觀點。當你具備了以上兩個方面的條件以及組織未來所需要的知識和技能後，就應不失時機地抓住各種正式或非正式機會提出自己的建議，特別是在與上級主管接觸和交流時，一定要準確清晰地表達出自己的觀點。當你能夠在組織需要時出現在應該出現的地方，並能夠為組織創造或增加價值時，就意味著你距離成功不遠了。

　　規則五總結：多看、多聽、多做，發展具有前瞻性的知識和技能，抓住關鍵機會發表自己的觀點，這是職業發展最聰明的方法。

6.2.6 為自己建立誠實、可信和樂意助人的形象

　　人們在社會中生存的技能多種多樣，其中，個人的品質和做人原則是一個非常重要的道德標準。老子「七善」原則中的「言善信」就是講的這一原則。對於當今在職場中努力奮鬥的職業人士來說，為自己建立和保持一個「言善信」的形象，對職業發展的影響是非常重要的。

　　（1）保持誠信

　　在中國的傳統文化中，有大量關於誠實的論述。如孔子就講：「與朋友交，言而有信。」（《論語·學而篇》）「人而無信，不知其可也。」（《論語·為政篇》）在當今的商業社會，這種誠實和言行一致同樣非常重要。首先，一個誠實和言行一致的人往往能夠贏得人們的信任，與這種人在一起，人們不用擔心受騙，讓人有安全感。當一個人具備了誠實和言行一致的品德，就意味著他或她能夠激發人們的信心、忠誠和信任，最終贏得人們的尊重。誠實意味著實事求是，它能夠使有利害關係的雙方或多方在交流時把注意力集中在交流的訊息本身的內容上，而不會去探究訊息傳播者的動機，這樣就會大大提高交流的效果和質量。其次，誠實和言行一致意味著責任，這種責任會轉化為一種權威，能夠大大提升個人的可信度，並獲得朋友、同事、下屬的承諾和擁戴。反之，如果一個人不具備這種誠實的品質，那麼他在與人打交道時，人們首先會質疑他的動機，比如他是否又在給別人「下套」，而不

是他所傳遞的訊息本身。這樣的人顯然難以得到團隊和組織的認同。在這種情況下，就難以保證有一個好的職業發展前途。保持誠實的另外一個要點是不要成為流言蜚語和小道消息的傳遞者。一個成天樂於傳遞小道消息的人本身就缺乏誠意，他們所津津樂道的是別人的失誤，而不是如何幫助別人避免失誤和取得成功。因此這種人難以獲得別人的信任，更沒有誠意可言。

(2) 樂於助人

與誠實一樣，與人為善、助人為樂也是一種重要的個人品質。善待他人是一個非常重要，用它可以識別你是否是一個具有職業水準的人，識別你是否對他人的利益負有責任。關心他人則是積極的政治行為的奠基石。要關心別人，首先自己要有「本事」，即個人的業績和經驗，這也是規則一所強調的資源和權利優勢。也正是因為你具有這些權利和影響，你才能夠向他人提供幫助，他人也才會向你求助。當你向他人提供了幫助，也就意味著你對接受幫助者有了影響力。特別是對於部門主管來講，樂於助人不僅是一種個人品質，更重要的是還表現為具體的領導和管理能力，比如，部門主管必須具備能夠隨時解答下屬疑問和難題的能力。這不僅體現了幫助和指導員工的責任，而且還體現了組織的文化氛圍，最終獲得員工的承諾。其次，要長久的保持自己的影響力，就必須不斷地加強學習，樹立一個開放的、願意接受新生事物和新的訊息、觀點的正面職業形象。一個一意孤行、聽不進任何意見和建議的人不可能有真正的朋友，也不可能建立一個良好的人際關係網路。最後，要樂於分享自己所掌握的訊息資源，大多數的人是有恩必報的。當你的朋友、同事因分享你的訊息而獲得利益或成功時，他們會投桃報李，在你需要時向你提供他們所掌握的訊息資源。

(3) 學會職場語言

要給自己樹立一個正面的職業形象，還必須學會使用職場語言，即在工作場合中如何講話的技能。由於職場語言在某種情況下會成為影響個人職業發展的重要因素，因此它已成為一種重要的人際交往技能，並得到越來越多人的重視。在組織中，平級之間的人講話可能沒有多少忌諱，但在上下級之間卻或多或少存在一些約定俗成的職場語言。因此，一定要注意講話的風格

和技巧。比如，上司或主管在對員工進行負面績效反饋時，盡可能採用一對一的形式，不到萬不得已，不要在公開場合批評他人。如果是與上司或主管講話，則一定要注意在本組織中大多數人遵循的規則，切忌當面頂撞，或在公開場合對上司或主管的缺陷或不足進行評價，除非你所在的組織有彼此評價、互相幫助的文化氛圍和傳統。此外，在需要對他人進行評價時，要盡可能多使用描述性的語言，少使用評價性的語言。所謂描述性語言，就是在對某事進行評價時，不要一棍子打死，而要留有餘地。比如，「這件事如果這樣做，效果可能會更好一點」。使用描述性語言的意義在於能夠恰如其分地表示善意，使對方能夠感受到你體現出的真正幫助別人的胸懷。與此對應的就是評價性語言，這種語言的特點在於講話不留餘地，因此更多地出現在上級批評下級的場合。專欄 6 − 3 中的「吹捧」也是一種典型的職場語言。

（4）印象管理

所謂印象管理，是指試圖控制他人形成對自己的印象的過程。印象管理或面子功夫的應用在一定程度上能夠為扮演者帶來積極或正面的影響。關於這部分的內容，請參見 5.4.2 的相關內容。

（5）關於誠信的思考

誠信固然重要，但需分清「應該如何？」和「實際應如何？」的區別。鑑於人性及人類社會的紛繁複雜，講誠信時需要視具體環境、對象、利益等採取不同的對策和方法。中國人經常講：害人之心不可有，防人之心不可無。對「君子」應誠信，對沒有誠信的「小人」就應針鋒相對。如果對小人也講誠信，那只能是對牛彈琴，毫無效果。以領導者為例，一個好的領導是否必須遵守信用和承諾？答案是具體情況具體分析。大多數人都希望領導者應該是一個講信用的人。但恰恰領導者不能夠事事都講信用。這並不意味著這樣的主管就不是好主管。義大利 15 世紀著名的政治家、思想家馬基雅維利在其同樣著名的《君主論》一書的「論世人尤其君王受到讚揚或責難的緣由」一節中談到：人們實際上怎樣生活同人們應當怎樣生活，兩者之間的距離是十萬八千里。也就是說理想中的環境和現實中的環境可能是完全不同的。現實中的許多事實告訴我們，說一套做一套的確是不少領導者慣用的「伎倆」。

「伎倆」一詞用了引號，表示這並非完全是貶義詞，只是想表明它實際上是一種管理的技巧。

領導人為什麼有時不遵守信用或者違背自己的承諾？其原因大致有三：

第一，原來承諾的環境發生了較大的變化，使得兌現承諾的條件不復存在。在這種情況下，再遵守信義可能只是一種愚蠢。

第二，領導者自身的問題。當一個人在領導者的職位上越做越大的時候，也就意味著他離原來熟悉瞭解的業務或專業漸行漸遠。一些領導者沒有認識到這一點，往往還以專家自居，倉促之間便作出決策（信用和承諾也是一種決策的方式）。在實踐中才發現決策有誤。在這種情況下，一旦兌現承諾就會招致重大損失。沒辦法，只有不兌現原來的承諾。

第三，當然也有一些素質不高的領導者，習慣用謊言欺騙和愚弄大家，這樣的領導者不是我們討論的話題，沒有涵蓋在本文所指的「違約」的範疇之內。但不管怎麼講，如果領導者在信用方面不能夠博得一致的贊賞，畢竟不是一件好事情，是一個瑕疵，也是一個不好的記錄。因此領導者應該注意盡量不要違背自己的信用或者不兌現自己的承諾。

要做到這一點，必須在三個方面加強自我管理，首先是要盡可能地熟悉情況，多聽工作匯報，或者自己經常到基層進行「走動式管理」，掌握第一手資料；最後，對自己不太熟悉的事情不要輕易表態，把相關的文件、報告、請示等壓一下，研究以後再表態；最後，領導者難免出現承諾不能夠兌現的情況，這時應該主動與相關人士溝通，講明情況，承擔責任。除非是承諾的環境或推薦仍然具備，一般大家都能夠理解。

規則六總結：在關鍵的時候幫助別人一把，他會永遠記住你的，這是職業人士應有的最寬廣胸懷。

6.2.7 善於溝通和交流

善於溝通和交流體現的是「與善仁」的精神內涵。

所謂溝通，是指人與人之間訊息的理解和反饋。在人的一生中，有大量的時間在與人們作各種各樣的溝通。透過有效的溝通，人們不僅可以進行情感、閱歷、工作經驗等方面的訊息的交流，而且透過對獲得的訊息進行分析整理，可以發現利用的價值，吸取經驗，規避風險，為建立自己的人際關係和競爭優勢創造條件。善於溝通和交流是「與善仁」的基礎和前提條件，有的人透過溝通取得了較好的效果，有的人則由於不善於溝通，反而弄巧成拙。對處於職場中的人來說，要建立良好的人際關係，首先必須瞭解對方以及讓對方瞭解自己，並透過溝通展示自己的才華。對組織管理者來講，溝通也同樣重要，與上下級之間的雙向溝通、平級之間的橫向溝通、組織與顧客等其他相關利益群體之間的溝通等，能夠起到避免失誤和提高組織效率和效益的作用。即使是企業或同一企業內部不同專業、不同部門之間的溝通，也都是以人際溝通的方式進行的。因此，瞭解溝通的功能和對象，掌握人際溝通的方法和技巧，是取得職業成功的關鍵因素。

　　溝通的功能。要具備良好的溝通技能，首先必須瞭解溝通的功能和作用，這樣才能提高溝通的技能。特別是對於管理人員來說，在貫徹和落實組織的希望和要求時，溝通的作用更是不可小視。在組織中，人際溝通主要有四種功能或作用，即控制、激勵、情緒表達和訊息傳遞。對於組織來說，無論是口頭的語言表達，還是正式文字的規章制度，都能夠起到規範和激勵組織成員態度和行為的目的。比如，什麼應該做，怎麼做，做得好有什麼獎勵？做得不好有什麼懲罰？什麼不應該做，為什麼不能做？等等，這些問題都可以透過不同的溝通方式，明確無誤地向員工傳達組織的期望和要求，從而體現出溝通具有的控制和激勵功能。其次，溝通為組織成員提供了一種傳遞意見和建議、表達情感的途徑。透過這種途徑，人們能夠獲知自己是否得到了組織及其成員的認可，以及如何才能得到認可。訊息的功能主要體現為為組織決策提供依據。

　　溝通的方法和技巧。溝通的方法主要包括口頭溝通、書面溝通、非語言方式溝通和電子媒介溝通四種方式。四種方式的效果是不一樣的。專家研究發現，電子郵件、電話、書面等溝通方式都不能從根本上取代人與人之間面對面的溝通。而且在面對面的溝通中，語氣與肢體語言的效果超過了談話內

容本身。其中，談話內容的重要性只佔7%，溝通的效果有38%取決於講話的語氣、速度和聲調，肢體語言的效果則達到55%。專欄6－2中美國第36任總統林登貝恩斯詹森就是一個特別擅長一對一溝通的老手。在很多時候，採用這種一對一或面對面的溝通，能夠在一定程度上使對方感覺自己受到重視，特別是在上級對下級的關係中，這種特徵表現得尤為明顯。此外，溝通的效果還與所要討論的具體問題和溝通方式有關。專欄6－3是一個典型的錯誤運用溝通方式的例子。醫院護理部主任李麗的主要失誤在於，她採用了不正確的溝通方式。在向員工傳遞與其自身利益密切相關的訊息時，及時瞭解員工的反應，穩定大多數員工的情緒是一項非常重要的工作，因此，口頭交流的效果可能更好，而採用信件形式的溝通方式顯然存在局限性。李麗的錯誤表明，溝通的效果與管理的成效密切相關。

講話是一門藝術，有效的溝通與講話的方式關係密切。現實中很多人際衝突的原因其實都不是什麼原則問題，往往一句話沒有表達清楚或者溝通不暢，就可能引起事端。因此在面對面的人際溝通中，一忌話多，二忌表達過於直白。俗話說：口是招禍之門，舌乃斬首之刀。言多必失，一切是非皆由口出。所以說話時尤其要注意場合、對象。不該說的說了，會招惹是非，該說的沒有說，又會失去機會。該講的講，不該講的不講，就不會有什麼風險。對於主管、比較自信或不太善於交流的人，溝通交流時須記住「順、默、隱」的三字原則。「順」指順著對方的思路、脾氣進行交流，尤其是對主管，注意言語相和，切記不要頂撞，尤其是不能夠在大庭廣眾下對著幹，那等於是往槍口上撞，只有死路一條。而對過於自信或不善言辭的人，說話則不宜直來直去，要學會迂迴出擊。「默」指少說話，《素書·求人之志章》講：「括囊順會，所以無咎。」意思是說，嘴巴管住了，流言蜚語自然就少了。流言蜚語少了，禍患自然也就離去了。「隱」是指不居功。有此三者，自然順風順水，八面威風。

溝通的原則。要提高溝通的有效性，必須把握三個重要的原則：首先，溝通是一種社會交往行為，並不是每個人都願意與你進行溝通或交流，因此，要能夠與別人進行溝通和交流，就必須具備與他人溝通和交流的本錢。特別是在不具備職務資源優勢的情況下，自己的專業技術優勢、人際關係優勢、

訊息優勢或其他某個方面的技能，就成為重要的要素。這也就是規則一所討論的內容。只有具備了這些優勢，別人才願意與你交流。其次是準確性，即讓訊息接收對象能夠在第一時間準確無誤地把握你所傳遞的訊息內容。要做到這一點，一方面要善於傾聽，以瞭解對方的真實想法和希望；另一方面，自己要具備良好的語言表達能力，包括書面表達和口頭表達的能力。最後是在溝通和交流的過程中要尊重對方，比如盡可能不打斷對方的談話，不要輕易地否定對方的觀點等，這些都是提高溝通效果的重要方法。

溝通的目的。善於溝通的人能夠從與他人的交流中學到很多東西，比如，正確地對待成功和失誤，避免誤會的發生，學會寬恕別人和適當的讓步等。與人溝通的過程同時也是認識人的過程，良好的溝通不僅能夠找到朋友，還能夠發現潛在的競爭對手，在這個過程中瞭解他們的長處和不足，以便為自己的發展找到標杆和學習榜樣。

溝通中存在的問題。儘管溝通的重要性得到越來越多的組織和個人的認同，但組織的成長和技術的進步給溝通帶來的影響也非常明顯。首先，當組織處於一個較小的規模時，由於沒有嚴格的專業化分工或工作分工，人與人之間以及人與組織之間的溝通比較容易而且頻繁，上下級之間也沒有過多的官僚體制的約束，因此人們可以隨時針對工作中存在的問題進行交流，這時溝通的效果是最好的。但隨著組織的發展壯大，以專業化分工為基礎的職能制組織形式不斷得到加強，一個突出的表現就是人們的工作越來越專業化，部門也越來越多。不同職能部門在目標、利益等方面的差異，為不同部門之間的人際交流和溝通帶來了困難。這種情況如果繼續發展，各部門的人甚至會一整天都只待在自己的辦公室裡，不願溝通，久而久之便成為一種難以逾越的溝通和交流的障礙。其次，隨著社會的發展和技術的進步，越來越多的高科技手段被用於人與人之間的溝通和交流，比如電子郵件、手機短信等。這種訊息交流方式更適用於消息的發布、朋友或同事間的問候等，但卻不適應進行深層次的需要情感的溝通。正如凱文·湯姆森指出的：「目前，溝通工具在技術上已經日趨完善，而且還日新月異地不斷進步著。然而，兼備感情和理智的溝通技巧，卻明顯跟不上步伐。」其中最大的問題是，追求溝通和交流工具的科技含量往往成為管理者不願進行面對面溝通得很好的藉口。很

多組織的管理人員都以訊息化為藉口,把投資的重點放在追求溝通工具的科技含量上,認為這既能節省時間,又能收到大量訊息,但卻忽略了溝通的要點和本質特徵。

對於職業人士來說,單獨依靠自己的力量難以改變組織所面臨的溝通障礙,但這並不妨礙個人超越專業和部門的局限,在力所能及的範圍內與他人溝通和交流。比如,如果你具備了一定程度的人格魅力,就千萬不要被技術溝通手段牽著鼻子走,而應充分展示和利用自己的人格魅力。正是在這種大多數人沉浸在「個人世界」的環境中,由於你對溝通重要性的認識以及你所採取的正確行動,才使你能夠「脫穎而出」。你所具備的專業技術知識優勢和良好的人際關係技能,無疑將對你的職業發展創造良好的條件。

專欄 6－3 溝通的作用

作為某醫院的護理部主任,李麗負責管理 9 名值班主管以及 120 名護士。昨天,她意識到自己犯了一個極大的錯誤。

李麗大約早上 7：05 分來到醫院,她看到一大群護士(要下夜班的和即將上早班的)正三三兩兩聚在一起激烈地討論著。當她們看到李麗走進來時,立即停止了交談。這時突然的沉默和冰冷的注視,使李麗明白自己正是談論的主題,而且看得出來她們正在談論的不像是贊賞之辭。

李麗來到自己的辦公室裡,一會她的主管王炎走了進來,直言不諱地說道:「李麗,上周你發出的那些信對人們的打擊太大了,它使每個人都心煩意亂。」

「發生了什麼事?」李麗問道:「在主管會議上大家都一致同意向每個人通報我們單位財務方面的困難,以及裁員的可能性。我所做的只不過是執行這項決議。」「可你都做了些什麼?」王炎顯得很失望:「我們需要為護士們的生計著想。我們當主管的以為你會直接找護士們談話,告訴她們目前醫院的困難,謹慎地透露這個壞消息,並允許她們提出疑問。那樣的話,可以在很大程度上減小打擊。而你卻寄給她們這種形式的信,並且寄到她們的家裡。她們收到信後,整個週末都處於極度焦慮之中。她們打電話告訴自己

的朋友和同事,現在傳言四起,我們處於一種近於騷亂的局勢中,我從沒見過員工的士氣如此低沉。」

規則六總結:具備良好的溝通能力,你將會受益無窮,這是幫助你職業成功的重要技能。

6.2.8 正確對待並妥善地處理衝突

正確對待並妥善地處理衝突,也是「政善治」的一種表現形式。而要正確地處理衝突,就必須瞭解衝突的性質和種類,掌握正確處理衝突的技能和方法。

衝突的形式。衝突主要有兩種形式:

一是組織間的衝突;

二是人與人之間的衝突。

本文主要談論的人際衝突,即人與人之間由於觀點、意見、利益等方面的對立所導致的衝突。與人際溝通一樣,衝突問題一直是管理學和組織行為學研究的重點。衝突與溝通是一對夥伴,因為溝通並不能夠解決所有問題,當涉及個人根本利益等原則性問題時,衝突就難以避免,問題的關鍵在於如何處理、化解並合理地利用衝突。

在人的一生中,有大量時間在處理各種各樣的衝突,與同事的衝突、與朋友的衝突、與家人的衝突、與合作夥伴的衝突、與客戶的衝突,等等。然而,更多的衝突主要發生在工作環境中。美國管理協會對企業中層和高層管理人員的調查表明,管理者平均花費20%的工作時間處理衝突。對「管理者認為在管理中什麼最重要」的調查發現,解決衝突的技能排在決策、領導或溝通技能之前。一項關於在25項技能和人格因素中哪些與成功的管理(以上級評估、提薪、晉升來定義)具有最密切關係的研究表明,只有處理衝突的技能與管理的成功成正比。這充分說明了工作中的衝突大量存在以及掌握正確處理衝突的技能的重要性。

要正確的處理衝突,就必須瞭解衝突的性質種類和處理衝突的原則、技能。從性質看,衝突主要可以分為正常性衝突和非正常性衝突兩大類。正常性衝突是指衝突的雙方或多方在衝突中產生和提出的具有建設性和前瞻性的意見或建議能夠幫助組織實現目標,其結果對組織或個人來講利大於弊。而非正常性衝突是指衝突的結果導致的組織成員之間以及其與組織之間的消極對抗,結果是弊大於利。

從種類看,衝突主要有三種形式:

一是產生於對組織已有的正式的規章制度的不同理解;

二是產生於對不確定事實和現象的不同理解;

三是源於對資源和利益分配的不同認識。職業人士應該根據衝突的不同性質和種類,採取不同的方法予以解決。

瞭解了衝突的性質和種類,接著就應當掌握正確處理衝突的技能和方法,這些方法主要包括以下幾個方面:

首先,要具備敏感的嗅覺,以便能夠比較準確地判斷衝突的性質。對於正常性的衝突,要積極地參與,因為這種衝突往往是交流觀念、思想、方法和樹立個人優勢的重要途徑。比如,在公司會議上對某個方案的討論、對某項規章制度的修訂等,都有可能出現不同的意見,只要這些意見或建議具有建設性,哪怕是言辭比較激烈,也容易為人們接受。但要注意的是,在這種具有建設性的討論中,個人在提出自己的意見或建議時,一定要從組織整體的角度而不是從部門或個人的角度出發,這樣才能體現從組織整體目標出發解決問題的能力,並引起組織高層的重視。而對非正常衝突,則要在適當的時候出面制止。如同我們多次強調的,在當今競爭激烈的商業社會中,組織越來越強調員工的團隊合作和奉獻精神,在日常工作中非常重視員工應對和處理非正常衝突的能力的培養。在這種形勢下,適時地表現出組織所要求和讚賞的對不良事件的掌控能力,將會大大提升個人在組織中的威信和話語權。對於職業人士來講,一定要明確責任與衝突的關係,當衝突是在你職權範圍

第六章 職場規則建議

內可以解決的,就不能無視衝突,或把解決衝突的責任往上推。而且有的時候還必須承擔本不該由你承擔的衝突責任,即主動「受過」。

其次,在應對和處理不同類型的衝突時,應掌握處理衝突的技巧和方法。第一,當決定介入對某一衝突的處理時,首先需要對自己的能力和衝突的影響力進行分析。對自己能力的分析主要是判斷自己是否有足夠的資源或能力處理這些衝突,因為並不是所有的衝突都是你有能力解決的。如果貿然介入,不僅不會有效地解決衝突,反而可能會使自己陷入困境。分析衝突的影響力主要是指對衝突事件所具有的震撼力進行分析,如果某個衝突具有這種性質,而你又具有解決這種衝突的資源或能力時,就應當仁不讓地站出來,發揮自己的聰明才智,解決衝突,樹立威信。第二,為了有效地解決衝突,在介入衝突前,應首先分析衝突產生的原因。總體而言,衝突產生的原因主要有三個方面,即溝通差異、結構差異和人格差異。

溝通差異有三種情況,

一是當事人之間缺乏溝通或根本就沒有溝通,自然就會產生理解方面的差異;

二是由於表達不暢或詞不達意造成的理解上的困難;

三是雖有溝通,但卻未能達成共識。之所以會出現這種情況,其根源在於「不同的角色要求、組織目標、人格因素、價值系統以及其他類似因素」。

而管理者常常犯的一個錯誤就是過分注意不良的溝通效果卻忽略了這些因素。結構差異主要是指由於組織結構的利益分化而非因溝通不良或個人恩怨造成的衝突,比如在職能制的組織結構中,不同業務部門之間由於職能、目標等方面的差異,自然會產生衝突。人格差異是指因為不同的個性特徵和價值觀引起的衝突。

針對以上衝突,專家們提出了有效解決衝突的各種方法,其中,迴避、遷就、強制、妥協和合作被認為是五種最佳的選擇。

第一種方法是迴避,即指從衝突中退出或制止衝突。在以下幾種情況下,採取迴避的方法比較有效:當衝突微不足道時,當衝突雙方情緒激動需要時

間冷靜時,當解決衝突帶來的潛在破壞性超過衝突解決後的利益時。此外,當衝突是屬於正常性或良性的衝突時,有時讓其自由發展反而可能會讓衝突得到解決。

第二種方法是遷就,在以下情況時可以採用這種方法:當你為了維持與他人的和諧關係而認同他人時;當引發衝突的問題並非原則問題,透過遷就對方又能夠表面自己心胸寬廣時;當你需要為今後的職業生涯或工作奠定基礎時。此外,對於那些自己不能夠解決的衝突,也不能無動於衷,可以考慮採用「勸架」的方式使發生衝突的兩方或多方暫時避開。

第三個方法是強制,即運用自己掌握的權利解決衝突。一般來講,強制主要適用於非正常衝突的情況。比如,當衝突明顯會對組織產生破壞性的影響時,或當他人不理睬你提出的解決問題的方式時,或當需要對重大問題作出的處理時,就應迅速地採用強制的方法。

第四是妥協。在我們的日常工作中,有很多時候需要衝突雙方彼此作出一定的讓步,特別是在衝突雙方掌握的權利、資源等勢均力敵時,妥協的方法往往非常有效。此外,當產生衝突的根源比較複雜,或衝突雙方都難以提出使對方滿意的方案時,暫時的妥協也是一個權宜之計。最後一個方法是合作。合作是最具創造性的解決衝突的方法之一,因為它不僅能夠體現組織文化和價值觀的要求,而且能夠在一定程度上使衝突雙方都能獲得彼此能夠接受的利益,最終實現雙贏。

規則八總結:既然衝突不可避免,掌握正確處理衝突的技巧非常重要。尤其是作為一個管理者,首先要學會分辨不同種類的衝突,然後掌握處理和解決衝突的各種方法。

6.2.9 適應變革

適應變革同樣體現的是「政善治」的精神內涵。

所謂變革,是指因企業經營環境變化所造成的組織策略和結構的變化,以及由這個變化帶來的管理者和員工的角色和工作行為方式的變化。企業的

兼併、重組，主要領導人的更迭，員工工作的重新調配，績效薪酬系統等現有制度和規則的修改或調整，等等，都屬於變革的範疇。

變革已成為當今商業社會一個突出的特點，由於環境複雜程度的不斷加深，變革的速度和頻率將大大加快。職業人士要把握自己的未來發展，就必須準確地識別並適應這一變化。

首先，必須瞭解和識別變革產生的原因。

產生變革的原因主要包括兩個方面：

一是來自企業外部，

二是來自企業內部。

從外部看，主要表現為企業面對的經營環境越來越複雜，比如，政府職能的轉變和監管力度的增強、經濟發展水準的差異、社會進步的要求、法律制度的規範、技術的進步和革新等，這些都使得市場越來越規範、競爭越來越激烈、消費者越來越挑剔、企業生存和可持續發展的壓力越來越大，企業的壽命也越來越短。從內部因素看，為了適應環境的變化，組織的領導者和管理者往往會根據對環境要素的預測和評價，提前作出某些重要的調整或改變，大到組織策略方向的改變、小到產品和服務類別的調整，以及為配合這些變革進行的勞動人事制度的改革等。只有瞭解了這些可能產生變革的根源，才可能保持對變革的正確態度。

其次，要能夠主動地適應組織的變革。對於職業人士來講，必須認識到變革是企業始終面對的重要選擇。越來越多的企業認識到，判斷一個人是否合格和稱職的標準，除了職位的勝任能力以外，還要看其是否具備了倡導變革和適應變革的心理素質和能力要求。因此，對組織變革的態度、克服或消除變革的壓力、參與變革的程度，對個人職業生涯的發展具有重要的影響。對組織變革的態度是指贊成或反對變革的行為，

當組織正在醞釀變革或已經發起變革時，組織成員有兩種選擇策略，

一是獻計獻策或正面回應,這種方式的優點在於在第一時間表明自己是變革的擁護者和支持者,從而使自己能夠迅速地被變革的倡導者發現和重視,並成為其堅定的盟友。

二是靜觀其變,分析判斷。並非所有的變革都具有積極的意義,即使變革具有積極的意義,但可能並不適合組織目前的情況和需要,或組織目前不具備進行變革的條件,在這種情況下,就需要作進一步的分析判斷。

另外,當對變革的內容不甚瞭解、或變革本身具有相當程度的不確定性、或組織的高層主管均未對變革表示明確的態度時,進行分析判斷也非常重要。在這種情況下,可以透過分析,提出目前組織實施變革的有利條件和不利條件,變革成功或失敗的可能性分析等,為組織的高層進行決策提供依據。以這樣一種方式表明自己對變革的態度,要比在不瞭解情況的狀態下盲目表態更有積極的意義。

最後,要善於消除變革帶來的壓力。如前所述,企業內外環境的變化會使組織作出相應的調整,而這些調整往往意味著對原有制度、工作方式、工作習慣的否定。人們不知道自己能否適應變革後的形勢,擔心變革會損害自身的既得利益,因此會給組織成員帶來一定的壓力。要消除壓力,需要從組織的角度和個人的角度兩個方面下手。從組織來講,首要的工作是各級領導人和管理人員要隨時保持和加強與組織成員的溝通,宣講變革的目的,以及變革對組織及其成員的好處;其次,當變革涉及組織成員工作內容的變動時,一定要提出明確的人力資源管理目標,如職位任職目標和績效標準等,盡量減少這些目標和標準的模糊性。從個人來講,最重要的是建立符合組織要求的專業技術優勢,特別是那些與組織核心競爭能力有關的知識和技能;其次是發展那些與組織策略要求匹配的知識和技能,這樣在組織實施變革時才能處亂不驚,不至於自亂陣腳;最後是平時主動加強與上級或主管的溝通,瞭解組織未來發展的趨勢,加強自身的學習,以提高自身的適應能力,增強工作的主動性。

規則九總結:職業生涯的成功在很大程度上取決於以「權變」的觀念和態度來對待和處理所經歷的各種事件。

6.2.10 善於決策

善於決策體現的是「事善能」的要求。我們每個人一生中都面臨著多種選擇，對職業的選擇、婚姻和家庭的選擇、朋友的選擇，等等，選擇的過程就是一個決策的過程。也就是說，我們一生中要作出大量的決策。這些決策質量的好壞，將會在很大程度上影響職業的發展。因此，身在職場，不能不瞭解與科學合理的決策有關的知識。

決策的類型。大體上講，決策有理性決策和非理性決策、程序化決策和非程序化決策等形式。現實中並不存在絕對的理性決策或非理性決策，大多都是居於兩者之間。程序化決策是指採用例行方法和規則解決的重複性決策；非程序化決策是指不能夠採用例行方法和規則解決的問題。對於組織來講，領導者和高層管理人員主要做的是非程序化決策，低層管理者和員工主要做的是程序化決策。由於程序化決策有利於提高組織效率，因此各級管理人員應當學會並善於將非程序化決策轉變為程序化決策。對於個人來講，具有非程序化決策的能力以及善於將其總結提煉為程序化決策，無疑有益於個人的職業發展。

決策的普遍性。如前所述，決策廣泛存在於我們的日常生活、工作和學習當中。在管理的五項基本職能中，每一項都面臨著決策。比如，是否真正需要進行多元化經營（策略計劃）？究竟是保持職能制結構還是採用事業部制（組織）？應當如何對待缺乏工作激情的員工（領導）？是採用平等的薪酬結構還是有差別的薪酬結構（人事）？企業的哪些活動需要控制，哪些需要放權（控制）？等等。隨著組織扁平化和靈活性的要求，決策不再只是領導者和管理者的責任，一般員工尤其是知識型員工也肩負著越來越多的決策責任。

決策的制定過程。瞭解了決策的重要性還不夠，還需要瞭解和掌握決策的制定過程。以購買房產為例，購買行為的大致決策過程包括以下步驟：

第一步是要識別問題,即是否需要購買房產?購買的目的何在?自己住還是投資?在這一步驟中,需要對地域的差異性、標準、資源等進行綜合評價。

第二步是決定標準,即在別墅、高層電梯公寓、經濟實用房等之間作出選擇。

第三步要決定具體的面積、戶型、價格、朝向等。

第四步是分配權重,即在價格、舒適度、性能、地域等居住要素中確定優先順序。

第五步是比較和擬訂方案,進行優劣性評價,包括是否按揭等。

第六步是在最優選擇的基礎上決定購買方案。

第七步是實施方案,即開始購買。

最後一個步驟是決策效果評價,即在居住一段時間後對此次購買行為進行評價。

有效決策的特徵。杜拉克先生指出,有效決策具有五個方面的特徵:

(1) 要確實瞭解問題的性質,即問題是經常發生的,還是偶爾發生的?對於那些經常發生的問題,可以透過建立制度和原則來解決,即建立程序化決策的機制,這樣不必事事匯報,可以提高員工自我管理的能力和管理的效率。如果是偶爾發生的問題,則個別情況個別處理。但鑑於暫時性的事物往往具有永久性這一事實,也要注意這些偶爾發生的問題是否可能演變為常規問題,即這是不是另一個新的經常性問題的首次出現,提出相應的預防措施。

(2) 找出解決問題必須滿足的邊界條件,這是決策過程中最困難的一步。所謂邊界條件,就是指決策必須達到的目的。任何一項決策都應該有一個明確的目的,目的說明得越清晰、具體,決策的有效性就越強,解決問題也就越徹底。杜拉克先生指出,探求邊界條件的方法,是探求「解決某一問題有什麼最低需要」。關鍵的問題在於如何保證邊界條件的清晰和明確,這就需要職業人士對組織所在的產業、行業,組織的產品或服務的特點,市場

需求狀況等要素有深刻的理解。因此,對邊界條件的判斷,雖然充滿了風險,但也是對決策者智慧的考驗。

(3) 作「正確」的決策,而不是作「能為人接受」的決策。所謂「正確」的決策,就是根據邊界條件和規定所得到的做某項事情的標準。世界上的事,你所擔心的往往永不出現;而你從來沒有擔心的,卻可能突然間變成極大的阻礙。因此,對職業人士的考驗在於,在推行或落實某項決策的過程中,是顧及他人可能產生的反對意見,還是堅定不移地貫徹實施。當你相信你的決策是「正確」的決策時,就沒有多大必要考慮反對者的意見。反之,如果過多地考慮決策可能導致的反對者的意見,即使是「正確」的決策,最終落即時也會失去應有的效果。這不僅考驗決策者的智慧,更考驗決策者的膽量。

(4) 將決策貫徹落實。決策的貫徹落實是決策過程中最耗費時間和精力的一項工作,這也就是人們通常談論的執行力。要保證決策的執行力,至少需要考慮以下幾點:與決策落實有關的部門和個人;執行決策所要求的知識、能力和技能;組織相關的資源保障,等等。

(5) 決策實施過程中的訊息反饋。由於決策者受到時間、財力、能力等資源的限制,決策總不會十全十美。因此,在決策的實施過程中可能會出現這樣那樣的問題。這就需要對決策實施過程的控制,而控制的最有效的方式就是建立相關的訊息反饋機制,以便隨時根據情況作出調整。同時也要有相應的備選方案,保證在形勢變化導致原決策失去效果時有備無患。

規則十總結:每個人一生都會作出大量決策,決策質量的優劣在於對邊界條件的判斷和貫徹執行的力度。

6.2.11 與玩弄權術者保持距離

與適應變革一樣,與玩弄權術者保持距離同樣體現的是「政善治」的精神內涵。如前所述,由於資源的有限性等多方面的原因,政治行為廣泛地存在於我們生活的方方面面,這是一個不以人的意志為轉移的客觀現實。職業人士需要注意的是,你可以對公司政治行為尤其是消極的政治行為說「不」,但這並不意味著你就可以從此高枕無憂,你必須防止公司政治行為的消極影

響。不願意「摻和」公司政治和防止公司政治行為對自己的不利影響之間並不矛盾。

與玩弄權術者保持距離，需要從以下幾個方面下手：

（1）避免使自己成為不良政治行為的引發對象。首先，能否使自己遠離政治行為的影響，很大程度上取決於其個性、「好事」的程度、為人處世的原則以及與小團體的關係。比如，一個個性張揚、處處都想出人頭地的人就很容易成為人們不滿意的對象，從而可能引發各種政治行為；而一個處世較為低調、待人謙遜的人則可能會被「好事」者們忽略，在一定程度上遠離公司政治行為的影響。其次，公司政治行為產生的初始階段大多與各種小道消息有關。因此，如果一個人熱衷於聽取和傳播小道消息，本身就可能成為政治行為的製造者和傳播者，從而被貼上「政治人物」的標籤。再次是個人的為人處世原則和業績水準。一個原則性較強、業績水準較高的人，關注得更多的是自己的本員工作和績效水準。由於有令人信服的業績支撐，政治行為的影響一般來講相對較小。這種情況比較適合組織中主要從事研發、技術、銷售等在很大程度上可以以量化指標表明自身價值的非管理類職位。最後是與小團體的關係。任何一個組織中都存在所謂的非正式組織，這種非正式組織從某種意義上講就是一個小團體。如果你的確屬於某一個小團體，一定要注意擺正位置，不要使你所在的團體成為組織文化、價值觀、策略和目標實現的障礙。同時還要注意與小團體中的人保持適當的距離。人們的需要總是隨著利益的調整而發生變化，小團體中的人也不可能永遠都「情投意合」。一旦「情投意合」的平衡被打破，一些人就會出於自身利益的考慮而「反戈一擊」。由於小團體往往是人們發洩在正式組織中不能發洩的不滿情緒的重要場所，因此一旦出現「反戈一擊」的情況，就容易導致各種政治行為的產生。

（2）與那些慣於玩弄權術的人保持距離。任何一個組織中都有喜歡玩弄權術的人，在與他們打交道時，需要十分謹慎和小心。首先，要想遠離不良公司政治行為的影響，最好的辦法就是與那些慣於玩弄權術的人保持距離。但這並不是一件容易的事情。如果玩弄權術的人與你平級，你可能還能夠應

對自如。但如果你的上級或直接主管就是一個喜歡玩弄權術的人，你要與他們保持距離就非常困難。上級或主管在權力的使用過程中往往都會表現出某種政治行為。研究表明，有三種組織政治策略是首席執行官、經理和主管最常用的，即非難或責備他人、謹慎地使用訊息、支持新的創意。除此之外，盜取他人的創意，為他人的創意、要求和建議設置障礙，拒絕與他人分享有用的觀點等，也常常被用來使其他派別陷入不利地位或作為保護自己地位的手段。因此，對職業人士來講，重要的是善於區別不同的政治行為，然後再決定如何保持距離。其次，保持距離在某種程度上就意味著拒絕。拒絕與給予一樣是一項高超的藝術，不要動輒就說「不」，生硬地回絕他人，而要學會有禮貌的拒絕。比如，先告訴對方「這段時間比較忙，讓我考慮一下」之類的話，不能讓他人第一次就明顯感到你是在迴避，等一段時間後再找一個合適的藉口推脫。有時時間一長，對方也就放棄了。

　　（3）正當防衛。公司政治行為是客觀存在的，從某種意義上講，組織中的各種政治行為已經成為我們生活的一個組成部分，不以人們的意志為轉移。正因如此，必須對組織中的各種政治行為給予一定程度的關注。當發現一些不利於你的謠言或行為時，必須主動出擊予以制止，千萬不要以為置之不理和一笑了之，這些謠言或行為就會自行終止，因為謊言重複一千遍就可能成為真理，謠言還可以毀掉一個人的名聲。因此一定要與在背後傷害你的人正面交鋒，但在處理時要注意方式和方法。比如，當你發現有確切的證據表明有人使用不適當的手段對你進行攻擊時，首先要做的事情就是收集有關證據，然後找一個恰當的時間和地點與對方作直接的交流，拿出證據，明確地表明你對此事的原則和態度。如果有可能，還可以尋求第三方的支持和幫助，因為很多對你的不實言論是在你不在場的情況下發生的，這時就需要有證人出面為你作證。而要做到這點，又取決於你的人際關係的能力。

　　（4）如果你確實想做一個清淨的「與世無爭」的人，不想與政治權術有任何瓜葛，那麼做到以下幾點是非常重要的：

　　一是不要惹是生非，引火燒身。比如不要在公開和非公開的場合評價他人，更不要批評和攻擊他人，因為每個人都要為自己的言行負責。聰明的人

從來不會熱衷於宣揚他人的過失，因為這樣做的結果等於承認自己也成了他所攻擊的那種人。職場人士只要懂得這個道理，就能夠做到泰然處之。

二是「各人自掃門前雪，不管他人瓦上霜」。這句話在這裡的意思不是「事不關己，高高掛起」的自我主義，而是指不要把別人的功勞記在自己的帳上，更不要讓別人為你自己的失誤做替罪羊。前述建立人際關係的法則中，就有關於「受過」和充當「替罪羊」的描述，而這往往能夠提升自己的威望，因而成為建立良好人際關係的重要法則。但如果反其道而行之，不僅會降低自己的信譽，而且還會喪失別人的信任，成為各種政治行為的對象。

三是培養自己適應挫折的能力。不要因為一時的挫折而情緒低落，更不要因為在某件事上所受到的不公正待遇而大發雷霆，即使在你所屬的小團體中也不要為此喋喋不休的抱怨。因為抱怨的結果不僅不會引來憐憫和安慰，反而會煽起群情衝動和傲慢無理，因此抱怨只會使你喪失名譽。聰明的人從不張揚恥辱或輕侮，而僅僅宣傳別人對他的尊重。這樣，他將會擁有朋友並使他的敵人減少一半。

四是要有「宰相肚裡能撐船」的胸懷。不要隨時關注得失，而要隨時注意奉獻。中文裡有兩個詞彙，一是「得失」，二是「捨得」。在「得」與「失」的關係上，得在前，失在後。而在「捨」與「得」的關係上，捨在前，得在後。出於「趨利避害」的心理，在大多數情況下，人們總是會首先考慮「得」，但對「得」的過多考慮，注重的是眼前的利益，可能會導致未來更多的「失」。因此，聰明的人不會總是考慮「得失」，而會考慮「捨得」。如果能夠悟出其中的道理，就達到了做人的最高境界。在這個時候，公司政治行為就不能對你構成任何實質性的傷害。

規則十一總結：與玩弄權術者保持距離，與在背後傷害你的人正面交鋒，是職場人士必須堅持的最重要的原則。

6.2.12 保持清醒的頭腦、廣闊的胸襟和幽默感

保持清醒的頭腦、廣闊的胸襟和幽默感，體現了「心善淵」的智慧。在職場政治中，保持清醒的頭腦、廣闊的胸襟和幽默感是非常重要的。一個具

第六章 職場規則建議

有較高修養、冷靜、客觀、豁達、具有較強判斷能力的人，往往能夠與公司政治行為平安相處而不會使那些不良的政治行為影響和傷害自己。但要做到這點，需要廣闊的胸襟和智慧的力量。巴爾塔沙‧葛拉西安說：「靈魂有其美麗的服飾，即是使人的胸懷光彩照人的那種精神上的瀟灑與豪放。並非人人都具備這種胸襟，皆因胸襟要求慷慨的氣度。其首要之舉就是對敵手也不吝讚美之詞，在行動上甚至更加寬大。當有機會為己復仇時，這胸襟之光愈加璀璨。它不迴避這種情形而是加以利用，將可能的復仇行為轉化為出人意料的慷慨之舉。駕馭之道，奧妙即在其中；這是政治的高超境界。它從不炫耀它的成功，從不裝腔作勢，即便其成功憑本事得來，它也懂得怎樣不露痕跡。」葛拉西安認為，要達到政治的高超境界，需要廣闊的胸襟、氣度，以及化敵為友的智慧。有的時候，對於一些無關緊要的問題大可不必深入追究，一席風趣幽默的話不僅可能使劍拔弩張的局面得到控制，而且還會化解矛盾和煩惱。正如前述人際關係法則指出的那樣，職場上的推恩、受過、施惠、謙虛謹慎，往往會帶來意想不到的結果。正如老子所說：「大道泛兮，其可左右。萬物恃之以生而不辭，功成而名不就。衣養萬物而不為主，常無欲可名於小；萬物歸焉而不為主，可名為大。以其終不自為大，故能成其大。」道的精神宏大無比，萬物歸附於它而不自以為主宰，這是偉大。由於它不自以為偉大，所以最終能夠成就它的偉大。這個「道」，就是做人的道理和原則。瞭解掌握了這個「道」，最終就會獲得成功。

其次，廣闊的胸襟和幽默感，還意味著要能夠容忍他人的缺點和不足，特別是當他人的缺點和不足並非原則問題時尤其要學會容忍，這時最好的辦法就是遷就或裝作全然不知。對於原則性的問題，要做到「眾人皆醉我獨醒」，即大事不糊塗。而對於非原則性問題，則需要遷就和忍讓，做到「眾人皆醒我獨醉」，小事裝糊塗。

規則十二總結：做一個笑口常開和具有幽默感的人，使人具有令人最羨慕的氣質。

6.2.13 自我時間管理

自我時間管理反應的是「事善能」的要求。我們經常聽到這樣的話：任何人都沒有足夠的時間，然而每一個人又擁有自己的全部時間。時間是一種被相等地分配給所有人的資源。這就是所謂的時間悖論。要做一個成功的職業人士，管理好自己的時間是一個必備的能力要求。

管理好自己的時間，最有效的方式就是擬定一套有關的原則，包括：

(1) 明確任務目標。我們一切工作的出發點，都是基於所在組織的目標和要求，因此，時間管理應該建立在組織的策略、目標的基礎之上。對於個人來講，這些目標具體表現為職位職責、績效指標以及其他的任務安排。所以，要保證時間管理的有效性，必須清楚地瞭解並掌握組織的策略要點及對本人所在部門或職位的要求。

(2) 制訂工作計劃。在明確任務目標的基礎上，下一步就是制定具體的工作計劃。工作計劃既是時間管理的核心，也是工作效率的保證。正因如此，它被列為管理的第一職能。在工作和生活中，很多人的工作效率事倍功半，很大程度上就是由於沒有對可能發生的問題作認真系統的思考。有了一個切實可行的工作計劃，就能夠做到按部就班，事半功倍。因此，工作計劃是時間管理最有效的方式。

(3) 突出重點，安排好工作的優先順序。工作計劃的制訂一定要體現當前工作的主次，然後按照優先次序對各項任務進行時間分配，抓住工作的主要環節，解決工作中的主要矛盾和最棘手、影響最大的難題。由於組織面臨著環境變化的影響，組織成員常常處於緊急任務與程序任務並列的狀態中。為了應對這類問題，可以採取「緊急任務優先」的原則，透過輕重緩急的排序，在完成緊急任務的同時安排好程序任務。很多不善於安排時間或沒有明確工作思路的人之所以終日忙碌，一個重要的原因就在於他們沒有詳盡的工作計劃，也不善於分析和鑑別工作的主次。因此他們花費時間的數量往往與他們任務的重要性成反比。當然也有這樣的情況：個人善於制訂工作計劃，而組織或其領導人沒有時間觀念，從而使得個人難以進行有效的時間管理。

在這種情況下，一種比較有效的方式就是，把自己已知的工作盡可能地提前安排，以留出足夠的時間應付突如其來的工作安排。

（4）對重要工作規定時間標準。眾所周知，在管理的五大職能中，計劃和控制是一對孿生兄弟。也就是說，計劃是需要進行控制的。如何控制？給每項工作尤其是重要工作安排完成的最後期限是一個好的辦法。所謂「日清日畢」、「日清日高」，就是指每天的工作必須當天完成。每天都完成，就意味著每天都在提高。最後期限的安排應採取「前緊後鬆」的原則，即應該在組織規定的時間標準之前，以留出一定的時間處理工作中可能出現的各種臨時性問題。對於職業人士來講，規定完成工作的最後時限有助於自我約束，只要持之以恒，就能夠幫助我們克服優柔寡斷、猶豫不決和拖延的毛病。

規則十三總結：事半功倍的效果有助於個人職業形象的提升，而這與有效的時間管理是分不開的。

6.2.14 提高個人的關注度和自身的影響力

提高個人的關注度，塑造「注意力」影響，是「動善時」的內在要求。下面將要回答以下幾個問題：

①為什麼要提高個人的關注度？

②怎樣才能塑造自己的注意力？

③職場人士常常忽略的問題。

④如何展示自己的才華？

（1）職業人士為什麼要提高個人受關注的程度？要得到問題的答案，首先需要考慮以下四個問題：同事和下屬為什麼相信你，願意和你共事？其他部門、其他人為什麼願意向你提供支持、幫助和你需要的資源？客戶為什麼信賴你，並願意和你交朋友？主管為什麼賞識你、器重你？答案很簡單，因為沒有人會對一個不能夠向他人提供幫助的人感興趣。如果你對此有清醒和足夠的認識，那麼你就會明白，大家之所以擁戴你，只是因為你自身具有別

人認可的價值，因此人們願意與你交往，並向你投資。所以，一個首要的任務就是讓他人知道和瞭解你的價值。

（2）提高個人關注度的基礎和條件。職業人士塑造自己的優勢和影響力應從四個方面著手，一是自身要具備的資源和權利。規則一對建立自己的專業優勢並保持自信作了較為深入的論述，提出了建立包括專業資源、人格資源、關係資源、訊息資源和職務資源五個方面的優勢，這些優勢都是塑造自身影響力的重要條件。具備了這些優勢，也就具備了影響他人的能力和條件。二是要將這些優勢轉化為具體的業績標準。能力和才華只有展示出來才會創造價值，因此，僅僅具備某種能力是不夠的，因為能力難以量化，也難以進行準確的評價。要使自己的能力得到承認，還必須在工作中表現出這種能力以及具體的績效水準，以得到準確地評價。因此，創造出組織需要的價值，為組織做出貢獻是非常重要的。三是應著重樹立自己在某一方面的優勢。

在以上五個方面的資源中，每個人都不可能在每個方面出類拔萃，因此應首先在自己最擅長的方面建立自己難以替代的優勢。比如，別人不能做的，自己能夠做；別人雖然能夠做，但你能夠比所有人都做得更好。要做到這一點，不僅需要時刻關注組織的目標和要求，以隨時保持和發展組織需要的能力，而且還需要對同事或競爭對手的優勢和不足進行評價，這就是孔子講的「不患人之不知己，患不知人也」。如果不知道自己的對手是誰，也就不可能透過比較發現自己的優勢。四是要有良好的人際關係。這樣，既有業績，又有人緣，也就具備了影響他人的基本條件，提高自己的關注度也就成為一件很自然的事情。

（3）要吸引他人的注意，展示自己的才華。首先必須要有累積，即透過工作的體驗，總結出解決問題的最佳途徑和辦法。其次是善於觀察，即能夠發現組織中存在的問題，而這些問題又是自己能夠解決的。所謂「不鳴則已，一鳴驚人」，講的就是這個道理。最後是要改變傳統的「只說不做」的「低調」思維，逐漸養成既要做又要講的作風。有的人在工作中常常比較注重實幹，而忽略了對自己業績的適當宣傳。前述關於公司政治的誤區時曾經談到，傳統教育倡導人們要默默無聞做好事，這種觀念並非有什麼不對，但在競爭日

益激烈的職場競爭中，由於組織資源的限制和個人職業發展內在要求之間的矛盾，這種低調就顯得有點不合時宜了。因此，人們要得到應該得到的東西，就必須「既要幹，又要講」。一方面幹好自己的工作，另一方面透過適當地宣傳，使自己的業績得到應有的重視，同時防止別人佔有自己的成果。

（4）善於展示自己的才華。才華的展示需要技巧，這些技巧包括：

一是要有針對性，即透過自己能力和才華的展示解決了實際的問題。不要誇誇其談，最後什麼問題也沒有解決。

二是不要矯揉造作，故弄玄虛。過分的炫耀只會讓人們感到你不具誠意，反而會受到別人的攻擊。

三是無言勝有言，無聲勝有聲，往往不經意間的才華展示更能夠引起他人的注意。

四是要保持人們對你的注意力，不要將你的能力和才華一次就完全展示完，而應該根據問題的類型和性質逐漸地顯露出你所具備的能力。

規則十四總結：善於吸引眾人的眼球，使自己成為一道亮麗的風景，這是保證職業成功最有效的手段。

6.2.15 持「中庸之道」，行萬里「江湖」

這裡的「江湖」指的就是職場。在職場打拼，除了前面講到的規則，還要懂得中庸，這也是「居善地」的體現。

（1）中庸的精神內涵。在中國的傳統文化中，對中庸之道可謂推崇之極。中庸的精神內涵可以歸納為強調做人做事的「度」。儒家認為，中庸之道是通天達地之道。《中庸》篇講：「喜怒哀樂之未發，謂之中。發而皆中節，謂之和。中也者，天下之大本也；和也者，天下之達道也。」意思是說：心裡有喜怒哀樂沒有表現出來，叫做「中」。表現出來而符合常理，叫做「和」。「中」是天下的根本；「和」是通貫天下的原則。達到「中和」的境，孔子講：「質勝文則野，文勝質則史。文質彬彬，然後君子。」（《論語·雍也第六》）可見，所謂中庸，就是強調做人做事的「度」，即人們經常講的「恰到好處」。

中國著名哲學家馮友蘭先生講：「儒家所說『中』的本義是什麼呢？『中』是無過不及，即是恰好或恰到好處的意思。」林語堂先生認為：中庸的意義是「不過分而和諧」。他講：中庸之道在中國人心中居極重要之位置，蓋他們自名其國號曰「中國」，有以見之。中國兩字所包含之意義，不止於地文上的印象，也顯示出一種生活的規範。中庸即為本質上合乎人情的「常軌」。不僅儒家強調中庸，道家學派同樣也重視對「度」的把握。雖然在道家學說裡沒有明確提出「中庸」這個概念，但其思想充分體現了中庸的精神內涵。老子講：「持而盈之，不如其已；揣而銳之，不可長保。金玉滿堂，莫之能守。富貴而驕，自遺其咎。功遂身退，天之道也。」（《道德經》第9章）講的都是凡事要把握好「度」，一旦打亂了「度」的平衡，就會招致禍患。因此，功成身退，才是符合自然的規律。馮友蘭對此評價時這樣講：儒家講用中，做事不可過或不及，是就道德方面受「中」。道家講守中，凡事都要「去甚」、「去奢」、「去泰」，是就利害方面說「中」。洪應明的《菜根譚》也極為推崇中庸思想，《菜根譚》中有大量這方面的論述。如：「憂勤是美德，太苦則無以適性怡情；淡泊是高風，太枯則無以濟人利物。」「地之穢者多生物，水之清者常無魚。故君子當存含垢納污之量，不可持好潔獨行之操。」「儉，美德也，過則為慳吝為鄙嗇，反傷雅道；讓，懿行也，過則為足恭、為曲禮，多出機心。」等等。（《菜根譚》卷下23、61、142）不僅中國人講中庸，外國人同樣也講中庸。巴爾塔沙葛拉西安說：智者將所有的智慧概括為中庸，過正則誤。橘子汁液擠乾只會苦澀。即使欣喜時也不應走極端，濫用才華定會才思枯竭；如暴君一樣去擠奶，得到的只會是血。英國近代思想史上最偉大的人物之一弗蘭西斯·培根在論述講話的藝術時講：「講話繞彎子太多令人厭煩，但過於直截了當又會顯得唐突。能掌握此中分寸的人，才算精通了談話的藝術。」可見，不偏不倚，中庸之道是人類社會不分種族、不分地域的通行法則。

（2）中庸的核心和本質。從上述論述可知，中庸的核心是在好與壞、善於惡、黑與白、明與暗、傲慢與謙虛、濃與淡、潔與污等極端之中進行折中，尋求平衡，其本質在於強調和諧、協調、公正和可持續發展，而絕非無原則的退讓和妥協。就如同《菜根譚》所說：「處世不必與俗同，亦不宜與俗異；

做事不必令人喜，亦不可令人憎。」（《菜根譚》續遺50）做人既不能太清高，太清高就可能會很孤獨；也不可為保持與眾人的一致而放棄自己的特點，因為沒有特點的人不可能得到重視。既要表現出社會規範對人的品質的要求，以保持普遍認可的個人形象，也要表現出自身與他人不同的一些特點。

（3）中庸之道對職業發展的意義。中庸之道對於職業發展的影響非常大，人們應該對此具有恰如其分的認識，妥善處理好各種利害關係。首先，做人不能夠太張揚，要低調沉穩。其次，要善於見機行事。中庸並非事事按規矩辦，而是強調隨事、隨形而不同。這也就是《素書》講的：「設變致權，所以解結。」即根據環境和情況的變化，採取不同的方法。馮友蘭先生在論述中庸之道時，以「言行一致」為題，做了如下論述，他說：「言必信，行必果」，是狹義的信條。「言不必信，行不必果，惟義所在」，是聖賢的信條。此所謂義，即「義者，宜也」之義。所謂宜者即合適於某事跡某情形之謂，做事必須做到恰好處。但所謂恰好者，可隨事隨形而不同。就道德方面說，言固須信，但在有些情形中，對於某事，守信不是恰好的辦法。此亦即說，在有些情形中，對於某事，守信是不合乎中道的。按我們現在的話來講，就是當原來承諾的環境、條件已經不復存在時，還要去兌現這種承諾，是不對的，是不符合「中道」的，不是聖賢的所作所為。最後是求大同，存小異。中庸之道不要求凡事一定要完全一致，大的原則問題只要一致，其他就不必過於計較。只有這樣，才能夠團結他人，達成彼此間共同的目標。

規則十五總結：言行有度，縱橫馳騁。

本章案例 諱莫如深的公司政治

能夠讀懂資本的意志，無論什麼時候都是壓倒一切的學問？

過去，中國人曾經忌談性；今天，中國人忌談公司政治。一如魚總是最後一個知道水的存在，職場人士往往最後一個意識到公司政治的決定性作用。

公眾被嚴重誤導

人們被企業家們嚴重地誤導了。我們不厭其煩地聽企業家們講述著花樣翻新的公司願景、產業報國的理想、極富遠見的發展策略，聽到他們講述對

誠信與慈善事業的一往情深。好像他們人格的高尚帶來了前無古人的成功。難道真是激動人心的宏圖和理想主宰了一個企業的成功、失敗和平庸嗎？當然不是。

　　商業從來都是在複雜環境中處理複雜的利害關係。在「無中生有」的冒險中，政治智慧往往能解決在技術和管理層面上看來根本不可能解決的問題。明知不仁也要強為，常人夜半安睡時他們卻常常從噩夢中驚醒。表面上的那種果決，經歷了多少硬撐下去的隱忍反覆，這樣的生活煎熬使他們都愛上了哲學！哲學的根基不是柏拉圖教誨的好奇，而是根深蒂固的絕望和苦痛。企業家常常踩著懸崖邊跳舞，他們的思想在絕望和恐懼中得到再生並獲得新的力量。孤獨無援的困境，激發了他們身上的潛能，昇華為被世人尊敬的哲學。而諱莫如深的公司政治，正是哲學的溫床。公司政治也絕非搬弄權術那麼簡單，真正的「大家」，無論是開創一個新的事業，還是引導一次深刻的變革，都不能避開對輿情大勢的駕馭。

　　人們還被記者、學者、媒體嚴重誤導著。這些個群體，習慣於抽象，總把公司一把手的利益志趣等同於公司的目標。或者把公司目標簡單化為公司一把手的目標。大謬不然！

以頭撞牆的荒誕

　　對許多企業家來說，財富超過一定的數量界限，已經失去了意義。此時，獲取更多利潤已經不是他們個人的目標。獲取政治資本，或是創立更大的名聲，或是更強硬地貫徹個人的意志，往往要超過他們的盈利衝動。在企業主與經理人的博弈中，常常有些明星經理人，不能靜下心來讀懂企業主的意志，而憑藉一股想當然的蠻力，以頭撞牆，造成悲劇性的命運。

　　民營公司哪怕是一個人的公司，也無法保證公司老板跟公司的利益始終一致。有些企業家，喜歡貓玩老鼠的快感，喜歡屬下在驚懼中度過分分秒秒，更喜歡借老鼠的種種窘態顯示其作為上等「貓」的智慧！只要在公司你能夠承受他的蹂躪，以便隨時供他把玩，哪怕你不能直接創造利潤，你也可以安居高位。是的，屬下對於老板能夠行賄的東西是什麼？除了苦幹實幹貢獻才智和體能以外，可以拿得出手的，也就只有挨罵的厚臉皮了。一個公司中常

常有這樣的怪事，年富力強又能幹的人，往往處於賦閒的位置。而那些完全沒有自我的人，卻常常能竊取高位。他們隨時準備為老板的每一個歡笑獻身。

能夠讀懂資本的意志，無論什麼時候都是壓倒一切的學問。不然，經理人在那裡一心為了公司的最大利益固執己見，而企業主卻心有另屬，鬧出關公戰秦瓊的荒誕，沒法子避免以頭撞牆的悲劇。

威爾許的「風車」

美國的商業領袖們往往有一份率直的天真，他們並不諱談公司政治。傑克·威爾許的聲名與豐厚的物質利益一直延續到成功執掌通用電氣公司20年後的歲月，被人稱為全球第一首席執行官。他在自傳中坦陳：「我的長期職業目標是當首席執行官，所以為實現我的夢想，我就一定不能讓運轉中的『風車』發生傾斜。如果我抱怨這個體制，我就會被這個體制拿下。」這裡的「風車」，就是我們所說的公司政治。傑克·威爾許深刻理解公司的政治體系，並且因深諳這個體系的運轉規律而在其中獲得成功。

張瑞敏的窘迫

中國企業家更解「公司政治」的風情。有位主編在採訪張瑞敏前，曾跟我探討問什麼問題好。張瑞敏有著很深的哲學素養，他擅長於用普通的生活體驗來概括成經典的激勵人心的語錄。這種善於往深處去的人，一定是有許多不為人知的苦惱，一定有無能為力的地方，以至於他只有透過哲學去逃遁。他一定很孤獨。他一定習慣了孤獨。他需要孤獨。他也有時間孤獨。於是，我建議他去問這樣兩個問題：「你孤獨嗎？」「你是經理人還是老板？」

對第一個問題，張瑞敏給了肯定的答復，他的苦惱確實不能為外人道；對第二個問題張瑞敏的答復更簡單：我不知道誰是老板！這就是許多中國公司的現狀：老板無影無蹤，老板又無處不在。每個企業家都有自己的難題要去排解，這些難題不可能跟屬下商量，他們只有到歷史中去找。我們不難理解為什麼那麼多企業家醉心於禪、儒、歷史小說、領袖傳記、兵法及毛澤東語錄。這些充滿了智慧的哲學，會啟示他們對公司王國參得更透。

孫宏斌的覺醒

新一代企業家孫宏斌在血與淚中開始了他的覺醒。當他 20 來歲剛剛加盟聯想時，他還是一個熱血青年，有著「倚劍崑崙、飲馬天河」的豪邁。那時，他寧願相信自己的專業能力、旺盛的精力和堅忍不拔的毅力，決不屑於把自己在公司的生存狀況與那些「搞政治」的元老聯繫在一起。或者從歷史電視劇和小說中領教了政治的「複雜和骯髒」，他選擇了規避或遠離政治。但是，伴隨著他領軍的聯想事業部的壯大和全國 18 個分公司的擴張，他儼然形成了聯想的第二中心。年輕氣盛的他懂得事業的邏輯、懂得調動屬下的積極性，卻唯獨不懂公司政治。他的屬下在會上為了保護他直接頂撞柳傳志，他還要拒不執行柳傳志裁掉這個人的動議，後來獲罪被投進了監獄。

在昏暗窒悶的囚室裡，他的「政治意識」突然甦醒，他發覺了自己的離經叛道，品味出那左右一個公司運行的潛規則。他更在恐怖獨裁的現實中，體悟到公司運行的軟肋。他竟然天真地想在一個只能通行獨裁的金字塔體系中另外樹立自己的旗幟，難怪被投進監獄！在柳傳志冷酷無情的外表下，他讀出了那脆弱而頑強的人性。一如母親為了保護幼子與豺狼搏鬥，柳傳志為保護自己視同命一樣的公司，不得不跟他動真格的。他理解了柳傳志。在內心達成理解的那一個瞬間，無疑是他職場生涯的成人儀式。公司政治並不骯髒，而且在改變著企業和個人的命運和前程。政治無處不在，令人無可遁逃！他勇敢地接受了這個巨大的真實。

接受現實的孫宏斌，決不屑於提著刀子在街上亂竄，他要把一切恩怨化為零。於是，他在快要出獄的時候主動找到柳傳志承認錯誤，藉此獲得原始累積的第一筆啟動資金，更獲得後期非常重要的社會經濟關係的接軌。在公司政治中覺醒的孫宏斌，踩著懸崖邊跳舞，用了 10 年時間，打造了一支中國地產的百億軍團。在自己的地盤上，當初在聯想沒有獲得的信任和尊重，孫宏斌無保留地授予了他的團隊。但同時也劃清了「零容忍」的底線。不在場上踢球的孫宏斌，對上場人員的拉幫結派格外在意。順馳曾有多名高層主管被解職和開除，原因是他們違反了這個最基本的東西。在公司的發展中如

果有人說出話來其他人不敢質疑，孫宏斌就會倍感緊張。平臺是他的，你可以批評他獨裁，但他不能容許公司除了他以外還能有另外的權威。

公司政治：一道獨特的風景

中外商業史上的經典案例，已經足以使我們有勇氣對公司政治略作概括。公司政治是公司利益相關者，經由公司顯規則背後的潛規則組成的一些約定俗成的日常事務處理法則，是圍繞對公司資源的佔有和分配，公司上下所形成的心理契約。公司政治是組織路線圖，是一種誰也無法忽略的更為隱密也更有決定性的力量。一個人在組織中的地位取決於距離中心的「距離」。位置、資歷、和老板的個人交情、對別人的影響程度、在組織中發言的活躍程度等，往往是測定這種距離的要素。無論是普通員工，還是公司經理人，抑或公司老板，都可以運用公司政治的力量實現個人和企業的成功。能否駕馭公司政治，是職場人士和企業家們功力高下的關鍵指標。

公司政治呈現多樣化的形式。最主要分為兩類，一類是常規性公司政治，又稱辦公室政治，主要指在公司正常運轉過程中各種人物所形成的交互關係。另一類是非常規性公司政治，也就是公司出現比較大的震動和轉換使得相關利益者組成權利與義務的新格局。我們通常關心的正是第二類公司政治，即公司資本與經理人之間的博弈。一如毀滅與生成一樣的自然，資本意志與經理人之間的分崩離析，永遠是公眾注意的焦點。

一如「內部人控制」深刻地概括了現代公司治理中的頑疾，經理人與企業主的分崩離析則是另一道獨特的風景。據日前出版的《經濟學家》報導，全球大約40%的首席執行官在上任後的頭18個月內就遭到解雇，2004年在全球2,500家規模最大的上市公司當中，每7名首席執行官當中就有一人丟掉「飯碗」，而2003年這個比例為10：1。

我們看到了太多的欺騙與背叛，我們見識了太多的分崩離析。還可以找出更多名人經理人的故事，每個人各有各的情由，而最基本的迷狂是缺乏對資本意志的徹底尊重。資本的意志歸根究柢是大股東的意志。這是財產權利得到承認的必然結果。在大股東的舞臺上演出，分派什麼角兒就該演什麼戲。缺乏對大股東意志的徹底的尊重，是中國明星經理人的通病。

我們曾經見識了日本的公司政治（見《雙重人格送商業巨子入獄》與《解讀索尼：盛田昭夫「陰柔的張狂」》，載《經理人》2005 第五、第六期）。日本以名分為中心的耻感文化，與現代資本結合在一起，形成了現代社會中對大股東意志的徹底尊重。公司老闆和家族族長，相當於主人。主人有恩於受雇傭者，受雇傭者只有報恩於萬一，才算是有德行的人。有悖主人的情義與不能恪守尊卑的「名分」，是一個人相當大的耻辱，會受到社會的歧視。

最新的例證是，2005 年 3 月份，商業巨子堤義明因被部下揭發指示作假而被捕入獄。而遭受最大心理壓力和被社會歧視的不是作假的堤義明，而是出賣堤義明的部下。由根深蒂固的耻感文化形成的壓力是那樣的巨大和不可抗拒，以致他們兩個不得不以自殺這個最體面的辦法，來洗刷自己的「污名」。

案例討論：

1. 如何理解案例中「商業從來都是在複雜環境中處理複雜的利害關係」這句話？

2. 為什麼說公司一把手往往是公司政治的始作俑者？

3. 應該如何理解和評價案例中「對資本的意志保持徹底的尊重」？

後記

後記

　　本系列叢書的寫作歷時七年，共計約 80 萬字。寫作期間得到了各方面的支持和幫助。首先要感謝我的家人。我的父母都是大學教授，他們一生致力於教育事業，並在各自的研究領域都有引以為自豪的研究成果。我的父親石柱成教授，一生從事經濟管理學和傳統文化的研究和教學，並在第三產業、技術市場等方面進行了很多創新性研究。退休後他創辦弘道經理學院，為社會培養了大量的經濟管理人才。晚年還建立「弘道」網站，弘揚宣傳中國優秀的傳統文化，把自己畢生的心血都奉獻給了教育事業。我的母親丁貽莊教授，一生的大部分時間都從事雜交玉米的科學研究，為中國現代農業的發展做出了自己的貢獻。50 多歲後又轉行從事中國道教學的研究，在道教醫學、養生和道教人物等方面取得了很多的研究成果。在我成長的道路上，也得到了父母無微不至的關懷。尤其是在我就讀碩士、博士期間，與父親在經濟學、管理學等方面的交流和研討，都使我獲益匪淺。父親雖已去世，但他對子女的愛永遠珍藏在我們的心裡。此外，我的妻子和女兒也是我完成書稿的重要精神支柱。

　　我還要感謝我的學生和朋友們。自 2003 年從企業回到大學任教後，主要開設和講授人力資源管理、企業管理等課程和講座。授課對象除了學校的本科、研究生、MBA 學生外，還包括眾多的來自企業界、銀行、政府部門及其他各類組織的領導者和管理者。授課過程中，大家都對講授的一些內容產生了極大的興趣並提出了很多問題，在這種不斷地溝通和交流中，教學相長，使本書得到了進一步的完善。我也有不少企業界的朋友，經常參加他們的聚會，探討有關人力資源管理、人際交往與職業發展等問題，這些都對本書的寫作提供了重要的幫助。同時不少人紛紛索取講義和課件，並詢問書籍的出版時間，這也促使我加快寫作的進度，以不負大家的期望。

　　由於自己的水準有限，書中的觀點和內容難免存在這樣或那樣的問題，歡迎讀者批評指正。

石磊

國家圖書館出版品預行編目（CIP）資料

職場生存規劃必修課 / 石磊 著 . -- 第一版 .
-- 臺北市：崧燁文化，2019.10
　　面；　公分
POD 版

ISBN 978-986-516-079-1(平裝)

1. 職場成功法 2. 人際關係 3. 生涯規劃

494.35　　　　　　　　　　　　　　　　　　10801750

書　　名：職場生存規劃必修課
作　　者：石磊 著
發 行 人：黃振庭
出 版 者：崧燁文化事業有限公司
發 行 者：崧燁文化事業有限公司
E - m a i l：sonbookservice@gmail.com
粉絲頁：　　　　　網址：
地　　址：台北市中正區重慶南路一段六十一號八樓 815 室
8F.-815, No.61, Sec. 1, Chongqing S. Rd., Zhongzheng
Dist., Taipei City 100, Taiwan (R.O.C.)
電　　話：(02)2370-3310 傳　真：(02) 2388-1990
總 經 銷：紅螞蟻圖書有限公司
地　　址：台北市內湖區舊宗路二段 121 巷 19 號
電　　話:02-2795-3656 傳真:02-2795-4100　　網址：
印　　刷：京峯彩色印刷有限公司（京峰數位）

　　本書版權為西南財經大學出版社所有授權崧博出版事業有限公司獨家發行電子
　　書及繁體書繁體字版。若有其他相關權利及授權需求請與本公司聯繫。

定　　價：500元
發行日期：2019 年 10 月第一版

◎ 本書以 POD 印製發行